Grzegorz Adamiuk

Methoden zur Realisierung von dual-orthogonal, linear polarisierten Antennen für die UWB-Technik

Karlsruher Forschungsberichte
aus dem Institut für Hochfrequenztechnik und Elektronik

Herausgeber: Prof. Dr.-Ing. Thomas Zwick

Band 61

Methoden zur Realisierung von dual-orthogonal, linear polarisierten Antennen für die UWB-Technik

von
Grzegorz Adamiuk

Dissertation, Karlsruher Institut für Technologie
Fakultät für Elektrotechnik und Informationstechnik, 2010

Impressum

Karlsruher Institut für Technologie (KIT)
KIT Scientific Publishing
Straße am Forum 2
D-76131 Karlsruhe
www.ksp.kit.edu

KIT – Universität des Landes Baden-Württemberg und nationales
Forschungszentrum in der Helmholtz-Gemeinschaft

KIT Scientific Publishing 2010
Print on Demand

ISSN: 1868-4696
ISBN: 978 3 86611 573 4

Vorwort des Herausgebers

Ursprünglich bedingt durch die permanent steigende Nachfrage nach höheren Datenraten im Bereich der mobilen Kommunikation wird seit einigen Jahren intensiv an einer neuen Technologie geforscht: der Ultrabreitband-Technik (UWB). Die Sendesignale werden hierbei über eine sehr große Bandbreite gespreizt, was zu einer sehr geringen spektralen Leistungsdichte und damit einem sehr geringen Störpotential für andere Funkdienste führt. Dies erlaubt eine effizientere Nutzung des Frequenzspektrums. Die vor kurzer Zeit in vielen Zonen der Erde freigegebenen Frequenzbänder ebnen den Weg für zukünftige kommerzielle UWB-Systeme. Mittlerweile hat sich die Zahl und Relevanz der anvisierten Anwendungen für die UWB-Technik allerdings eindeutig in Richtung von Radarsystemen verschoben. Dadurch erhöhen sich noch einmal die Anforderungen an die benötigten Antennen. Diese müssen nun nicht mehr nur ultra-breitbandig, sondern, wenn möglich, auch Polarisationsdiversität bieten und Abmessungen besitzen, die eine Anwendung in Antennengruppen ermöglichen. An dieser Stelle setzt die Arbeit von Herrn Grzegorz Adamiuk an.

Den Kern der Arbeit von Herrn Adamiuk bildet sein innovatives Konzept zum Aufbau dual-orthogonal polarisierter, ultra-breitbandiger Antennen mit guter Kreuzpolarisationsunterdrückung und frequenzunabhängiger Lage des Phasenzentrums. Das neuartige Konzept basiert auf differentieller Speisung von zwei bzw. vier identischen, speziell gespiegelten Antennen. In seiner Arbeit hat Herr Adamiuk das neue Konzept theoretisch untersucht sowie erfolgreich simulativ und messtechnisch verifiziert. Des Weiteren wurden geeignete Realisierungen des neuen Konzepts mit sehr kleinen Abmessungen gefunden, inklusive der benötigten Speisenetzwerke realisiert und messtechnisch charakterisiert. Anwendungsbeispiele der neuartigen Antennen zusammen mit einem Imaging-Algorithmus sowie ein UWB-Amplituden-Monopuls-System runden die Arbeit ab.

Herr Adamiuk präsentiert in seiner Arbeit ein sehr innovatives, neuartiges Antennenkonzept und legt damit eine wesentliche Grundlage für weitere Forschungen und bessere UWB-Systeme. Ich bin mir sicher, dass diese Arbeit weltweit Beachtung und Anwendung finden wird und wünsche Herrn Adamiuk, dass seine Kreativität und Innovationskraft ihn auch weiterhin zu wissenschaftlichen aber auch wirtschaftlichen Erfolgen führen wird.

Prof. Dr.-Ing. Thomas Zwick
- Institutsleiter -

**Forschungsberichte aus dem
Institut für Höchstfrequenztechnik und Elektronik (IHE)
der Universität Karlsruhe (TH) (ISSN 0942-2935)**

Herausgeber: Prof. Dr.-Ing. Dr. h.c. Dr.-Ing. E.h. Werner Wiesbeck

**Forschungsberichte aus dem
Institut für Höchstfrequenztechnik und Elektronik (IHE)
der Universität Karlsruhe (TH) (ISSN 0942-2935)**

**Forschungsberichte aus dem
Institut für Höchstfrequenztechnik und Elektronik (IHE)
der Universität Karlsruhe (TH) (ISSN 0942-2935)**

Forschungsberichte aus dem
Institut für Höchstfrequenztechnik und Elektronik (IHE)
der Universität Karlsruhe (TH) (ISSN 0942-2935)

Forschungsberichte aus dem
Institut für Höchstfrequenztechnik und Elektronik (IHE)
der Universität Karlsruhe (TH) (ISSN 0942-2935)

Forschungsberichte aus dem
Institut für Höchstfrequenztechnik und Elektronik (IHE)
der Universität Karlsruhe (TH) (ISSN 0942-2935)

Fortführung als
"Karlsruher Forschungsberichte aus dem Institut für Hochfrequenztechnik und Elektronik" bei KIT Scientific Publishing
(ISSN 1868-4696)

Karlsruher Forschungsberichte aus dem
Institut für Hochfrequenztechnik und Elektronik
(ISSN 1868-4696)

Herausgeber: Prof. Dr.-Ing. Thomas Zwick

Die Bände sind unter www.ksp.kit.edu als PDF frei verfügbar oder als Druckausgabe bestellbar.

Karlsruher Forschungsberichte aus dem
Institut für Hochfrequenztechnik und Elektronik
(ISSN 1868-4696)

Band 61 Adamiuk, Grzegorz
         **Methoden zur Realisierung von dual-orthogonal, linear
         polarisierten Antennen für die UWB-Technik** (2010)
         ISBN 978-3-86644-573-4

Methoden zur Realisierung von dual-orthogonal, linear polarisierten Antennen für die UWB-Technik

Zur Erlangung des akademischen Grades eines

DOKTOR-INGENIEURS

von der Fakultät für
Elektrotechnik und Informationstechnik,
am Karlsruher Institut für Technologie (KIT)

genehmigte

DISSERTATION

von

Dipl.-Ing. Grzegorz Adamiuk

geb. in Olsztyn, Polen

<table>
<tr><td>Tag der mündlichen Prüfung:</td><td>19. Juli 2010</td></tr>
<tr><td>Hauptreferent:</td><td>Prof. Dr.-Ing. Thomas Zwick</td></tr>
<tr><td>Korreferent:</td><td>Prof. Dr.-Ing. Klaus Solbach</td></tr>
</table>

Vorwort

Diese Dissertation entstand während meiner Zeit am Institut für Hochfrequenztechnik und Elektronik (IHE) des Karlsruher Instituts für Technologie (KIT). Es war für mich ein sehr spannender, aufschlussreicher und lebensfroher Abschnitt. Dies ist vor Allem auf die gute Arbeitsatmosphäre sowohl am Institut als auch in dem gesamten Umfeld, in dem ich beruflich tätig war, zurückzuführen. Einen Beitrag dazu haben sowohl Professoren, Arbeitskollegen, das Personal des Instituts, als auch Studenten, Projektpartner, Kollegen aus anderen Institutionen und sonstige Personen, die ich in den letzten Jahren dank meiner beruflichen Tätigkeiten kennen gelernt habe, geleistet. Ich möchte mich dafür bei Euch allen herzlich bedanken. Die unten namentlich erwähnten Personen verdienen jedoch ein besonderes Dankeschön.

In erster Linie bedanke ich mich bei meinem Referent Herrn Prof. Dr.-Ing. Thomas Zwick für die vorbildliche Zusammenarbeit, die konstruktiven Diskussionen und die Entwicklungsmöglichkeiten die er mir zu Teil hat werden lassen. Ein weiterer Dank geht an Herrn Prof. Dr.-Ing. Dr. h.c Dr. E.h. Werner Wiesbeck, der mich zu jedem Zeitpunkt meiner Arbeit unterstützt hat und den ich persönlich als meinen zweiten Doktorvater ansehe.

Bei Herrn Prof. Dr.-Ing. Klaus Solbach bedanke ich mich für die Übernahme des Korreferats und für die sehr angenehme Zusammenarbeit innerhalb eines gemeinsamen Forschungsprojekts, dessen Ergebnisse zum Teil der vorliegenden Dissertation zu entnehmen sind.

Ich bedanke mich bei Herrn Dipl.-Ing. Lars Reichardt und Herrn Dipl.-Ing. Thorsten Kayser für die kritische Durchsicht des Manuskripts.

Mit folgenden Personen hatte ich während meiner Zeit am IHE die große Freude das Büro zu teilen und so öfter in Kontakt zu kommen: Dipl.-Ing. Łukasz Żwirełło, Dr.-Ing. Jens Timmermann, Dipl.-Ing. Christoph Heine, Dipl.-Ing. Lars Reichardt, Dr.-Ing. Stephan Schulteis, Dipl.-Ing. Christian Sturm und Frau Dipl.-Ing. Małgorzata Janson. Dankeschön für die gemeinsame Zeit!

Einzelne Abschnitte dieser Dissertation sind einigen von meinen ehemaligen Studenten näher bekannt. Sie waren durch ihre Diplomarbeiten, Studienarbeiten oder Tätigkeiten als wissenschaftliche Hilfskraft eine große Hilfe bei der Durchführung dieser Arbeit, wofür ich ihnen sehr dankbar bin.

Ferner bedanke ich mich bei meinen Freunden aus dem Hans-Freudenberg-Kolleg in dem ich eine Zeit lang gewohnt habe. Sie haben wesentlich dazu beigetragen, dass ich mich in der neuen Umgebung mit einer anderen Kultur schnell und erfolgreich eingelebt habe. Es blieb nicht ohne Einfluss auf meine Entscheidung die Promotionsstelle in Karlsruhe aufzunehmen.

Meine Eltern und mein Bruder Paweł waren immer bereit mir zum jeden Zeitpunkt meines Lebens mit Rat und Tat zur Seite zu stehen. Sie begleiteten mich seelisch auf jedem Weg, den ich in meinem Leben gewählt habe. Dafür und für alles Andere: *serdecznie dziękuję!!*

Der letzte aber dafür der größte und herzlichste Dank geht an

meine Frau Marta.

Ihr ist alles Andere zu verdanken, was vorher nicht erwähnt wurde. Durch ihr Verständnis, ihre liebevolle Unterstützung aber auch die erfolgreiche Ablenkung von der Arbeit, wann immer es nötig war, leistete sie den größten Beitrag zum meinen Wohlbefinden. Das wiederum spiegelte sich sehr positiv in der Art und Weise der Entstehung dieser Arbeit wider. *Dziękuję Ci za to Martuniu z całego serca!!*

Karlsruhe, im Juli 2010

Grzegorz Adamiuk

Inhaltsverzeichnis

Symbol- und Abkürzungsverzeichnis

Symbole

Kleine lateinische Buchstaben

c_0	Lichtgeschwindigkeit im Vakuum ($\approx 2,997925 \cdot 10^8$ m/s)
c_r	Lichtgeschwindigkeit im Medium
d	Abstand zwischen Elementen im Array
$\mathbf{d}$	Vektor mit den Abständen zweier Phasenzentren über Frequenz
d_{el}	elektrischer Abstand zwischen Elementen im Array (normiert auf die Freiraumwellenlänge)
d_{m}	Durchmesser
d_{P}	Abstand zwischen Antenne und Beobachtungspunkt P
d_{r}	Abstand zwischen Antenne und Reflektor
$\underline{\mathbf{e}}$	komplexer Vektor der elektrischen Feldstärke im Zeitbereich
f	Frequenz
f_{h}	obere Grenzfrequenz
f_{l}	untere Grenzfrequenz
h	Realteil der Impulsantwort einer Antenne
$|h|$	Einhüllende der Impulsantwort einer Antenne
h_{Ar}	Realteil der Impulsantwort einer Antennengruppe
$|h_{\mathrm{Ar}}|$	Einhüllende der Impulsantwort einer Antennengruppe
h_{Rx}	Realteil der Impulsantwort einer Empfangsantenne
h_{Tx}	Realteil der Impulsantwort einer Sendeantenne
h_{Σ}	Realteil der Impulsantwort einer Antenne im Summenbetrieb
h_{Δ}	Realteil der Impulsantwort einer Antenne im Differenzbetrieb
$\mathbf{u}_r, \mathbf{u}_\theta, \mathbf{u}_\psi$	Einheitsvektoren des sphärischen Koordinatensystems
$o(x,y)$	Raster des Abbildungsverfahrens
$p(\theta,\psi)$	Spitzenwert der Einhüllenden einer Impulsantwort
$p_{\mathrm{C}}(\theta,\psi)$	komplexer Spitzenwert einer Impulsantwort
r	sphärische Koordinate
r_i	Abstand zwischen Arrayelement i und Beobachtungspunkt P
r_0	Abstand zwischen Koordinatenursprung und Beobachtungspunkt P
t	Zeit

t_a	Anfangszeitpunkt
t_e	Endzeitpunkt
$u_{(t)}$	normierte Spannung im Zeitbereich
$v_{(t)}$	Spannung im Zeitberiech
x, y, z	Kartesiche Koordinate

Große lateinische Buchstaben

AF	Arrayfaktor (Gruppenfaktor)
AF_m	mittlerer Arrayfaktor (Gruppenfaktor)
AF_θ	θ-Komponente des Arrayfaktors (Gruppenfaktors)
AF_ψ	ψ-Komponente des Arrayfaktors (Gruppenfaktors)
AF_Σ	Arrayfaktor im Summenbetrieb
AF_Δ	Arrayfaktor im Summenbetrieb
B_a	absolute Bandbreite
B_r	relative Bandbreite
C	Richtcharakteristik eines Strahlers
C_Ar	Richtcharakteristik eines Arrays
E	elektrische Feldstärke im Frequenzbereich
EF	Elementfaktor eines Arrays
$\mathcal{F}$	Fourier-Transformation
$\mathcal{F}^{-1}$	inverse Fourier-Transformation
G	Antennengewinn
G_Ar	Gewinn eines Arrays
G_m	mittlerer Antennengewinn
$G_\mathrm{Ar,m}$	mittlerer Gewinn eines Arrays
H	horizontal
$\underline{\mathbf{H}}$	komplexe, vollpolarimetrische Übertragungsfunktion eines Strahlers im Frequenzbereich
$\underline{H}_\mathrm{Ant}$	komplexe Übertragungsfunktion einer Antene im Frequenzbereich
$\underline{H}_\mathrm{Ar}$	komplexe Übertragungsfunktion eines Arrays im Frequenzbereich
$\underline{H}_\mathrm{Rx}$	komplexe Übertragungsfunktion einer Empfangsantenne im Frequenzbereich
$\underline{H}_\mathrm{Tx}$	komplexe Übertragungsfunktion einer Sendeantenne im Frequenzbereich
$\underline{H}_\Sigma$	komplexe Übertragungsfunktion einer Antenne im Summenbetrieb im Frequenzbereich
$\underline{H}_\Delta$	komplexe Übertragungsfunktion einer Antenne im Differenzbetrieb im Frequenzbereich
$\underline{H}_\mathrm{Sp}$	komplexe Übertragungsfunktion eines Speisenetzwerks im Frequenzbereich

$\underline{H}_{\mathrm{Rx,Ziel}}$	komplexe Kanalübertragungsfunktion Zwischen Ziel und Empfänger im Frequenzbereich
$\underline{H}_{\mathrm{Ziel,Tx}}$	komplexe Kanalübertragungsfunktion Zwischen Sender und Ziel im Frequenzbereich
N	Anzahl der Elementen in einer Antennengruppe
P	Beobachtungspunkt
U	normierte Spannung im Frequenzbereich
V	Spannung im Frequenzbereich
V	vertikal
$\underline{V}_{\mathrm{Rx}}$	komplexe Empfangsspannung
$\underline{V}_{\mathrm{Rx},\Sigma}$	komplexe Empfangsspannung im Summenbetrieb
$\underline{V}_{\mathrm{Rx},\Delta}$	komplexe Empfangsspannung im Differenzbetrieb
$\underline{V}_{\mathrm{Tx}}$	komplexe Sendespannung
Z_0	Freiraumimpedanz ($\approx 120\pi\ \Omega$)
Z_{Rx}	Systemimpedanz der Empfangseinheit
Z_{Tx}	Systemimpedanz der Sendeeinheit

Kleine griechische Buchstaben

β_0	Ausbreitungskonstante im Freiraum
δ	Dirack-Stoß
λ_0	Wellenlänge im Freiraum
λ_r	Wellenlänge im Medium
ω	Winelfrequenz
π	Kreiszahl ($\approx 3,141592...$)
ρ	Korrelationsfaktor zwischen zwei Pulsen
ψ	Kugelkoordinate
ψ_{Rx}	Einfallswinkel
ψ_{Tx}	Sendewinkel
τ_{i}	Zeitpunkt i
τ_{FWHM}	Halbwertbreite der Impulsantwort
τ_{r}	Nachschwingzeit der Impulsantwort
θ	Kugelkoordinate
$\theta_{\Delta,\mathrm{min}}$	Elevationswinkel, bei dem das Minimum der Impulsantwort im Differenzbetrieb auftritt
θ_{m}	Elevationswinkel geschätzt vom Monopuls-Radar
θ_{Rx}	Einfallswinkel
θ_{Tx}	Sendewinkel
ξ	Vorzeichen des Korrelationsfaktors zwischen zwei Pulsen (Phasenfaktor)

Große griechische Buchstaben

Δa	Amplitudenbalance
Δa_Σ	Amplitudenbalance im Summenbetrieb
Δa_Δ	Amplitudenbalance im Differenzbetrieb
Δl	Längenunterschied
$\Delta\phi$	Phasenbalance
Δt	Zeitlicher Abstand
$\underline{\Gamma}_{\mathrm{Ziel}}$	Übertragungsfunktion eines Ziels (bei Refelxion)
$\underline{\Phi}$	komplexer, polarimetrischer Arraygewichtungsfaktor
$\Xi(\theta)$	engl. *Look-up Table*

Abkürzungen

CAD	rechnergestützter Entwurf (Computer Aided Design)
CEPT	engl. *European Conference of Communications and Postal Administrations*
CPW	engl. *Coplanar Waveguide*
CSL	engl. *Coupled Slotline*
CST	engl. *Computer Simulation Technology* (www.cst.com)
ECC	engl. *Electronic Communications Committee* bei CEPT
EIRP	engl. *Equivalent Isotropic Radiated Power*
FCC	engl. *Federeal Communications Commision*
FIR	engl. *Finite Impulse Response*
HF	Hochfrequenz
HPBW	Halbwertsbreite einer Keule (engl. *Half Power Beam Width*)
ISI	engl. *Inter Symbol Interference*
LoS	Sichtverbindung (engl. *Line of Sight*)
NLoS	keine Sichtverbindung (engl. *Non Line of Sight*)
OFDM	engl. *Orthogonal Frequency Division Multiplexing*
PRF	Pulswiederholfrequenz (engl. *Pulse Repetition Frequency*)
PSD	spektrale Leistungsdichte (engl. *Power Spectral Density*)
SNR	Signal-Rausch-Verhältnis (engl. *Signal to Noise Ratio*)
TTD	engl. *True Time Delay*
UWB	Ultra-Breitband (engl. *Ultra Wideband*)
VNWA	vektorieller Netzwerkanalysator

1 Einleitung

Die Entdeckung der elektromagnetischen Wellen von Heinrich Hertz im Jahr 1886 war ein Durchbruch in der Geschichte der Menschheit. Seine Experimente zeigten die Möglichkeit der drahtlosen Energieübertragung zwischen zwei entfernten Einheiten, wozu Funken verwendet wurden. Die Arbeiten von Hertz waren ein Anstoß zur Entwicklung von Diensten wie der drahtlosen Kommunikation oder der funkbasierten Ortung bzw. Abstandsmessung, ohne die ein Leben heutzutage kaum vorstellbar wäre. Obwohl die Existenz der elektromagnetischen Wellen mittels elektromagnetischer Pulse bewiesen wurde, verwenden die meisten Anwendungen trägerfrequenzbasierte Signale mit kleiner Bandbreite. Es ist jedoch bekannt, dass eine Erweiterung des verwendeten Frequenzspektrums Vorteile bringt, wie eine höhere Kanalkapazität in Kommunikationssystemen oder ein besseres Auflösungsvermögen bei Radar. Eine höhere Bandbreite kann z.B. durch die Verwendung kurzer Pulse erreicht werden. Des Weiteren ist bekannt, dass die elektromagnetischen Wellen polarisiert übertragen werden können. Eine gezielte Ausnutzung dieser Eigenschaft kann zur weiteren Steigerung der Systemperformance benutzt werden. So kann einerseits die Kanalkapazität in Kommunikationssystemen erhöht werden oder andererseits kann ein Radar zusätzliche Informationen über das Ziel gewinnen.

Der heutige Stand der Technik erlaubt die Erzeugung ultra kurzer Pulse, die eine Belegung des Spektrums über mehrere GHz gewährleisten. Eine Technologie, die solche Signale verwendet, heißt Ultra-Breitbandtechnik (engl. *Ultra Wideband*, UWB). Ihre sehr große Bandbreite eröffnet zwar neue Möglichkeiten in funkbasierten Systemen, stellt aber gleichzeitig eine große Herausforderung für den Entwurf geeigneter Komponenten dar. Um diese Pulse verzerrungsfrei übertragen zu können, müssen die verwendeten Bauteile weitgehend frequenzunabhängig sein. Zu diesen Bauteilen zählen auch Antennen, die einen unerlässlichen Bestandteil jedes drahtlosen, elektromagnetischen Systems darstellen. Die bisherigen Forschungsarbeiten führten zur Konzipierung mehrerer Strahler, die in der Lage sind ultrabreitbandig abzustrahlen. Die Meisten dieser Strahler bieten jedoch eine Abstrahlung in einem einzelnen Polarisationszustand. Dies schränkt die Anwendung von UWB auf monopolarisierte Systeme ein. Um die Vorteile von UWB in allen Ebenen ausnutzen zu können, werden ultra-breitbandige Antennen mit einer Polarisationsdiversität gefordert. Diese Arbeit beschäftigt sich mit der Konzipierung und dem Entwurf solcher Strahler, um die Lücke in der Kenntnis im Stand der Technik aufzufüllen.

1.1 Grundlagen zur Ultra-Breitbandtechnik

Ultra-Breitband ist eine Funktechnologie die sich durch eine sehr große Bandbreite der gesendeten Signale auszeichnet. Die Signale müssen, um als ultra-breitbandig bezeichnet zu werden, mindestens 500 MHz absolute Bandbreite B_a

$$B_a \geq 500\,\text{MHz} \tag{1.1}$$

oder mindestens 20% relative Bandbreite

$$B_r = 2\frac{f_h - f_l}{f_h + f_l} \geq 20\% \tag{1.2}$$

aufweisen, wobei die gesamte Bandbreite gleichzeitig belegt werden muss. Die Nutzung einer solchen Bandbreite bietet Vorteile in nahezu allen bereits bekannten Funktechniken. So kann nach dem Shannon-Theorem [Sha49] mit einer Vergrößerung der Bandbreite die Kanalkapazität deutlich gesteigert werden, was in einer Erhöhung der Datenraten in drahtlosen Kommunikationssystemen resultiert. Ein zusätzlicher Vorteil einer großen Bandbreite ist die Möglichkeit einer zeitlichen Auflösung einzelner Pfade bei Mehrwegeausbreitung. Dadurch kann eine höhere Robustheit gegen Schwund (engl. *Fading*) erzielt werden. Sie stellt damit eine Lösung für schwundfreie und somit sichere Kommunikation dar. Dies kann besonders in funktechnisch schwierigen Umgebungen, wie z.B. einer Fabrikhalle, von Vorteil sein, wo eine niederratige, aber stabile Datenübertragung zur Ansteuerung von Maschinen erwünscht wird [ZJA$^+$10].

Interessant ist die UWB-Technik auch in Radar- und bildgebenden Systemen (engl. *Imaging*), bei denen die große Bandbreite für eine feine Ortsauflösung sorgt. Sie stellt damit einen Kandidat für hochauflösende Radarsysteme für Sicherheits- und Rettungstechnik dar, welche eine zuverlässige und robuste Lokalisierung einer Person, z.B. in abgestürzten Gebäuden, ermöglicht [SAC$^+$08]. Es wird ebenfalls versucht UWB-Radar für medizinische Zwecke anzuwenden, indem Tumore [CBVH06, HHSS08] oder Wasseransammlungen in menschlichen Körpern [SPL$^+$09] lokalisiert werden. Sie kann ebenfalls zur Überwachung wichtiger Lebensfunktionen, wie Herzschlag oder Atmung angewendet werden [CLSC05, SDL$^+$08]. Ein Einsatz von UWB in Lokalisierungs- und Sensornetzwerken erlaubt eine sehr genaue Lokalisierung bzw. Verfolgung eines Ziels [GTG$^+$05, ZST04].

Verschiedene Regulierungsbehörden (siehe Abschnitt 1.2) haben bereits eine lizenzfreie Nutzung von UWB-Geräten zugelassen. Dabei sind bestimmte Vorgaben, wie z.B. Frequenzbänder und spektrale Leistungsdichten (engl. *Power Spectral Density*, PSD) zu beachten. In den meisten Ländern sieht die Zulassung eine Begrenzung der maximalen gesendeten spektralen Leistungsdichte von -41,3 dBm/MHz vor. Der Grund für solch einen geringen Wert ist die Interferenz mit bereits bestehenden Schmalbandsystemen. Durch die Vorgaben der Regulierungsbehörden wird sichergestellt, dass eine Koexistenz von mehreren Diensten im gleichen Frequenzband möglich ist. UWB wird dabei von anderen Schmalbanddiensten als

Rauschen wahrgenommen. Dies erlaubt eine effizientere Ausnutzung der kostbaren Ressource Frequenzspektrum.

Eine Begrenzung der zulässigen Amplitude der verwendeten UWB-Signale impliziert eine Einschränkung der erreichbaren Reichweite von UWB-Systemen. Aus diesem Grund kann die UWB-Technik lediglich Anwendung im Nahbereich (10-100 m) finden. Auf dem Gebiet der Kommunikationstechnik kann die UWB-Technik somit dort eine Anwendung finden, wo eine hohe Datenrate über kurze Distanzen benötigt wird, z.B. als Ersatz für Video-Kabel zwischen DVD/Blue-Ray-Player und Fernseher oder als Nachfolger von Bluetooth. In den Radarsystemen beschränkt sich die Anwendung, wie bereits erwähnt, auf medizinische Bereiche, Personensuch- und Rettungssysteme, sowie Nahbereichssensornetzwerke.

Es gibt generell zwei Prinzipien für die Belegung der gesamten Bandbreite in UWB-Systemen. Es können dazu kurze Pulse verwendet werden, deren Länge je nach genutzter Bandbreite im Bereich von etwa 0,1 ns bis 1 ns liegen kann. Die Pulse besitzten meistens eine Form der Gaußschen Pulse und ihrer zeitlichen Ableitungen [SDS09, Eis06]. Eine zweite Strategie basiert auf OFDM-Technik (engl. *Orthogonal Frequency Division Multiplexing*). Diese beruht auf der Erzeugung paralleler Datenströme die auf mehreren Trägerfrequenzen gleichzeitig übertragen werden. Das Merkmal dieses Prinzips ist die Auswahl der Frequenzabstände zwischen den Trägern sowie ihren Bandbreiten, so dass eine Orthogonalität der Signale im Frequenzbereich vorliegt [vNP00]. Durch eine Erweiterung der Anzahl der Träger kann die Bandbreite der OFDM-Signale auf über 500 MHz erweitert werden, wodurch die Vorteile der UWB-Technik ausgeschöpft werden [Ree05].

1.2 Begriffe und Definitionen

UWB Regulierung

In vielen Ländern sind bereits erste Regulierungen zur Nutzung von UWB-Geräten verabschiedet worden. Sie sehen eine lizenzfreie Nutzung von UWB-Pulsen vor, wobei Randbedingungen wie z.B. Frequenzband, maximale PSD, Pulswiederholfrequenz PRF (engl. *Pulse Repetition Frequency*), Maßnahmen zur Erkennung und Vermeidung von Interferenzen (engl. *mitigation techniques*), sowie das Umfeld der Anwendung genau definiert werden.

Im Jahr 2002 ist in den Vereinigten Staaten die weltweit erste Zulassung zur kostenlosen Nutzung der UWB-Technik eingeführt worden. Die maximale zulässige spektrale Leistungsdichte beträgt -41,3 dBm/MHz in den Frequenzbändern von 0 GHz bis 0,96 GHz und von 3,1 GHz bis 10,6 GHz [FCC02]. Dabei wird zwischen den Indoor- und Outdoor-Anwendungen unterschieden. Die Outdoor-Anwendungen besitzen strengere Vorschriften im Bezug auf PSD in den Frequenzbändern von 0,96 GHz bis 3,1 GHz und oberhalb von 10,6 GHz. Aufgrund der kompakteren Größe der Geräte und der größeren absoluten Bandbreite wird meistens der Frequenzbereich von 3,1 GHz bis 10,6 GHz für die künftigen Systeme gewählt. Für bestimmte Anwednungen darf der Frequenzbereich erweitert werden, was in dieser Arbeit nicht betrachtet wird.

Auch in Europa ist eine lizenzfreie Nutzung der UWB-Geräte 2007 zugelassen worden [ECC07]. Hierbei sind jedoch strengere Vorschriften zu beachten. Erlaubt ist eine Nutzung der drahtlosen UWB-Geräte mit einer maximalen PSD von -41,3 dBm/MHz in den Frequenzbändern von 4,2 GHz bis 4,8 GHz und von 6 GHz bis 8,5 GHz. Ab 2011 dürfen die Geräte, die das erste Frequenzband belegen, nicht ohne Schutzmaßnahmen zur Interferenz verkauft werden. Im zweiten Frequenzband (6 GHz - 8,5 GHz) darf jedoch weiterhin ohne *Mitigation Techniques* gearbeitet werden.

Die absolute Bandbreite von 7,5 GHz, die in den USA zugelassen worden ist, bietet mehr Vorteile für Funkanwendungen (z.B. besseres Auflösungsvermögen bei Radar, höhere Datenrate bei Kommunikationssystemen). Sie stellt jedoch gleichzeitig höhere Anforderungen an die Hardware, u.A. an die Antennen, dar. Aus diesem Grund werden alle in dieser Arbeit konzipierten und entworfenen Prototypen und Anwendungen, wenn nicht anders angegeben, für das Frequenzband von 3,1 GHz bis 10,6 GHz optimiert. Dieser Frequenzbereich wird im Folgenden als FCC-Frequenzbereich bezeichnet. Nach der europäischen Regulierung wird der Frequenzbereich von 6 GHz bis 8,5 GHz, der ECC-Fequenzbereich genannt.

Polarisation

Polarisation ist eine Eigenschaft der elektromagnetischen Welle, die den zeitlichen Verlauf der Spitze des elektrischen Feldvektors beschreibt. Sie kann zirkular, elliptisch oder linear sein. Jeder Polarisationszustand besitzt eine andere, gegenseitige Konfiguration, bei der die gesendeten Signale unkorreliert sind. Sie werden als orthogonale Polarisationen bezeichnet. So kann man bei den zirkularen und elliptischen Polarisationen zwischen rechtsdrehendem (z.B. rhc - *right handed circular*) und linksdrehendem (z.B. lhc - *left handed circular*) Zustand unterscheiden. Dabei wird die Drehrichtung der Spitze des elektrischen Feldvektors im Bezug auf die Ausbreitungsrichtung der elektromagnetischen Welle ausgewertet. Zeichnet die Spitze dagegen eine Gerade, so befindet sich die Welle in einem linearen Polarisationszustand. Eine zur linearen Polarisation orthogonale Polarisation ist ebenfalls linear und die Oszillationsebene des elektrischen Feldvektors ist senkrecht zu der Ursprünglichen orientiert. Eine lineare Polarisation wird oft in Bezug auf den Boden bezeichnet, indem zwischen vertikaler und horizontaler Polarisation unterschieden wird. Ist der Polarisationszustand bei der Sende- und Empfangsantenne gleich, so spricht man von einer ko-polarisierten Konfiguration (kurz: Ko-Polarisation oder Co-Pol). Die Konfiguration, in der die Sende- und Empfangsantenne in orthogonalen Polarisationen betrieben werden, wird als Kreuz-Polarisation (kurz X-Pol) bezeichnet.

Die in dieser Arbeit vorgestellten Antennen sind für eine Abstrahlung zweier orthogonal zueinander ausgerichteten, linearen Polarisationen konzipiert. Oft wird jedoch für die Antennen ein verkürzter Begrif „dual-polarisiert" verwendet, der im Rahmen dieser Arbeit stets als „dual-orthogonal, linear polarisiert" verstanden werden soll.

Ein Gütekriterium für der Auswertung der Leistungsfähigkeit von dual-polarisierten Antennen ist die Polarisationsreinheit. Sie bezeichnet das Verhältnis zwischen den Signalamplituden in Ko- und Kreuz-Polarisation, das meistens in dB ausgedrückt wird. Je nach Anwendung kann die Anforderung an die Polarisationsreinheit abweichen. In den Kommunikationssystemen reicht oft ein Wert von etwa 10 bis 15 dB. Dagegen wird in den Antennenmesseinrichtungen eine Anforderung an Polarisationsreinheit der Referenzantenen von mindestens 25 dB gestellt.

Phasenzentrum

Das Phasenzentrum einer Antenne bezeichnet den Punkt der Antenne, der als Ursprung einer von der Antenne abgestrahlten Kugelwelle dient. Eine ideale, dreidimensionale Kugelwelle kann allerdings nur von einem einzigen, diskreten Punkt erzeugt werden. Die Antennen besitzen jedoch eine gewisse Ausdehnung, die zur Gewährleistung der Abstrahlbedingungen vorhanden sein muss. Aus diesem Grund berechnet man das Phasenzentrum einer realen Antenne in einem gewissen Winkelbereich, in dem die abgestrahlte Welle als Ausschnitt einer Kugelwelle betrachtet werden kann.

Eine genaue Lokalisierung des Phasenzentrums ist von großem Interesse bei den Systemen, die ein besseres Auflösungsvermögen oder höhere Lokalisierungsgenauigkeit liefern, als die Dimensionen der Antenne selbst. In solchen Fällen wird die Antenne als ein diskreter Punkt betrachtet, dessen Lage dem Phasenzentrum gleicht.

Die Lage des Phasenzentrums kann sich, im Fall breitbandiger Antennen, über der Frequenz ändern. Besonders im Fall der pulsabstrahlenden, breitbandigen Antennen ist dies von großer Bedeutung. Eine Veränderung der Lage des Phasenzentrums mit der Frequenz, die mit der örtlichen Länge des Pulses vergleichbar sind, führt zu einer Verzerrung des abgestrahlten Pulses. Dabei werden verschiedene Frequenzanteile aus geometrisch unterschiedlichen Orten abgestrahlt, was zur Verlängerung und Verformung des Pulses führt. Von den ultrabreitbandigen Antennen wird erwartet, dass die Lage des Phasenzentrums konstant über der Frequenz bleibt.

Koordinatensystem

Das Koordinatensystem, das durchgehend in der Arbeit verwendet wird, ist in Abb. 1.1 dargestellt. Die meisten präsentierten Strahler sind in dem Koordinatensystem so ausgerichtet, dass die Hauptstrahlrichtung (oder eine von denen) in Richtung positiver Werte der x-Achse ($\theta = 90°, \psi = 0°$) orientiert ist.

Als Ko-Polarisation wird in der vorliegenden Arbeit, wenn nicht anders angegeben, die θ-Komponente und als Kreuz-Polarisation die ψ-Komponente des E-Feldvektors verwendet. Für die Hauptstrahlrichtung $\theta = 90°, \psi = 0°$ ist die Ko-Polarisation identisch mit der z-Achse und die Kreuz-Polarisation mit der y-Achse.

Unter solchen Bedingungen definiert sich die H-Ebene einer Antennenpolarisation als Veränderung des Winkels ψ bei $\theta = 90°$. Die E-Ebene dagegen verläuft entlang des Winkels θ für $\psi = 0°$ bzw. $\psi = 180°$. Zur Vereinfachung der Darstellung wird die E-Ebene für die Winkel $-180° < \theta < 180°$ und $\psi = 0°$ definiert, was man im sphärischen Koordinatensystem als Zusammenführung der Winkelbereiche $0° < \theta < 180°$ bei $\psi = 0°$ und $0° < \theta < 180°$ bei $\psi = 180°$ verstanden werden soll.

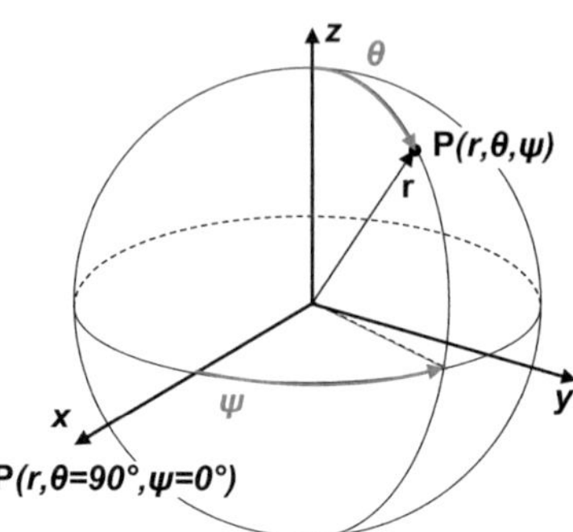

Abbildung 1.1: Koordinatensystem zur Auswertung der Abstrahleigenschaften der Antennen

Die Abstrahleigenschaften werden in der Arbeit nach dem Muster $T_1^{\text{E-Ebene, Co-Pol}}(f, \theta, \psi = 0°)$ bezeichnet, was als eine Eigenschaft T der Antenne 1 in der E-Ebene bei Ko-Polarisation interpretiert werden soll. Die Bezeichnung deutet dabei auf eine Abhängigkeit der Eigenschaft T von der Frequenz f und Winkel θ bei $\psi = 0°$ hin.

1.2.1 Antennenparameter im Frequenzbereich

Die Abstrahleigenschaften einer Antenne lassen sich komplett mit einer komplexen, vollpolarimetrischen Antennenübertragungsfunktion $\underline{\mathbf{H}}(f, \theta, \psi)$ beschreiben.

$$\underline{\mathbf{H}}(f, \theta, \psi) = \left[\begin{array}{c} \underline{H}_\theta(f, \theta, \psi)\mathbf{u}_\theta \\[2mm] \underline{H}_\psi(f, \theta, \psi)\mathbf{u}_\psi \end{array} \right] \tag{1.3}$$

Sie verknüpft eine komplexe Speisespannung $\underline{V}(f)$ mit einem elektrischen Feldvektor an einem Beobachtungspunkt P in einer Distanz d_P, was über folgende Formel beschrieben wird [GW98].

$$\frac{\underline{\mathbf{E}}(f, r, \theta, \psi)}{\sqrt{Z_0}} = \frac{e^{j\omega \cdot d_\text{P}/c_0}}{2\pi d_\text{P}c_0}\underline{\mathbf{H}}(f, \theta, \psi) \cdot j\omega\frac{\underline{V}(f)}{\sqrt{Z_\text{Tx}}} \tag{1.4}$$

Es wird hier Freiraumausbreitung und ideale Impedanzanpassung der Antenne an das System angenommen. Der Zusammenhang zwischen der Antennenübertragungsfunktion und dem Gewinn einer Antenne lautet [Sör07]

$$G(f, \theta, \psi) = \frac{\omega}{\pi c_0^2} \left| H(f, \theta, \psi) \right|^2. \tag{1.5}$$

Es besteht damit eine direkte Proportionalität zwischen Antennenübertragungsfunktion und einer Richtcharakteristik der Antenne $H(f, \theta, \psi) \sim C(f, \theta, \psi)$.

Zur besseren Interpretation der Menge der abgestrahlten Leistung in einer bestimmten Richtung über eine große Bandbreite ist es vorteilhaft eine einzige Größe zu verwenden. In dieser Arbeit wird oft ein mittlerer Gewinn $G_{\mathrm{m}}(\theta, \psi)$ benutzt, der folgendermaßen definiert ist

$$G_{\mathrm{m}}(\theta, \psi) = \frac{1}{f_{\mathrm{h}} - f_{\mathrm{l}}} \int_{f_{\mathrm{l}}}^{f_{\mathrm{h}}} G(f, \theta, \psi) df. \tag{1.6}$$

Zur Aufnahme der komplexen, voll-polarimetrischen Übertragungsfunktionen der Strahler, die in dieser Arbeit vorgestellt werden, ist ein in [Sör07] beschriebenes Antennenmesssystem verwendet worden.

1.2.2 Antennenparameter im Zeitbereich

Gl. (1.4) nimmt unter gleichen Annahmen folgende Form im Zeitbereich an [SHK97]

$$\frac{\underline{\mathbf{e}}(t, r, \theta, \psi)}{\sqrt{Z_0}} = \frac{1}{2\pi d_{\mathrm{P}} c_0} \delta \left(t - \frac{d_{\mathrm{P}}}{c_0} \right) * \underline{\mathbf{h}}(t, \theta, \psi) * \frac{\partial}{\partial t} \frac{\underline{v}(t)}{\sqrt{Z_{\mathrm{Tx}}}}. \tag{1.7}$$

Dabei bezeichnet $\underline{\mathbf{e}}(t, r, \theta, \psi)$ die zeitliche Abhängigkeit des elektrischen Feldvektors und $\underline{v}(t)$ den zeitlichen Verlauf des komplexen Speisesignals. Die Größe $\underline{\mathbf{h}}(t, \theta, \psi)$ wird komplexe Antennenimpulsantwort genannt und wird mit Hilfe der Fourier Transformation aus der komplexen Antennenübertragungsfunktion bestimmt [Sör07].

$$h(t, \theta, \psi) = \mathcal{F}^{-1} \left\{ H(f, \theta, \psi) \right\} \tag{1.8}$$

Die Antennenimpulsantwort verknüpft durch eine Faltung das zeitlich konzentrierte Speisesignal $\underline{v}(t)$ mit dem elektrischen Feld $\underline{\mathbf{e}}(t, r, \theta, \psi)$ im Fernfeld der Antenne. Damit das abgestrahlte Feld ebenfalls zeitlich konzentriert bleibt, muss die Impulsantwort bestimmte Eigenschaften aufweisen. Die Qualität der Impulsantwort lässt sich mit folgenden Größen beschreiben.

- Der Spitzenwert $p(\theta, \psi)$ der Impulsantwort ist das Maximum der Einhüllenden der Impulsantwort $|h(t, \theta, \psi)|$ über die Zeit in einer bestimmten Richtung. Er ist proportional zu dem Spitzenwert des abgestrahlten elektrischen Feldes $\underline{\mathbf{e}}(t, r, \theta, \psi)$

$$p(\theta, \psi) = \max_t |h(t, \theta, \psi)| \tag{1.9}$$

- Die Halbwertsbreite τ_{FWHM} ist definiert als Länge der Einhüllenden der Impulsantwort $|h(t, \theta, \psi)|$ bei der Hälfte des Spitzenwerts $p(\theta, \psi)$. Sie beschreibt die zeitliche Verbreiterung des abgestrahlten Pulses .

$$\tau_{FWHM} = \tau_1\big|_{|h(\tau_1)|=p/2} - \tau_2\big|_{|h(\tau_2)|=p/2, \tau_1 > \tau_2} \tag{1.10}$$

- Das Nachschwingen (engl. *Ringing*) τ_r bezeichnet die Zeit in der die Einhüllende der Impulsantwort auf einen bestimmten Wert $r \cdot p(\theta, \psi)$ abgeklungen ist (typisch r=0,22). Das *Ringing* ist ein unerwünschter Effekt, der durch mehrfache Reflexionen in der Antenne entsteht. Er ruft eine Oszillation der Impulsantwort nach dem Spitzenwert hervor und kann in Extremfall z.B. zu einer zeitlichen Überlagerung nacheinander gesendeter Signale führen (engl. *Inter Symbol Interference*, ISI).

$$\tau_r = \tau_1\big|_{|h(\tau_1)|=r \cdot p} - \tau_2\big|_{|h(\tau_2)|=p, \tau_1 > \tau_2} \tag{1.11}$$

Von einer pulsabstrahlenden, ultra-breitbandigen Antenne wird erwartet, dass ihre Impulsantwort kurz ist und keine Oszillationen aufweist. Dies korrespondiert mit möglichst kleinen Werten von τ_{FWHM} und τ_r. Der Spitzenwert der Impulsantwort $p(\theta, \psi)$ ist proportional zu der elektrischen Feldstärke und soll unterschiedliche Werte, je nach gewünschter Richtcharakteristik der Antenne, annehmen.

Die Impulsantworten, die in der Arbeit präsentiert werden, werden mit dem Ansatz aus [Sör07] berechnet.

1.3 Stand der Forschung für UWB-Antennen und Motivation der Arbeit

Eine Antenne verändert mit der Frequenz ihre Abstrahleigenschaften. Dies kommt zustande aufgrund der Veränderung der Aperturgröße im Bezug auf die Wellenlänge λ. Eine relative Bandbreite B_r von über 100% bedeutet eine etwa dreifache Veränderung der Wellenlänge und stellt damit eine große Herausforderung für den Entwurf geeigneter Strahler dar. Vor dem Einsatz der Antenne in pulsbasierten UWB-Systemen muss zusätzlich ihre Eignung zur Pulsabstrahlung, z.B. mit Hilfe der Impulsantwort, untersucht werden. Da in dieser Arbeit ein Entwurf der Antennen für pulsbasierte UWB-Systeme im Vordergrund steht, lassen sich somit einige Strahler aus der Betrachtung ausschließen, z.B. logaritmisch-periodische Dipol-Gruppenantenne [Sör07, SW05].

Es gibt jedoch andere geeignete Antennentypen, die eine ausreichende Impedanzanpassung über der geforderten Bandbreite gewährleisten. Dazu zählen z.B. getaperte Schlitzantennen (Vivaldi Antennen) [SKK+85, JS87, LHN93], die eine mono-linear-polarisierte, direktive Abstrahlung bieten. Die Hauptstrahlrichtung dieser Antennen bleibt konstant über die gesamte Bandbreite und die Halbwertsbreite der Keule wird schmaler mit steigender Frequenz. Eine konstante Hauptstrahlrichtung und Keulenbreite über der Frequenz sind wichtige Eigenschaften der pulsabstrahlenden, ultra-breitbandigen Antennen. Sie gewährleisten eine amplitudentreue Abstrahlung aller Spektralanteile des Pulses. Eine zu den Schlitzantennen ähnliche Abstrahlcharakteristik kann auch mit einem dielektrischen Stabstrahler erreicht werden [YK72, CC07]. Eine weitere Erhöhung der Direktivität kann aus der Kombination beider Antennen resultieren [EZL+07]. Richtantennen können z.B. bei Radar- und Lokalisierungssystemen Anwendung finden. Sie erlauben eine Ausleuchtung bestimmter Bereiche die einzeln abgetastet werden sollen. Bei der UWB-Kommunikation ist die Anwendung gerichteter Antennen bei Richtfunkstrecken mit hoher Datenrate über kurze Distanzen denkbar (z.B. Kabelersatz für die Verbindung zwischen DVD/Blue-Ray-Player und Fernseher).

In einer mobilen UWB-Kommunikation sind dagegen omnidirektionale Antennen von Interesse. Solche Abstrahlung bietet z.B. eine bikonische Antenne [Bal82] bzw. ihre planare Version - Bow-Tie [KHS04, LS91] an. Sie zählen zu sog. frequenzunabhängigen Antennen [Rum66], die eine konstante Richtcharakteristik über eine große Bandbreite besitzen. Die Omnidirektionalität tritt dabei in der H-Ebene der Antenne auf und in der E-Ebene besteht eine bidirektionale Richtwirkung. Die Antennen besitzen damit eine Dipol-ähnliche Abstrahlung über eine große Bandbreite. Die abgestrahlte elektromagnetische Welle ist in den meisten Ausführungen mono-linear-polarisiert.

Für manche Anwendungen ist eine zirkulare Polarisation von Interesse. In solchen Fällen wird z.B. eine Spiral-Antenne eingesetzt [Dys59, GW03]. Eine planare Version der Antenne strahlt bidirektional, senkrecht zur Spiralfläche ab. Sowohl die Hauptstrahlrichtung als auch die Keulenbreite der Antenne bleiben relativ konstant über eine sehr große Bandbreite.

Die meisten bekannten UWB-Antennen bieten eine Abstrahlung in einem einzelnen Polarisationszustand an. In vielen Anwendungen ist jedoch eine Polarisationsdiversität von großer Bedeutung. Bei einer UWB-Kommunikation über kurze Distanzen, besonders bei einer vorhandenen Sichtverbindung (eng. *Line of Sight*, LoS) kann es schnell zu einem Verbindungsabbruch kommen, wenn die Antennen in Kreuz-Polarisation zueinander ausgerichtet werden. Unter einem ähnlichen Problem können auch UWB-Lokalisierungssysteme und -Sensornetzwerke leiden. Eine Fehlanpassung der Polarisationen zwischen Sende- und Empfangsantenne kann zu einer erheblichen Verschlechterung der Performance oder sogar zu einem Ausfall des Systems führen. Aus diesem Grund ist es vorteilhaft dual-polarisierte Antennen zu verwenden. Eine Polarisationsdiversität verbessert auch erheblich die Performance der Radar- und Imaging-Systeme. Mithilfe orthogonaler Polarisationen können vom Radar deutlich mehr Informationen über das Zielobjekt gewonnen werden [Mot86, LP09, Giu86]. Im Fall der Imaging-Systeme kann ein Objekt mit Ausnutzung der Polarisationsdiversität besser abgebildet werden [ZST07]. Unter bestimmten Bedingungen kann ein Ziel gar nicht erkannt werden, wenn nur ein mono-polarisiertes System benutzt wird. Aus diesem Grund werden bei anspruchsvollen Anwendungen dual-polarisierte Antennen gefordert.

Eine Literaturrecherche zeigt, dass nur wenige dual-orthogonal-polarisierte, pulsabstrahlende, ultra-breitbandige Antennenkonzepte zur Verfügung stehen. Die wohl bekannteste solche Antenne ist eine Quad-Ridged-Horn-Antenne [EL10], die oft als Referenzantenne in Antennenmesseinrichtungen eingesetzt wird. Diese Antenne ist jedoch, aufgrund ihrer Größe und ihres Gewichts, in vielen Anwendungen impraktikabel. Eine etwas kompaktere Version ist in [OTC09] vorgestellt worden. Eine andere Möglichkeit eine solche Antenne zu realisieren stellt die Anwendung des dual-polarisierten, dielektrischen Stabstrahlers dar [CC08]. Die Eigenveröffentlichungen des Autors [AZW08b, ASZW08, AZW08a, AZW10] zeigen noch kompaktere Lösungen für solche Antennen. Alle vorgestellten Antennen sind jedoch kompliziert im Aufbau und brauchen alle drei Dimensionen, um in beiden Polarisationen abstrahlen zu können. Es erschwert oft eine Integration der Strahler in kompakte Geräte. Ausserdem liefern nur wenige von den vorgestellten Prototypen eine zufriedenstellende Polarisationsreinheit von über 20 dB. Aus diesem Grund wird eine Lösung gesucht, die eine dual-polarisierte Abstrahlung im UWB-Frequenzbereich aus einer zwei-dimensionalen Struktur ermöglicht.

Einige Veröffentlichungen beschäftigen sich mit dem Entwurf planarer, dual-polarisierten UWB Antennen [YF09, YPYL08, PAYYL08]. Diese Lösungen besitzen jedoch ein unterschiedliches Phasenzentrum für beide Polarisationen. Dies ist ein Nachteil in UWB-Systemen, besonders bei Radar, da in beiden Polarisationen a-priori unterschiedliche Abstrahlbedingungen erzeugt werden und somit auch unterschiedliche Laufzeiten zwischen Radar und Ziel in beiden Polarisationen aufgenommen werden können. Aus diesem Grund soll eine Antenne die gleiche Lage des Phasenzentrums für beide Polarisationen aufweisen. Zusätzlich von Vorteil ist eine ähnliche Abstrahlcharakteristik (Gewinn, Keulenbreite) in der E- und H-Ebene für beide Polarisationen. Dies ermöglicht eine Ausleuchtung des gleichen Bereiches in beiden Polarisationen.

Zur Erhöhung der Direktivität der Antennen wird oft ein Antennenarray eingesetzt. Eine mono-polarisierte, ultra-breitbandige Antennengruppe ist z.B. in [SSW05, Hei01] vorgestellt worden. Eine dual-polarisierte Variante einer UWB-Antennengruppe mit hoher Richtwirkung ist bis jetzt in der Literatur kaum zu finden. Aus diesem Grund wird diese Fragestellung ebenfalls in dieser Arbeit behandelt.

In verschiedenen Anwendungen wird eine *Pattern Diversity*-Antenne eingesetzt. In den Kommunikationssystemen können durch den Einsatz solcher rekonfigurierbaren Antennen verschiedene Bereiche versorgt werden. In der Literatur sind einige Lösungen für den Entwurf solcher Antennen zu finden [LS09]. In der Radar-Technik werden solche Antennen beim Monopuls-Verfahren verwendet. Die meisten Monopuls-Anwendungen basieren jedoch auf Schmalbandsystemen, bei denen keine hohe Entfernungsauflösung (wie bei UWB) erreicht werden kann. Die wenigen Lösungen für den UWB-Frequenzbereich bieten jedoch nur eine mono-polarisierte Version oder einen Ansatz mit nicht gleicher Lage des Phasenzentrums für beide Polarisationen [BBE08] an. In dieser Arbeit wird daher ein Entwurf einer dual-polarisierten, pulsabstrahlenden, ultra-breitbandigen Monopuls-Antennengruppe gezeigt.

Eine Zusammenfassung der Antenneneigenschaften, die der Strahler im gesamten UWB-Frequenzbereich aufweisen soll, lautet somit:

- gute Impedanzanpassung

- kleine Kopplung zwischen den Ports für orthogonale Polarisationen

- konstante Hauptstrahlrichtung und Keulenbreite

- vergleichbare Abstrahlcharakteristiken in der E- und H-Ebene

- hohe Polarisationsreinheit

- konstante Lage des Phasenzentrums für einzelne Polarisation

- gleiche Lage der Phasenzentren für beide Polarisationen

- Möglichkeit zur Realisierung auf zwei-dimensionaler Struktur (planar)

1.4 Gliederung der Arbeit

Im ersten Kapitel werden, nach einer Einleitung in das Thema, die wichtigsten Begriffe und Bezeichnungen, die in der Arbeit benutzt werden, vorgestellt. Danach wird ein Stand der Technik für ultra-breitbandige Antennen vorgestellt, der die wichtigen Lücken in der Forschung auf dem Gebiet UWB-Antennen hervorhebt. Dies stellt gleichzeitig die Motivation dieser Arbeit dar.

Die Arbeit wird mit der Vorstellung eines Konzepts der Antennengruppe für eine breitbandige Unterdrückung der Kreuz-Polarisation bei gleichzeitiger Verstärkung der Ko-Polarisation begonnen. Dazu wird zunächst im Kapitel 2 das Prinzip der Elementanordnung im Array qualitativ erklärt. Danach wird ein mathematisches Modell der Abstrahlung hergeleitet, das mit Hilfe der Simulationen realistischer Antennen ohne Speisenetzwerk verifiziert wird. Um die Idee und das Modell messtechnisch verifizieren zu können, wird ein Prototyp eines monopolarisierten Arrays, gefolgt von der dual-polarisierten Variante, vorgestellt. Zum Schluss des Kapitels werden Anforderungen an die Speisesignale theoretisch untersucht und die Grenzen guter Performance des Prinzips genannt.

Ausgehend von dem vorgestellten Prinzip werden im Kapitel 3 die Konzepte der kompakten, dual-orthogonal, linear polarisierten Antennen gezeigt. Zuerst wird eine kompakte 4-Ellipsen-Antenne vorgestellt, die eine Untersuchung ihrer Abstrahleigenschaften unabhängig von dem Speisenetzwerk erlaubt. Nach einer erfolgreichen messtechnischen und simulativen Verifikation des Ansatzes wird eine Variante der kompakten Antenne mit integriertem Speisenetzwerk gezeigt. Das Kapitel wird mit einem Überblick über Möglichkeiten zur Realisierung von Antennen, die auf dem gleichen Prinzip basieren, aber andere Abstrahleigenschaften aufweisen, beendet.

Eine kompakte Bauweise und Abstrahlcharakteristiken der zuvor beschriebenen Antennen erlaubt deren Anwendung in dual-polarisierten, direktiven Antennenarrays. Dazu wird am Anfang des Kapitels 4 eine lineare Antennengruppe vorgestellt, die eine deutliche Reduktion der Keulenbreite ermöglicht. Anschließend wird eine Entwurfsbeschreibung einer UWB-Monopuls-Antennengruppe, die eine Kombination der UWB-Technik mit dem Monopuls-Radarprinzip realisiert, beschrieben.

Im Kapitel 5 werden ausgewählte Anwendungen basierend auf zuvor vorgestellten Prototypen vorgestellt. Der Fokus der Anwendungen liegt dabei in der Enthüllung der guten Abstrahleigenschaften (u.A. hohe Polarisationsreinheit, Eignung für pulsbasierten Betrieb, ähnliche Abstrahlcharakteristiken in E- und H-Ebene für beide Polarisationen) und der Eignung der vorgestellten Konzepte zum praktischen Einsatz. Im ersten Abschnitt werden Messergebnisse eines bildgebenden Radars gezeigt. Dazu werden sowohl zwei-als auch drei-dimensionale Mikrowellenabbildungen verschiedener Ziele in LoS- und NLoS-Umgebung gezeigt. Im zweiten Abschnitt des Kapitels wird ein UWB-Monopuls-Radar gezeigt, der imstande ist sowohl die Entfernung als auch die Richtung des Ziels mit einem einfachen Ansatz hochgenau zu bestimmen.

Die Arbeit wird mit Schlussfolgerungen in Kapitel 6 abgeschlossen.

2 Antennenkonfiguration zur breitbandigen Unterdrückung der Kreuz-Polarisation

In diesem Kapitel wird eine Elementanordnung in einer Antennengruppe beschrieben, die dazu beiträgt, die Kreuz-Polarisationkomponenten in einem gewissen Winkelbereich zu unterdrücken und das Phasenzentrum der Antenne zu stabilisieren. Zuerst wird eine generelle Betrachtung der Anordnung beschrieben. Als nächstes wird eine mathematische Beschreibung der Abstrahlung hergeleitet. Die Theorie wird mittels Simulations- und Messergebnissen verifiziert. Abschließend werden Grenzbedingungen definiert, welche die beabsichtigte Funktionsweise des Strahlers gewährleisten.

2.1 Konzept für die Anordnung der Elemente in einer Antennengruppe

Gegeben sei eine Antenne 1 mit einer Richtcharakteristik $C_1^{\text{Co-, X-Pol}}(\theta, \psi)$. Antenne 1 strahlt eine elektromagnetische Welle ab, deren E-Feldvektor zunächst eine lineare, beliebig orientierte Polarisation besitze. Die schematisch dargestellte Antenne ist im Bild 2.1(a) zu sehen. Um die Darstellung des Prinzips zu vereinfachen, wird die Antenne in diesem Teil des Kapitels im kartesischen Koordinatensystem betrachtet. Die Orientierung der E-Feldvektoren bezieht sich in diesem Abschnitt auf die yz-Ebene, wobei die Abhängigkleit der E-Feldvektoren von der Variable x vernachlässigt wird.

Angestrebt sei eine Polarisation, deren E-Feldvektor entlang der z-Achse oszilliert. Der abgestrahlte E-Feldvektor wird nun in Ko- (bzw. z)- und Kreuz- (bzw. y)-Komoponente zerlegt. In Abb. 2.1 wird der abgestrahlte E-Feldvektor mit einem durchgezogenen, die Ko-Komponente mit einem gestrichelten und die Kreuz-Komponente mit einem gepunkten Vektor dargestellt.

Eine triviale Lösung zur Erzielung der gewünschten Polarisation ist die physikalische Drehung der Antenne bis die Orientierung des abgestrahlten E-Feldvektors (durchgezogen) mit der z-Achse übereinstimmt. Solch eine Lösung ist jedoch meistens nicht zufriedenstellend. Zum Einen kann die Orientierung der Polarisation abhängig von der Frequenz sein. Zum Anderen kann die Antenne aufgrund der nicht idealen Bauweise anstatt einer linearen, eine elliptische Polarisation aufweisen, was zu einem stetigen Vorhandensein von Kreuz-Komponenten führt. Beide Punkte disqualifizieren diesen Ansatz um die Kreuz-Polarisation frequenzunabhängig zu unterdrücken.

Die hier vorgeschlagene Methode basiert auf Interferenz der Ko- und

Kreuz-Komoponente durch entsprechende Anordnung der Elemente in einer Antennengruppe. Es wird angenommen, dass die Elemente identisch sind und sich gegenseitig nicht beeinflussen. Im Folgenden wird die Vorgehensweise Schritt für Schritt qualitativ erklärt. Zur Vereinfachung der Darstellung des Prinzips wird das Beispiel nur für den zweidimensionalen Fall betrachtet. Das Prinzip gilt jedoch auch für den dreidimensionalen Fall.

Zuerst wird das Antennenelement 1 in ein lineares Antennenarray bestehend aus zwei Elementen, wie im Bild 2.1(b) gezeigt, angeordnet. Dies ist eine übliche Konfiguration zur Verkleinerung der Breite der Hauptkeule und Vergrößerung der Direktivität. Die Abstrahlung solch eines Arrays kann mithilfe bereits bekannter Ansätze beschrieben werden [Bal82, Zwi10]. Bei solch einer Anordnung wird sowohl die Ko- als auch die Kreuz-Komponente gleichphasig abgestrahlt. Dies resultiert in einer unveränderten Polarisation der Gesamtanordnung und stellt somit keine Lösung zur Beeinflussung der Polarisationseigenschaften dar.

Einfluss kann jedoch durch eine achsensymmetrische Anordnung von zwei Antennen ausgeübt werden. Eine solche Konfiguration ist im Bild 2.1(c) dargestellt. Als Symmetrieachse wird in diesem Beispiel die y-Achse genommen. Speist man die beiden Antennen mit einem Signal gleicher Amplitude und Phase, wird die Polarisation der zweiten Antenne ebenfalls achsensymmetrisch zu der von der ersten Antenne stehen. Durch die Zerlegung der jeweiligen abgestrahlten E-Feldvektoren in Ko- und Kreuz-Komponente wird deutlich, dass die beschriebene Antennenkonfiguration verschiedene Auswirkung auf die Teilkomponenten aufweist. Wird die Kreuz-Komponente betrachtet, so sieht man dass die beiden Vektoren gleiche Amplitude und Phase besitzen. Im Fall der Ko-Komponente ist dagegen die Amplitude der Vektoren gleich, die Orientierung aber entgegengesetzt. Das bedeutet, dass die Vektoren in diesem Fall gegenphasig zu einander stehen. Dies hat zur Folge, dass die Kreuz-Komponenten ungestört abgestrahlt werden und die Ko-Komponenten sich gegenseitig auslöschen. Dies führt zur Förderung der ungewünschten Kreuz-Polarisation und gleichzeitig zur Unterdrückung der angestrebten Ko-Polarisation.

Abhilfe schafft an dieser Stelle eine differenzielle Speisung beider Antennen. Werden die Antennen, wie oben beschrieben, achsensymmetrisch angeordnet aber gegenphasig (im Folgenden auch differenziell genannt) gespeist, erhält man eine Konfiguration die schematisch in Abb. 2.1(d) dargestellt ist. Nun ist die Amplitude des abgestrahlten E-Feldvektors für die beiden Antennen gleich, die Orientierung aber umgekehrt. Zerlegt man die jeweiligen Vektoren in Ko- und Kreuz-Komponente beobachtet man das umgekehrte Verhalten wie im vorangegangenem Beispiel (Abb. 2.1(c)). Die Kreuz-Komponenten sind gegenphasig orientiert und interferieren destruktiv, was zu einer Unterdrückung der Amplitude führt. Dagegen besitzen die Ko-Komponenten die gleiche Orientierung, was konstruktive Interferenz hervorruft.

Durch die Konfiguration der Antennengruppe in Abb. 2.1(d) erhält man eine lineare Polarisation, die parallel zur z-Achse orientiert ist. Es ist selbsterklärend, dass die Ausrichtung der Polarisation nicht mehr von der elektromagnetischen Eigenschaften der Antenne abhängt, sondern nur von der Genauigkeit der mechanischen Ausrichtung der Elemente in dem Array (unter idealen Speisebedingungen).

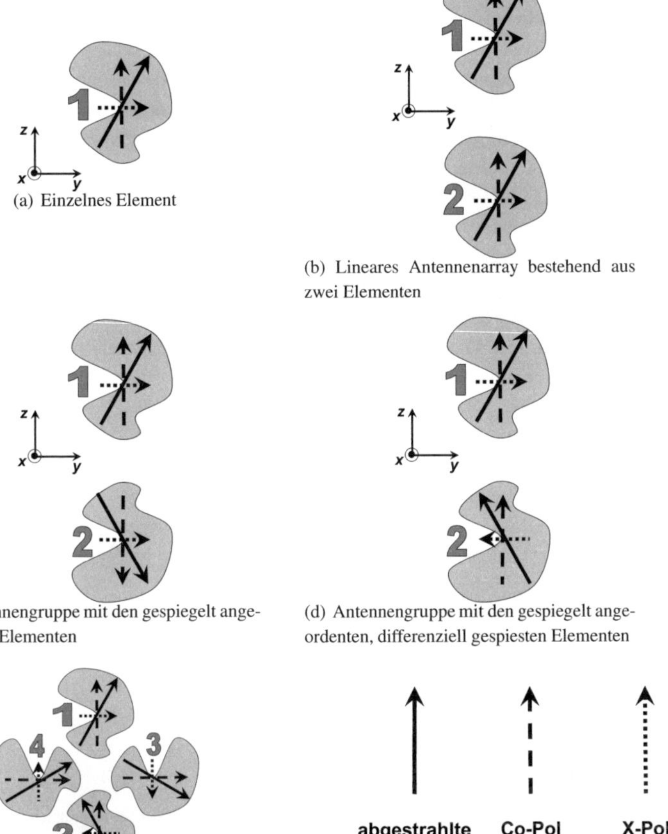

Abbildung 2.1: Unterschiedliche Antennenkonfigurationen und deren Einfluss auf die Polarisationseigenschaften der abgestrahlten Welle [AZRZ10]

Um einen Strahler zu entwickeln, der im Stande ist zwei lineare, orthogonal zueinander
stehende Polarisationen abzustrahlen, müssen zwei zusätzliche Elemente eingefügt werden.
Diese müssen physikalisch um $90°$ rotiert werden, wie in Abb. 2.1(e) gezeigt. Der Rotations-

punkt muss dabei in der Mitte der Symmetrieachse liegen. Betreibt man beide Sub-Arrays unabhängig voneinander so entsteht ein Antennenarray, das zwei linear, orthogonal zueinander stehende Polarisationen unabhängig voneinander abstrahlen kann.

Je nach verwendetem Antennentyp kann die Lage des Phasenzentrums der einzelnen Antenne frequenzabhängig sein [SW05]. Eine Verschiebung des Phasenzentrums mit der Frequenz verursacht eine unerwünschte Dispersion des abgestrahlten Pulses. Durch die Anordnung der Elemente in einer Antennengruppe kann das Phasenzentrum des Strahlers stabilisiert und dadurch eine bessere Performance erzielt werden.

In einem Antennearray bestehend aus zwei Elementen befindet sich das Phasenzentrum immer im Mittelpunkt zwischen den Phasenzentren der einzelnen Antennen. Durch die achsensymmetrische Anordnung der Antennenelemente befindet sich der Mittelpunkt zwischen den Phasenzentren immer auf der Symmetrieachse. Dieses Phänomen ist schematisch in Abb. 2.2 dargestellt (schwarzer Punkt bezeichnet eine Lage des Phasenzentrums bei einer Frequenz f_i). Das Prinzip ist gültig so lange beide Elemente identische elektromagnetische Eigenschaften besitzen und sich gegenseitig nicht beeinflussen. Aus Abb. 2.2 wird deutlich, dass durch den Einsatz der Antennengruppe der Bereich in dem das Phasenzentrum seine Lage verändert verkleinert wird im Vergleich zu einer einzelnen Antenne. Dies resultiert in einer partiellen Kompensation der pulsverzerrenden Eigenschaften der Antenne.

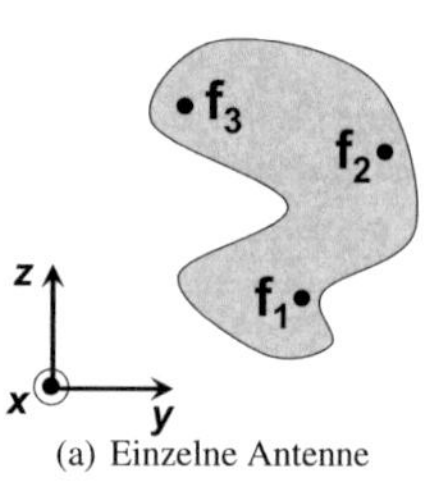

(a) Einzelne Antenne

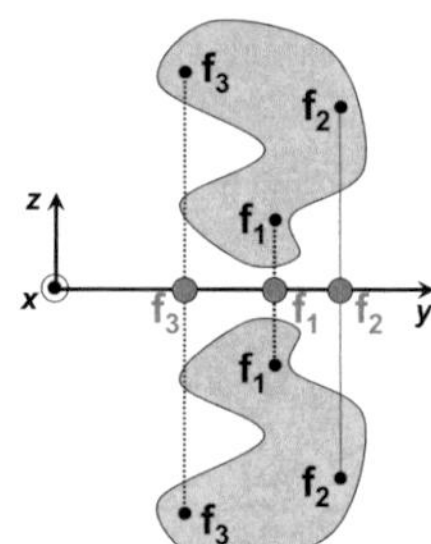

(b) Array mit achsensymmetrisch angeordneten Antennenelementen

Abbildung 2.2: Schematische Änderung der Lage des Phasenzentrums (schwarzer Punkt) des Strahlers über Frequenz f_i [AZRZ10]

Ein weiterer Vorteil der Anordnung wird verdeutlicht, wenn man Antennen verwendet, bei den die Lage des Phasenzentrums sich nur entlang einer Linie verändert. Durch eine entsprechende Anordnung zwei solcher Strahler in einer gespiegelten Konfiguration wird das resultierende Phasenzentrum auf einen Punkt gebracht, dessen Lage frequenzunabhängig ist. Rotiert man das zweite Antennenpaar um diesen Punkt, so erhält man einen dual-polarisierten Strahler, dessen beide Polarisationen eine identische, frequenzunabhängige Lage der Phasenzentren besitzen.

Eine symmetrische Anordnung der Antennen zur Unterdrückung der Kreuz-Polarisation ist bereits verwendet worden [CSM82, GW01, LHTR08]. Das Prinzip ist jedoch nur für Schmalbandantennen angewendet worden und seine Vorteile für die UWB-Technik (Frequenzunabhängigkeit, Stabilisierung der Lage des Phasenzentrums) sind bisher nicht beschrieben worden. Die Realisierung der differenziellen Speisung der Antennen ist meist durch Verlegung des Speisepunktes, z.B. bei Patchantennen realisiert worden [Hal92].

2.2 Modellierung der Abstrahleigenschaften

Im Folgenden wird ein mathematisches Modell für die Berechnung der Abstrahleigenschaften eines gespiegelten, differenziell gespeisten Arrays (Abb. 2.1(d)) hergeleitet. Bei der Erstellung des Modells wird vorausgesetzt, dass die Elemente der Antennengruppe ideal symmetrisch aufgebaut sind und sich gegenseitig nicht beeinflussen.

Gegeben sei eine Antenne mit einer Übertragungsfunktion $\underline{\mathbf{H}}_1(\theta, \psi)$. Die Übertragungsfunktion ist frequenzabhängig, was jedoch zunächst vernachlässigt wird. Die Antenne im Koordinatensystem ist in Abb. 2.3(a) dargestellt. Gewünscht sei eine mit der θ-Ebene konforme Polarisation. Die Übertragungsfunktion der Antenne ist komplex und wird in Ko- und Kreuz-Komponente zerlegt.

$$\underline{\mathbf{H}}_1(\theta, \psi) = \begin{bmatrix} \underline{H}_{1,r}(\theta, \psi)\mathbf{u}_r \\ \underline{H}_{1,\theta}(\theta, \psi)\mathbf{u}_\theta \\ \underline{H}_{1,\psi}(\theta, \psi)\mathbf{u}_\psi \end{bmatrix} \tag{2.1}$$

Eine zweite Antenne wird so platziert, dass die beiden Strahler symmetrisch zur xy-Ebene orientiert sind. Da die Übertragungsfunktion der Antenne $\underline{\mathbf{H}}(\theta, \psi)$ direkt mit der geometrischen Verteilung der Ströme in der Antenne $\underline{\mathbf{I}}(x, y)$ zusammenhängt [Ell81] kann eine achsensymmetrische Verteilung der Ströme in der Antenne direkt auf die Eigenschaften der Antennenübertragungsfunktionen übertragen werden. Eine mathematische Beschreibung der Symmetrie eines Objekts ζ zu der xy-Ebene in einem kartesischen Koordinatensystem lautet [BSMM97]:

$$\zeta'(x') = \zeta(x), \qquad \zeta'(y') = \zeta(y), \qquad \zeta'(z') = -\zeta(-z),$$

$$\text{wobei} \qquad x = x', \qquad y = y', \qquad z = -z'. \tag{2.2}$$

Der Zusammenhang zwischen dem sphärischen (r, θ, ψ) und kartesischen (x, y, z) Koordinatensystem lautet:

$$r = \sqrt{x^2 + y^2 + z^2}$$

$$\theta = \arctan\left(\frac{\sqrt{x^2+y^2}}{z}\right) \tag{2.3}$$

$$\psi = \arctan\left(\frac{y}{x}\right).$$

Unter Berücksichtigung der Zusammenhänge aus Gleichung (2.2) in der Gleichung (2.3) erhält man für die gespiegelte Antenne eine folgende Abhängigkeit ihrer Eigenschaften im sphärischen Koordinatensystem:

$$f'(r') = f(r), \qquad f'(\theta') = -f(-\theta), \qquad f'(\psi') = f(\psi),$$

$$\text{wobei} \quad r' = r, \qquad \theta' = -\theta, \qquad \psi' = \psi. \tag{2.4}$$

Dies ergibt für die zweite Antenne -1, die zu der xy-Ebene symmetrisch angeordnet wird, eine Übertragungfunktion $\underline{\mathbf{H}}_{-1}(\theta, \psi)$

$$\underline{\mathbf{H}}_{-1}(\theta, \psi) = \begin{bmatrix} \underline{H}_{-1,r}(\theta,\psi)\mathbf{u}_r \\[1em] \underline{H}_{-1,\theta}(\theta,\psi)\mathbf{u}_\theta \\[1em] \underline{H}_{-1,\psi}(\theta,\psi)\mathbf{u}_\psi \end{bmatrix} = \begin{bmatrix} \underline{H}_{1,r}(\pi - \theta,\psi)\mathbf{u}_r \\[1em] -\underline{H}_{1,\theta}(\pi - \theta,\psi)\mathbf{u}_\theta \\[1em] \underline{H}_{1,\psi}(\pi - \theta,\psi)\mathbf{u}_\psi \end{bmatrix} \tag{2.5}$$

Die Antennen werden mit Signalen gleicher Amplitude und entgegengesetzter Phase $\underline{V}_1, \underline{V}_{-1}$ gespeist. Die auf das Eingangssignal $\underline{V}_{ges}$ normierten Speisesignale $\underline{U}_1, \underline{U}_{-1}$ werden durch folgenden Gleichungen beschrieben.

$$\underline{U}_1 = \frac{\underline{V}_1}{\underline{V}_{ges}} = \frac{1}{\sqrt{2}}$$

$$\underline{U}_{-1} = \frac{\underline{V}_{-1}}{\underline{V}_{ges}} = \frac{1}{\sqrt{2}}e^{j\pi} \tag{2.6}$$

Aus der allgemeinen Antennenarraytheorie [Ma74] lässt sich die Übertragungsfunktion der Gesamtanordnung $\underline{\mathbf{H}}_{\text{Ar}}$ mit folgender Gleichung bestimmen:

$$\underline{\mathbf{H}}_{\text{Ar}}(\theta, \psi) = \sum_i \underline{\mathbf{H}}_i(\theta, \psi) \cdot \underline{\boldsymbol{\Phi}}_i(\theta, \psi), \tag{2.7}$$

Dabei $\underline{\mathbf{H}}_i(\theta, \psi)$ ist die komplexe Übertragungsfunktion eines einzelnen Strahlers und $\underline{\boldsymbol{\Phi}}_i(\theta, \psi)$ ist ein Arraygewichtungsfaktor, der von der Lage des Strahlers, von dem Speisesignal und Beobachtungswinkel abhängt [WG97].

Der Gewichtungsfaktor $\underline{\boldsymbol{\Phi}}_i(\theta, \psi)$ ist gleich (vgl. Abb. 2.3(b))

$$\underline{\mathbf{\Phi}}_i(\theta, \psi) = U_i e^{-j\beta_0(r_0 - r_i)}$$

$$r_0 - r_i = i\frac{d}{2}\cos(\theta) \tag{2.8}$$

$$\beta_0 = \frac{2\pi}{\lambda_0},$$

wobei β_0 die Ausbreitungskonstante im Freiraum, λ_0 die Wellenlänge im Freiraum und r_i den Abstand zwischen Beobachtungspunkt P und entsprechender Antenne i bezeichnet. r_0 bezeichnet den Abstand zwischen Beobachtungspunkt P und Koordinatenursprung, d den Abstand zwischen den Antennen und U_i ist die Amplitude des Anregungssignals (vgl. Gleichung (2.6)) [Gao09].

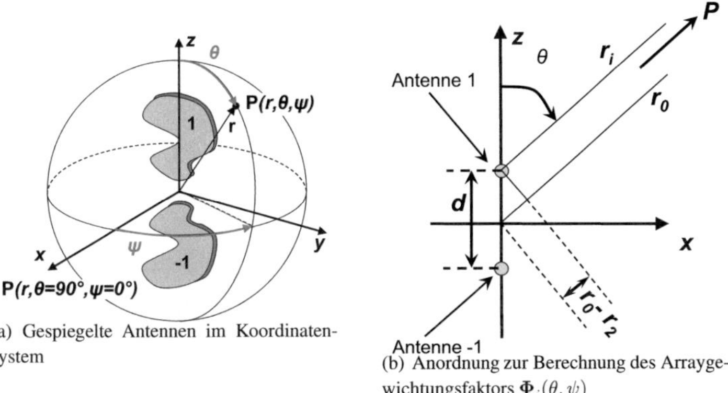

(a) Gespiegelte Antennen im Koordinatensystem

(b) Anordnung zur Berechnung des Arraygewichtungsfaktors $\underline{\mathbf{\Phi}}_i(\theta, \psi)$

Abbildung 2.3: Koordinatensystem und Anordnung zur Berechnung der Übertragungsfunktion des Arrays $\underline{\mathbf{H}}_{\mathrm{Ar}}(\theta, \psi)$

Durch Einsetzen der Gleichungen (2.1), (2.5), (2.6) und (2.8) in Gleichung (2.7) mit $i = \{-1, 1\}$ und Vernachlässigung der zur Ausbreitungsrichtung parallelen Komponenten ($\mathbf{u}_r$-Komponente) erhält man die Übertragungsfunktion der gesamten Antennengruppe $\underline{\mathbf{H}}_{\mathrm{Ar}}(\theta, \psi)$:

$$\underline{\mathbf{H}}_{\mathrm{Ar}}(\theta,\psi) = \underline{\mathbf{H}}_{-1}(\theta,\psi) \cdot \underline{U}_{-1} e^{-j\beta_0(-1)\frac{d}{2}\cos(\theta)} + \underline{\mathbf{H}}_1(\theta,\psi) \cdot \underline{U}_1 e^{-j\beta_0(1)\frac{d}{2}\cos(\theta)} =$$

$$\left[\begin{array}{c} \underline{H}_{-1,\theta}(\theta,\psi)\mathbf{u}_\theta \\[2mm] \underline{H}_{-1,\psi}(\theta,\psi)\mathbf{u}_\psi \end{array}\right] \cdot \frac{1}{\sqrt{2}} e^{j\pi} e^{j\frac{1}{2}\beta_0 d\cos(\theta)} + \left[\begin{array}{c} \underline{H}_{1,\theta}(\theta,\psi)\mathbf{u}_\theta \\[2mm] \underline{H}_{1,\psi}(\theta,\psi)\mathbf{u}_\psi \end{array}\right] \cdot \frac{1}{\sqrt{2}} e^{-j\frac{1}{2}\beta_0 d\cos(\theta)} = \tag{2.9}$$

$$\left[\begin{array}{c} -\underline{H}_{1,\theta}(\pi-\theta,\psi)\mathbf{u}_\theta \\[2mm] \underline{H}_{1,\psi}(\pi-\theta,\psi)\mathbf{u}_\psi \end{array}\right] \cdot \frac{1}{\sqrt{2}} e^{j\frac{1}{2}\beta_0 d\cos(\theta)} e^{j\pi} + \left[\begin{array}{c} \underline{H}_{1,\theta}(\theta,\psi)\mathbf{u}_\theta \\[2mm] \underline{H}_{1,\psi}(\theta,\psi)\mathbf{u}_\psi \end{array}\right] \frac{1}{\sqrt{2}} \cdot e^{-j\frac{1}{2}\beta_0 d\cos(\theta)}$$

Durch Ausnutzung des Zusammenhangs

$$e^{j\pi} = -1. \tag{2.10}$$

lässt sich Gleichung (2.9) in folgender Form ausdrücken:

$$\underline{\mathbf{H}}_{\mathrm{Ar}}(\theta,\psi) = \left[\begin{array}{c} \underline{H}_{1,\theta}(\pi-\theta,\psi)\mathbf{u}_\theta \\[2mm] -\underline{H}_{1,\psi}(\pi-\theta,\psi)\mathbf{u}_\psi \end{array}\right] \cdot \frac{1}{\sqrt{2}} e^{j\frac{1}{2}\beta_0 d\cos(\theta)} +$$

$$\tag{2.11}$$

$$\left[\begin{array}{c} \underline{H}_{1,\theta}(\theta,\psi)\mathbf{u}_\theta \\[2mm] \underline{H}_{1,\psi}(\theta,\psi)\mathbf{u}_\psi \end{array}\right] \cdot \frac{1}{\sqrt{2}} e^{-j\frac{1}{2}\beta_0 d\cos(\theta)}$$

Gleichung (2.11) beschreibt das Verhalten der θ- und ψ-Komponente im sphärischen Koordinatensystem. Bemerkenswert ist das gleiche Vorzeichen bei den Teilkomponenten in θ-Richtung $\mathbf{u}_\theta$ und das umgekehrte Vorzeichen bei den Teilkomponenten in ψ-Richtung $\mathbf{u}_\psi$. Damit wird die konstruktive und destruktive Interferenz einer gespiegelten Arrayanordnung bezüglich der θ- und ψ-Komponenten beschrieben. Um den Einfluss der Anordnung auf die Polarisationseigenschaften (Teilkomponente θ und ψ) zu untersuchen, werden im Folgenden bei der Berechnung der Übertragungsfunktion des Arrays $\underline{\mathbf{H}}_{\mathrm{Ar}}(\theta,\psi)$ isotrope Einzelstrahler angenommen (d.h. $\underline{H}_{1,\theta}(\theta,\psi) = 1$, $\underline{H}_{1,\psi}(\theta,\psi) = 1$). Dadurch wird die Übertragungsfunktion des Arrays $\underline{\mathbf{H}}_{\mathrm{Ar}}(\theta,\psi)$ zu einem Gruppenfaktor (Arrayfaktor) $\underline{\mathbf{AF}}$. Diese Größe darf, anders als bei traditioneller Definition eines Arrayfaktors, nicht getrennt von dem Elementfaktor $\underline{EF}$ zur Berechnung der Charakteristik eines Arrays benutzt werden. Sie gibt jedoch die Abstrahleigenschaften des Arrays unabhängig von dem Elementfaktor $\underline{EF}$ wieder und wird aus diesem Grund, in Rahmen dieses Kapitels, Arrayfaktor $\underline{\mathbf{AF}}$ genannt.

$$\underline{\mathbf{AF}}(\theta, \psi) = \begin{bmatrix} \mathbf{u}_\theta \\ \\ -\mathbf{u}_\psi \end{bmatrix} \cdot \frac{1}{\sqrt{2}} e^{j\frac{1}{2}\beta_0 d \cos(\theta)}$$

$$+ \begin{bmatrix} \mathbf{u}_\theta \\ \\ \mathbf{u}_\psi \end{bmatrix} \cdot \frac{1}{\sqrt{2}} e^{-j\frac{1}{2}\beta_0 d \cos(\theta)} \tag{2.12}$$

Die θ- bzw. ψ-Komponente des Gruppenfaktors $\underline{\mathbf{AF}}(\theta, \psi)$ lässt sich ausdrücken in:

$$\underline{\mathbf{AF}}_\theta(\theta, \psi) = \mathbf{u}_\theta \cdot \frac{1}{\sqrt{2}} e^{j\frac{1}{2}\beta_0 d \cos(\theta)} + \mathbf{u}_\theta \cdot \frac{1}{\sqrt{2}} e^{-j\frac{1}{2}\beta_0 d \cos(\theta)} \tag{2.13}$$

$$\underline{\mathbf{AF}}_\psi(\theta, \psi) = -\mathbf{u}_\psi \cdot \frac{1}{\sqrt{2}} e^{j\frac{1}{2}\beta_0 d \cos(\theta)} + \mathbf{u}_\psi \cdot \frac{1}{\sqrt{2}} e^{-j\frac{1}{2}\beta_0 d \cos(\theta)} \tag{2.14}$$

Mit der Ausnutzung der Eulerschen Relation [BSMM97] erhält man

$$\begin{aligned}
\underline{\mathbf{AF}}_\theta(\theta, \psi) = \mathbf{u}_\theta \cdot \Bigg[& \frac{1}{\sqrt{2}} \cos\left(\frac{1}{2}\beta_0 d \cos(\theta)\right) \\
& + \frac{1}{\sqrt{2}} \sin\left(\frac{1}{2}\beta_0 d \cos(\theta)\right) \\
& + \frac{1}{\sqrt{2}} \cos\left(\frac{1}{2}\beta_0 d \cos(\theta)\right) \\
& - \frac{1}{\sqrt{2}} \sin\left(\frac{1}{2}\beta_0 d \cos(\theta)\right) \Bigg],
\end{aligned} \tag{2.15}$$

$$\begin{aligned}
\underline{\mathbf{AF}}_\psi(\theta, \psi) = \mathbf{u}_\psi \cdot \Bigg[& -\frac{1}{\sqrt{2}} \cos\left(\frac{1}{2}\beta_0 d \cos(\theta)\right) \\
& - \frac{1}{\sqrt{2}} \sin\left(\frac{1}{2}\beta_0 d \cos(\theta)\right) \\
& + \frac{1}{\sqrt{2}} \cos\left(\frac{1}{2}\beta_0 d \cos(\theta)\right) \\
& - \frac{1}{\sqrt{2}} \sin\left(\frac{1}{2}\beta_0 d \cos(\theta)\right) \Bigg].
\end{aligned} \tag{2.16}$$

Die endgültigen Gruppenfaktoren $\underline{\mathbf{AF}}_\theta$ und $\underline{\mathbf{AF}}_\psi$ für zwei zur xy-Ebene symmetrisch angeordneten, differenziell gespeisten Antennen werden durch folgende Formel beschrieben:

$$|\underline{AF}_\theta(\theta, \psi)| = \left| \sqrt{2} \cos\left(\frac{1}{2}\beta_0 d \cos(\theta)\right) \right|, \tag{2.17}$$

$$|\underline{AF}_\psi(\theta, \psi)| = \left| \sqrt{2}\sin\left(\frac{1}{2}\beta_0 d \cos(\theta)\right) \right|. \tag{2.18}$$

Für die zu xz- bzw yz-Ebene symmetrisch angeordneten Antennen erhält man analog:

- xz-Ebene

$$|\underline{AF}_\theta(\theta, \psi)| = \left| \sqrt{2}\sin\left(\frac{1}{2}\beta_0 d \sin(\theta)\sin(\psi)\right) \right|, \tag{2.19}$$

$$|\underline{AF}_\psi(\theta, \psi)| = \left| \sqrt{2}\cos\left(\frac{1}{2}\beta_0 d \sin(\theta)\sin(\psi)\right) \right|. \tag{2.20}$$

- yz-Ebene

$$|\underline{AF}_\theta(\theta, \psi)| = \left| \sqrt{2}\sin\left(\frac{1}{2}\beta_0 d \sin(\theta)\cos(\psi)\right) \right|, \tag{2.21}$$

$$|\underline{AF}_\psi(\theta, \psi)| = \left| \sqrt{2}\cos\left(\frac{1}{2}\beta_0 d \sin(\theta)\cos(\psi)\right) \right|. \tag{2.22}$$

2.3 Auswertung der Abstrahleigenschaften der Antennengruppe

In diesem Abschnitt wird der Einfluss der beschriebenen Anordnung auf die Abstrahleigenschaften der Antennengruppe diskutiert. Dazu wird eine Antennengruppe angenommen die zur xy-Ebene symmetrisch angeordnet ist und deren Abstrahlung man mit den Formeln 2.17 und 2.18 beschreiben kann. Die Formeln beschreiben die Abhängigkeit des Gruppenfaktors **AF** von dem Winkel θ (z.B. xz-Ebene für $\psi = 0°$). In der zur xz-Ebene orthogonalen xy-Ebene findet keine Veränderung der Apertur des Strahlers statt und damit wird die Abstrahlung gleichermaßen für alle ψ Winkel beeinflusst.

Eine Abhängigkeit der Teilgruppenfaktoren $\underline{AF}_\theta$ bzw. $\underline{AF}_\psi$ von der cos- bzw. sin-Funktion bedeutet zwar eine andere Auswirkung der Arraykonfiguration auf die unterschiedlichen Teilkomponenten, aber gleichzeitig auch eine Abhängigkeit des Prinzips vom Betrachtungswinkel. Dies bedeutet, dass es Winkelbereiche gibt, wo die gewünschte Ko-Polarisation verstärkt und die Kreuz-Polarisation unterdrückt wird und vice versa. Diese Information muss bei dem Design der Antenne berücksichtigt werden, indem die entsprechend ungünstigen Bereiche mit einer niedrigen Amplitude der Kreuz-Polarisation ausgeleuchtet werden. Dies hat zur Folge, dass   trotz kreuz-polarisationsfördernden Eigenschaften der Antennengruppe, das abgestrahlte Signal vorwiegend eine Ko-Polarisationskomponente besitzt.

Die Abhängigkeit des Arrayfaktors entlang des Winkels θ ändert sich mit dem Abstand d zwischen den Elementen im Array sowie der Frequenz f. Die Auswirkungen der Veränderung der beiden Variablen auf die Arrayfaktoren $\underline{AF}_\theta$ und $\underline{AF}_\psi$ weisen die gleiche Tendenz auf. Aus diesem Grund wird hier die Abhängigkeit der Arrayfaktoren $\underline{AF}_\theta$ und $\underline{AF}_\psi$ nur von dem elektrischen Abstand zwischen den Elementen in dem Array d_{el} berücksichtigt. Der elektrische Abstand zswichen den Elementen stellt eine Normierung des physikalischen Abstandes d auf die Freiraumwellenlänge λ_0 der Arbeitsfrequenz f_0 dar:

$$d_{\text{el}} = \frac{d}{\lambda_0} = d \cdot \frac{f}{c_0} \tag{2.23}$$

Die Arrayfaktoren $\underline{AF}_\theta$ bzw. $\underline{AF}_\psi$ für einen elektrischen Abstand $d_{\text{el}} = 0{,}5$ sind in Abb. 2.4(a) zu sehen. Im Winkelbereich von ca. $60°$ bis $120°$ wird die θ-Komponente (Ko-Polarisation) verstärkt und die ψ-Komponente (Kreuz-Polarisation) unterdrückt. Die maximale Verstärkung beträgt 3 dB bei dem Winkel $\theta = 90°$. Diese Zahl entspricht einem doppelten Gewinn, was zustande kommt, wenn man die Apertur des Strahlers verdoppelt. Dieser Faktor ist durch $\sqrt{2}$ in der Formel 2.17 beschrieben. Die maximale Unterdrückung der ψ-Komponente (Kreuz-Polarisation) ist unendlich groß und tritt ebenfalls für den Winkel $\theta = 90°$ auf. Dies hat zufolge, dass im Idealfall die Kreuz-Polarisationskomponente für den Winkel $\theta = 90°$ komplett ausgelöscht wird. Dieser Effekt ist in der kompletten xy- bzw. ψ-Ebene wirksam.

Die Verläufe der Arrayfaktoren über dem Winkel θ für die elektrischen Abstände $d_{\text{el}} = 1$ und $d_{\text{el}} = 1{,}5$ sind entsprechend in den Diagrammen 2.4(b) und 2.4(c) zu sehen.

Aus den drei Charakteristiken lässt sich feststellen, dass mit der Zunahme des elektrischen Abstandes zwischen den Elementen, die θ- und ψ-Komponente des Arrayfaktors $\underline{AF}$ den typischen Effekten für eine Antennengruppe unterliegt: Verkleinerung der Breite der Keulen, Entwicklung und Verschiebung von Nullstellen und Nebenmaxima (engl. *Grating Lobes*) in Richtung der Hauptkeule. Der Unterschied zwischen $\underline{AF}_\theta$ und $\underline{AF}_\psi$ besteht darin, dass an der Stelle des Maximums für eine Komponente ein Minimum für die Andere auftritt. Es wird beobachtet, dass für genau einen Winkel in der Halbebene ($\theta = 90°$) das Maximum für $\underline{AF}_\theta$ und das Minimum für $\underline{AF}_\psi$ ihre Lage mit der Veränderung von d_{el} beibehalten. Diese Stelle und der unmittelbar umgebende Bereich wird benutzt, um eine Polarisation (θ) zu verstärken und die andere (ψ) breitbandig zu unterdrücken.

Der mittlere Gruppenfaktor für die θ- und ψ-Komponente ist in Abb. 2.5 gezeigt. Die Mittelung erfolgt über die Bandbreite von $3{,}1$ GHz bis $10{,}6$ GHz mit einem Frequenzinkrement $\Delta f = 24{,}5$ MHz bei einem festen Antennenabstand von $d = 4$ cm. Aus dem Diagramm ist zu erkennen, dass eine Unterdrückung der Kreuz-Polarisation ($\underline{AF}_\psi$) und eine Verstärkung der Ko-Polarisation ($\underline{AF}_\theta$) bei der gegeben Konfiguration in einem Winkelbereich von ca. $75° < \theta < 105°$ stattfindet. Die maximale Verstärkung der Ko-Polarisation beträgt 3 dB und maximale Unterdrückung ist unendlich groß bei einem Winkel von $90°$. Die maximale Verstärkung der Kreuz-Polarisation beträgt im Mittel ca. $1{,}9$ dB bei den Winkeln $\theta = 60°$ und $\theta = 120°$. In den Abbildungen 2.4(a) - 2.4(c) beträgt sie jedoch 3 dB. Die Abweichung ist verursacht durch eine Wanderung der Maxima von $\underline{AF}_\psi$ mit der Frequenz.

Aus den Beobachtungen lässt sich darauf schließen, dass eine erfolgreiche Unterdrückung der Kreuz-Polarisation nur in einem gewissen Winkelbereich stattfinden kann. Die Größe des

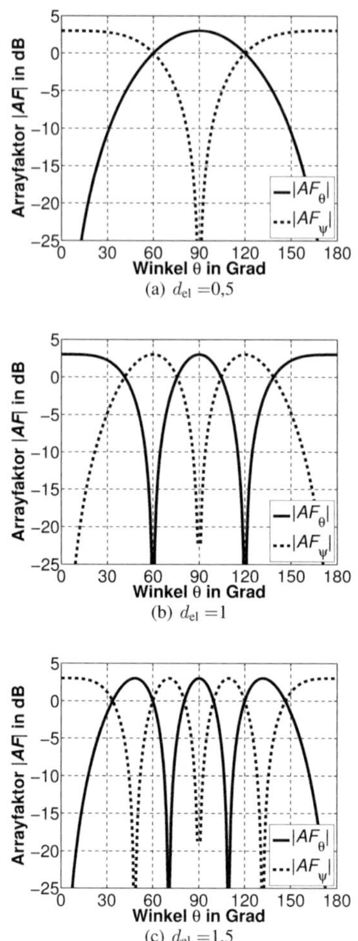

Abbildung 2.4: Abhängigkeit des Betrags des Arrayfaktors $\underline{AF}$ vom elektrischen Abstand d_{el} zwischen den Arrayelementen entlang des Winkels θ

nutzbaren Bereichs hängt von dem Abstand zwischen den Elementen und von dem benutzten Frequenzbereich ab. Je kleiner der Abstand und die Arbeitsfrequenz sind, desto größer ist der nutzbare Bereich. Aus diesem Grund ist bei dem Design der Antennen darauf zu achten, welcher Winkelbereich ausgenutzt werden soll um die gewünschte Polarisation zu verstärken

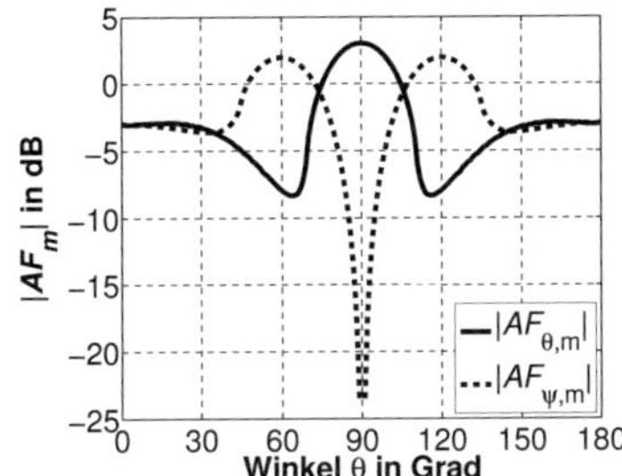

Abbildung 2.5: Mittlerer Arrayfaktor $\underline{AF}_m$ in Abhängigkeit von dem Winkel θ

und die Unerwünschte zu unterdrücken. Ein Entwurf der Antennengruppe und eine Auswahl der Symmetrieebenen sollten daher durch eine gründliche Studie der Abstrahleigenschaften des Einzelelementes eingeleitet werden.

2.4 Simulative und messtechnische Verifikation

Im folgendem Abschnitt wird eine simulative und messtechnische Verifikation der in den vorherigen Abschnitten erklärten Theorie gezeigt. Die Verifikation basiert auf einer elliptischen Schlitz-Antenne [LLC05], die aus einem Monopol mit umgebender Massenfläche besteht. Eine solche Antenne wird in der Literatur häufig auch als diamantförmige Antenne (engl. *diamond shape antenna*) [TOL05a] oder Volcano-Smoke Antenna [TOL05b] bezeichnet.

Die simulative Verifikation basiert auf einem Entwurf einer Antenne im CAD-basierten Antennen-Simulationstool CST [CST10] unter idealen Speisebedingungen. Die Antenne wird auf einem realen Substrat simuliert und optimiert. In dem Entwurf wird allerdings das Speisenetzwerk vernachlässigt. Stattdessen wird die Antenne mit einem diskreten Port (engl. *discrete port*) gespeist. Dies erlaubt den Einfluss des Speisenetzwerks auf die Abstrahleigenschaften des Strahlers aus der Simulation auszuschließen. Die negativen Effekte, die durch das Speisenetzwerk verursacht werden, sind z.B. eine nicht ideale Umsetzung des Eingangsignals auf zwei differenzielle Signale oder eine Abstrahlung von dem Speisenetzwerk selbst. Durch den Ausschluss dieses Einflusses aus der Simulation lassen sich alleine die Abstrahleigenschaften der Antenne unter realen Bedingungen untersuchen. Basierend auf dem bereits beschriebenen Modell des Arrays und den simulierten Daten der Einzelantenne werden die Abstrahleigenschaften der Antennegruppe, besonders in Bezug auf die Unterdrückung der Kreuz-Polarisation, untersucht. Die Ergebnisse der mathematischen Modellierung der Abstrahlung in Matlab werden mit den in CST simulierten Daten der gesamten Antennengruppe verglichen. Danach wird ein Vorschlag für eine dual-polarisierte Antenne beschrieben.

Die messtechnische Verifikation beinhaltet dagegen alle Effekte, die beim Entwurf einer

Antenne berücksichtigt werden müssen. Dazu wird für die einzelne Antenne, sowie für ein Array und eine dual-polarisierte Variante des Arrays, ein Speisenetzwerk entworfen. Wie im Fall der simulativen Verifikation, werden auch hier die gemessenen Daten der einzelnen Antenne als Eingangsdaten zur modellbasierten Untersuchung angewendet. Die Ergebnisse der Modellierung der Abstrahlung werden mit den gemessen Daten verglichen. Danach wird ein Prototyp eines dual-polarisierten Arrays gezeigt und die Messdaten werden präsentiert.

2.4.1 Simulative Verifikation

In disem Abschnitt wird die elliptische Antenne beschrieben und anhand der Simulationen in CST charakterisiert. Als Substrat für die Antenne wird das Material RO5880 [Cor10b] mit der Dicke $0,79$ mm gewählt. Der Realteil der relativen Dielektrizitätskonstante des Materials beträgt $\varepsilon_r =2{,}2$. Das Material ist sehr verlustarm mit einem Verlustwinkel $\tan\delta =0{,}0009$ bei der Frequenz von 10 GHz. Die dielektrischen Eigenschaften von RO5880 sind nahezu konstant im Frequenzbereich von 1 MHz bis 11 GHz und werden im Folgenden so angenommen.

Elliptische Antenne

Die elliptische Antenne besteht aus einem Monopol und ihn umgebender Massenfläche. Die Struktur wird auf einer Substratfläche aufgebracht, wobei die zweite Seite des Substrats metallisierungsfrei bleibt. Ihre Performance wird für den FCC-Frequenzbereich (etwa 3 GHz bis 11 GHz) optimiert [Gao09]. Die resultierende Antenne und ihre Dimensionierung ist in Abb. 2.6(a) zu sehen. Die Orientierung der Antenne im Koordinatensystem kann der Abb. 2.6(b) entnommen werden. Die E-Ebene der Antenne verläuft entlang des Winkels θ für $\psi =0°$ und die H-Ebene entlang des Winkels ψ für $\theta =90°$.

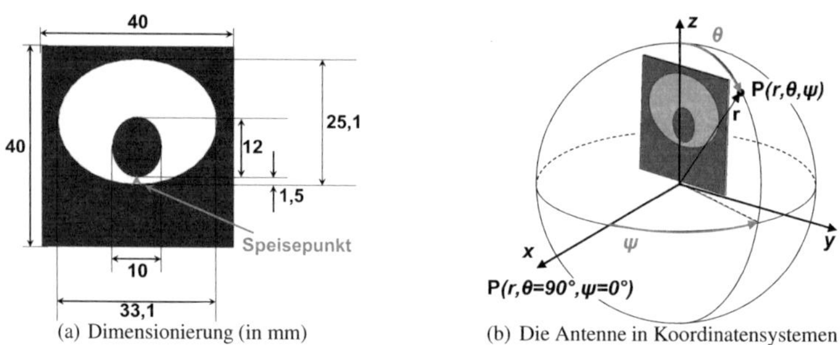

(a) Dimensionierung (in mm) (b) Die Antenne in Koordinatensystemen

Abbildung 2.6: Einzelne elliptische Antenne

Die Antenne wird zwischen dem unteren Teil der Ellipse und dem unteren Teil der Öffnung in der Massenfläche angeregt (siehe Abb. 2.6(a)). Zum Zweck der simulativen Untersuchung wird in CST ein diskreter Port (engl. *discrete port*) als Speisung verwendet. Die Eingangsimpedanz der Antenne ist auf $100\,\Omega$ optimiert. Solch eine Struktur ist imstande über eine relative Bandbreite von über 100% abzustrahlen. Der simulierte Eingangsreflexionsfaktor der Antenne ist in Abb. 2.7 dargestellt. Der Parameter ist kleiner als -10 dB im Frequenzbereich zwischen 4 GHz und 10 GHz. Im Frequenzbereich zwischen 3 GHz und 4 GHz erreicht der Faktor die Werte zwischen -6 dB und -10 dB. Eine Verkleinerung des Eingangsreflexionfaktors in diesem Frequenzbereich verlangt eine Vergrößerung der Dimensionen der Öffnung in der Massenfläche. Dies bewirkt eine stärkere Verschiebung der Hauptkeule in der E-Ebene (im Folgenden dargestellt), besonders bei den höheren Frequenzen. Da aber ein Vorhandensein der starken Hauptkeule im ganzen Frequenzbereich in der H-Ebene ($\theta = 90°$) vorteilhaft ist, wird bei der Optimierung der Abstrahlung der Antenne nicht optimaler Eingangsreflexionsfaktor in Kauf genommen.

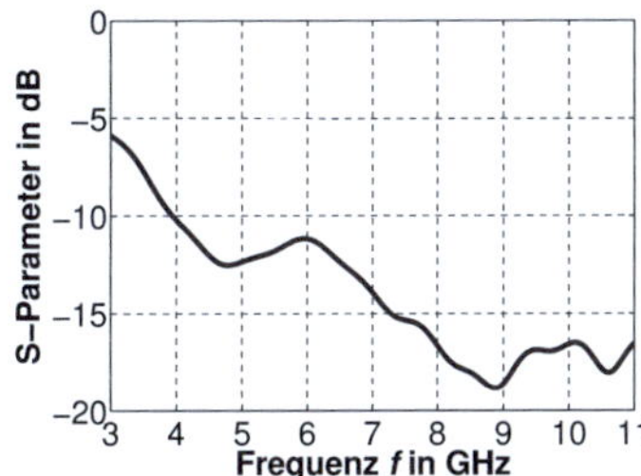

Abbildung 2.7: Simulierte Eingangsimpedanzanpassung S_{11} der elliptischen Antenne aus Abb. 2.6(a)

Die Abstrahlcharakteristik in der E-Ebene beinhaltet zwei Hauptkeulen, die näherungsweise symmetrisch zur Substratfläche sind (vgl. Abb. 2.8(a)). Die Hauptkeule ändert ihre Richtung in Abhängigkeit von der Frequenz. Der maximale Gewinn $G^{\text{E-Ebene, Co-Pol}}(f, \theta, \psi = 0°)$ beträgt ca. 8 dBi für einen Winkel von $\pm 60°$ bei 11 GHz. Dies ist ein relativ hoher Wert, der dadurch erklärt wird, dass alle Elemente der Antenne als verlustfrei angenommen werden und dass jegliche Verluste von dem Speisenetzwerk, die im Fall einer realen Antenne in Frage kommen, entfallen. Die abgestrahlte Polarisation in der E-Ebene ist sehr rein. Die Simulation zeigt ein Kreuz-Polarisationsniveau von unter -80 dBi und wird aus dem Grund hier nicht explizit gezeigt. Die Verschiebung der Hauptkeule in der E-Ebene für die Ko-Polarisation kommt dadurch zustande, dass die Antenne entlang der E-Ebene unsymmetrisch ist, was eine unsymmetrische Stromverteilung verursacht. Da die Antennenstruktur in der H-Ebene symmetrisch zu den Winkeln $\psi = 0°$ und $\psi = 180°$ ist, ist auch die Abstrahlcharakteristik zu diesen Winkeln symmetrisch (siehe Abb. 2.8(b)). Die Werte des Gewinns in der H-Ebene $G^{\text{H-Ebene, Co-Pol}}(f, \theta = 90°, \psi)$ erstrecken sich von ca. 2 dBi bis 5 dBi für den Winkel $0°$ und $180°$. In der H-Ebene treten starke Kreuz-Polarisationskomponeneten auf, wie in Abb. 2.8(c) dargestellt. Für jede Halbebene (z.B. von $\psi=-90°$ bis $\psi=90°$) treten zwei Keulen in der Kreuz-Polarisation auf. Der maximale Gewinn von $G^{\text{H-Ebene, X-Pol}}(f, \theta = 90°, \psi)$ erscheint bei den mittleren Frequenzen (etwa bei 7 GHz) mit dem Wert von ca. 3 dBi. Eine klare Trennung der beiden Keulen bei den Winkeln $\psi = 0°$ und $\psi = 180°$ deutet darauf hin, dass die Kreuz-Polarisationskomponenten in der jeweiligen Halbebene in Gegenphase abgestrahlt werden. Die Unterdrückung der Kreuz-Polarisation durch eine Arrayanordnung der elliptischen Antennen wird daher am Beispiel der H-Ebene gezeigt.

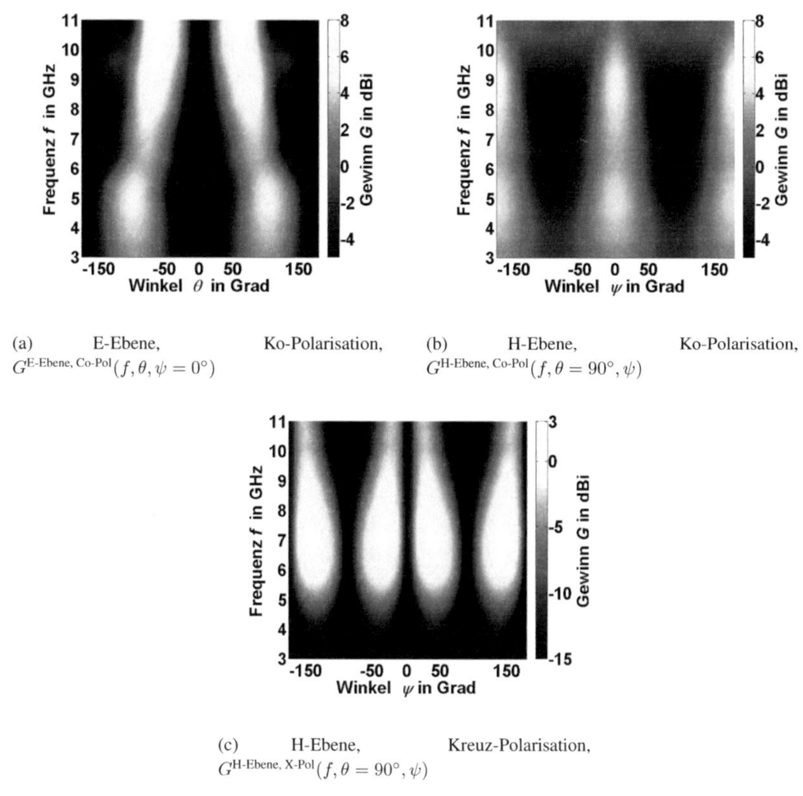

(a)   E-Ebene,   Ko-Polarisation, $G^{\text{E-Ebene, Co-Pol}}(f, \theta, \psi = 0°)$

(b)   H-Ebene,   Ko-Polarisation, $G^{\text{H-Ebene, Co-Pol}}(f, \theta = 90°, \psi)$

(c)   H-Ebene,   Kreuz-Polarisation, $G^{\text{H-Ebene, X-Pol}}(f, \theta = 90°, \psi)$

Abbildung 2.8: Simulierter Gewinn $G(f, \theta, \psi)$ der elliptischen Antenne

Das Phasenzentrum der Antenne ändert seine Position mit der Frequenz entlang der z-Achse. Durch die Symmetrie in der H-Ebene bleibt das Phasenzentrum entlang der y-Achse stabil und ändert diese Position nicht. Die qualitative Bewegung des Phasenzentrums in der

Struktur über die Frequenz ist in Abb. 2.9 veranschaulicht. Die Lagen werden mit Hilfe von CST ausgerechnet. Das Phasenzentrum bewegt sich zwischen der Mitte der Öffnung in der Massenfläche und dem Speisepunkt. Dies kommt dadurch zustande, dass die Abstände zwischen der inneren Ellipse und der Massenfläche in der Antenne variieren. Der variierende Abstand zwischen den Elementen in der Antenne bedeutet eine Erfüllung einer Abstrahlbedingung für immer andere Punkte bei unterschiedlichen Frequenzen. Der Effekt der Verschiebung des Phasenzentrums über der Frequenz hat einen starken Einfluss auf die Modellierung der Abstrahleigenschaften des Arrays, woruf im Folgenden näher eingegangen wird.

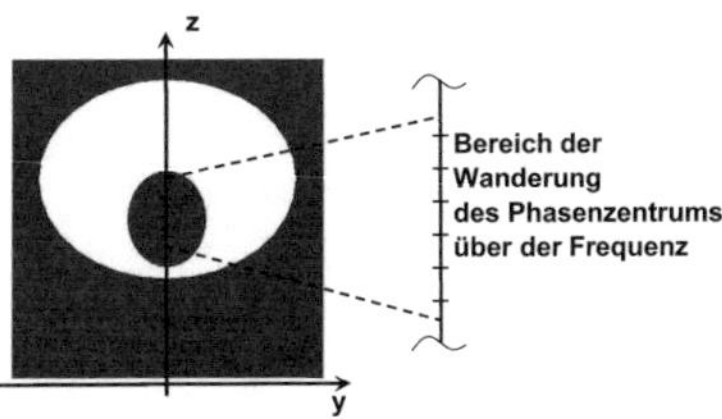

Abbildung 2.9: Qualitative Darstellung der Bewegung des Phasenzentrums in der elliptischen Antenne

Mono-linear polarisiertes Antennenarray

Wie im vorherigen Abschnitt beschrieben, weist die einzelne elliptische Antenne eine starke Kreuz-Polarisationskomponente in der H-Ebene auf. Dagegen bleibt das abgestrahlte Signal in der E-Ebene polarisationsrein. Durch die Anordnung der einzelnen Strahler in einem Array soll die unerwünschte Kreuz-Polarisation in einem möglichst großen Bereich unterdrückt werden. Da die Unterdrückung der Kreuz-Polarisation winkelabhängig ist, soll eine solche Anordnung gewählt werden, bei dem die Winkelabhängikeit der Unterdrückung eine kleinere Rolle spielt. Da in der E-Ebene die Kreuz-Polarisation sehr gering ist, soll die Antenne ebenfalls entlang der E-Ebene gespiegelt werden. Solche Anordnung wird, unabhängig von dem Arrayfaktor, sehr geringe Kreuz-Polarisationskomponente in der E-Ebene abstrahlen. Die starken Kreuz-Polarisationskomponenten in der H-Ebene werden dagegen gleichmässig für alle ψ-Winkel ($\theta = 90°$) unterdrückt. Das Array im Koordinatensystem ist in Abb. 2.10 dargestellt. Es besteht aus zwei der zuvor charakterisierten elliptischen Antennen, die zur y-Achse spiegelsymmetrisch angeordnet sind.

Der Abstand zwischen den Antennen wird zu Null gesetzt. Wie jedoch aus der Abbildung erkennbar ist, befinden sich die abstrahlenden Teile der Antennen (innere Ellipse und die Öffnung in der Massenfläche) in einem gewissen Abstand voneinander. Dieser Abstand wird absichtlich gewählt, damit ohne Veränderung der Eigenschaften des Arrays eine dualpolarisierte Variante realisierbar wird (siehe Prinzip in Abb. 2.1(e)). Eine kleinere Distanz zwischen den Elementen würde zu einer Überlappung der Öffnungen in der Massenfläche führen, was in einer Fehlfunktion des Arrays resultieren würde. Der Abstand zwichen den Mittelpunkten der inneren Ellipsen beträgt 40 mm.

Um die gewünschte Wirkungsweise des Arrays zu erzielen, müssen die Antennen differenziell zueinander gespeist werden. Aufgrund dessen muss die Orientierung der E-Feld-Vektoren in dem zu speisenden Schlitzen umgekehrt im Bezug auf die Massenfläche sein. Dies bedeutet im Fall des Arrays in Abb. 2.10, dass die Orientierung der beiden E-Feld-Vektoren im Bezug auf das Koordinatensystem gleich und konform mit der z-Achse sein soll. Das Array wird in der Simulation an den jeweiligen Speisepunkten der beiden Antennen gleichzeitig angeregt.

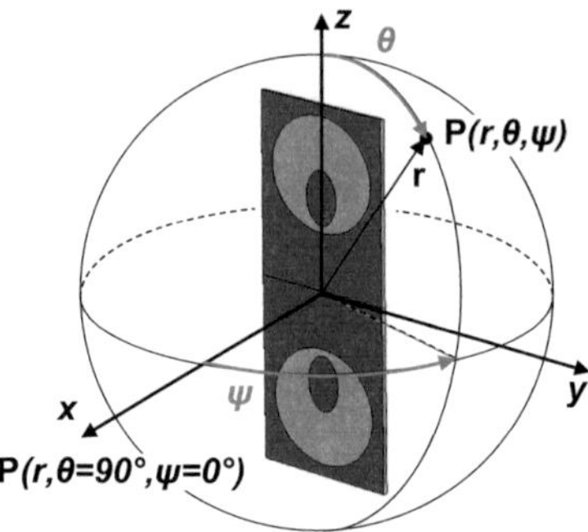

Abbildung 2.10: Anordnung der elliptischen Antennen in einer Antennengruppe zur breitbandigen Unterdrückung der Kreuz-Polarisation [AZRZ10]

Solch eine Struktur ist bereits in der Literatur vorgestellt worden [TL06, PC04, PAZW08]. Der Schwerpunkt der Arbeiten liegt dabei in der Optimierung der Antennen hinsichtlich der Abstrahlung in der Ko-Polarisation. Dabei findet jedoch die Beschreibung der Unterdrückung der Kreuz-Polarisation, Kompensation der Bewegung des Phasenzentrums und die Anwendung in dual-polarisierten Systemen keine Erwähnung.

Die simulierten S-Parameter der Antennen in dem Array sind in Abb. 2.11 dargestellt. Der Eingangsreflexionsfaktor der einzelnen Antenne in dem Array weisst nur geringfügige Änderungen von der einzeln simulierten Antenne auf. Die Kopplung zwischen den Antennen ist relativ groß bei den unteren Frequenzen. Sie beträgt ca. -8 dB bei 3 GHz, nimmt aber mit steigender Frequenz ab und ist kleiner als -20 dB für Frequenzen oberhalb von ca. 5 GHz. Durch die stärkere Kopplung im tiefen Frequenzbereich ist eine schlechtere Anpassung des Gesamtarrays zu erwarten. Dies bestätigen die Ergebnisse aus der Simulation des Arrays, die ebenfalls in Abb. 2.11 dargestellt sind. Das Gesamtarray hat bei der Frequenz von 3 GHz eine Anpassung von ca. -2,5 dB und verbessert sich rapide mit steigender Frequenz, um die Grenze von -10 dB bei der Frequenz von ca. $3,8$ GHz zu erreichen. Die Anpassung der Antenne

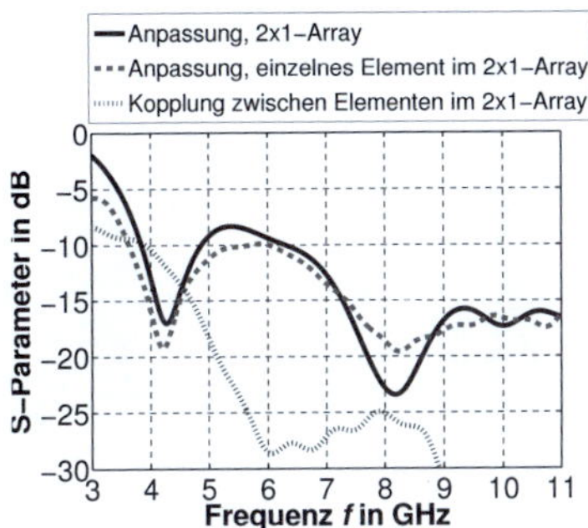

Abbildung 2.11: Simulierte S-Parameter des Arrays bestehend aus zwei, differenziell gespeisten elliptischen Antennen

im übrigen Frequenzbereichen ist ausreichend zur Veranschaulichung der Eigenschaften des
Arrays.

Im Folgenden wird das im Abschnitt 2.2 beschriebene Modell um die spezifischen Eigenschaften der hier verwendeten Antennen erweitert und validiert. Die Abstrahlung des Arrays
wird zunächst nur in der E-Ebene in der Ko-Polarisation ($\theta,\psi = 0°$) betrachtet, da nur in dieser Ebene die Apertur des Strahlers verändert wird. Dabei wird zwischen den simulierten und
modellierten Daten unterschieden. Die Bezeichnung „simuliert" bezieht sich auf die direkt
vom Simulationstool exportierten Daten, wobei „modelliert" einen Datensatz bezeichnet, der
mit Hilfe des mathematischen Modells im Matlab erzielt wird.

Ausgehend von den in CST simulierten Abstrahlcharakteristiken der einzelnen Antenne,
wird der Gewinn des Arrays gemäß (2.11) ausgerechnet. Der modellierte Gewinn der Antenne
ist in Abb. 2.12(a) zu sehen. Zuerst wird in dem Modell ein konstanter Abstand zwischen den
Antennen von $d = 4$ cm angenommen. Im Vergleich zu dem simulierten Gewinn des Gesamtarrays (Abb. 2.12(e)) lassen sich gewisse Ähnlichkeiten der beiden Abstrahlcharakteristiken
feststellen. In beiden Diagrammen sind zwei Hauptkeulen in Richtungen $\pm 90°$ vorhanden,
deren Hauptstrahlrichtungen bei konstantem Winkel im ganzen betrachteten Frequenzbereich
liegen. Oberhalb von ca. 7 GHz sind Nebenkeulen in beiden Diagrammen vorhanden. Dies
sind sog. *Grating Lobes*, die von dem Modell richtig erfasst werden. Deutliche Unterschie-
de zwischen den beiden Diagrammen liegen vor allem in der Bildung der Nebenkeulen in
dem Frequenzbereich zwischen 3 GHz und 7 GHz und in der unterschiedlichen Breiten der
Hauptkeulen.

Die modellierte Hauptkeule in Abb. 2.12(a) verändert ihre Breite entlang der Frequenz in
größerem Maß als die, die in CST simuliert wird (Abb. 2.12(e)). Dies ist darauf zurückzuführen, dass in den modellierten Daten ein konstanter Abstand zwischen den Antennen angenommen wird. Solch eine Annahme verursacht eine breitere Hauptkeule für niedrige Frequenzen

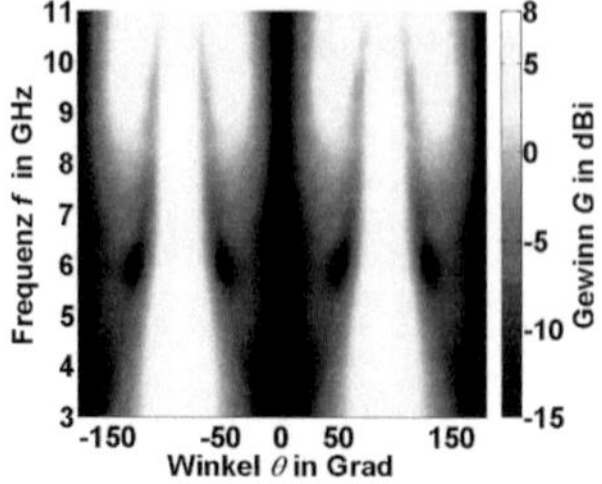

(a) Modell; Eingangsdaten: einzeln simulierte elliptische Antenne

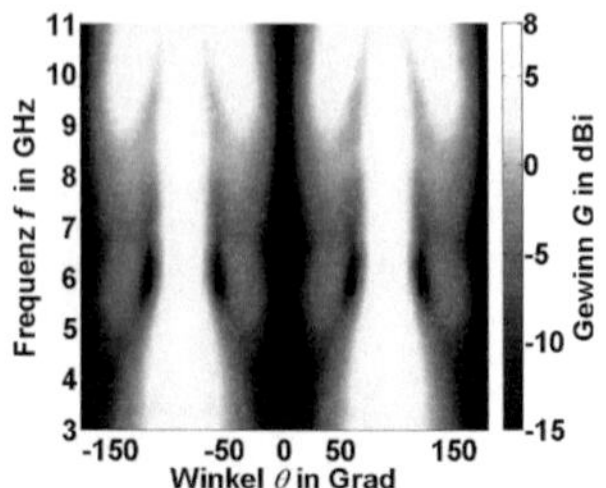

(b) Modell; Eingangsdaten: einzeln simulierte elliptische Antenne mit der Berücksichtigung der Lage des Phasenzentrums

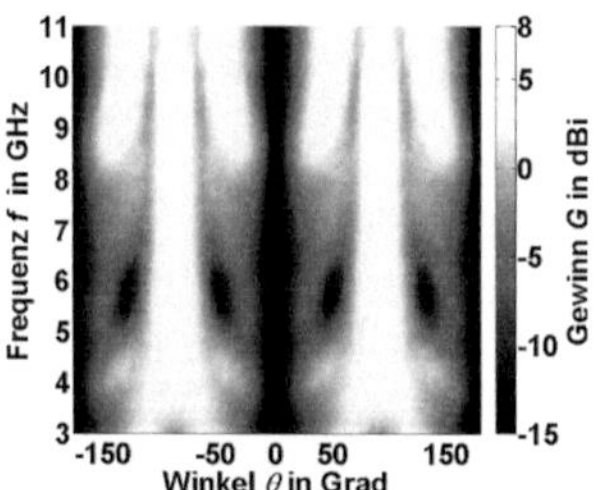

(c) Modell; Eingangsdaten: einzeln simulierte elliptische Antenne im Array

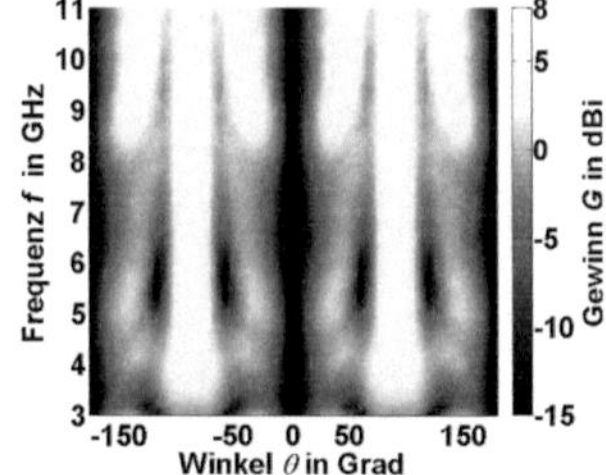

(d) Modell; Eingangsdaten: einzeln simulierte elliptische Antenne im Array mit der Berücksichtigung der Lage des Phasenzentrums

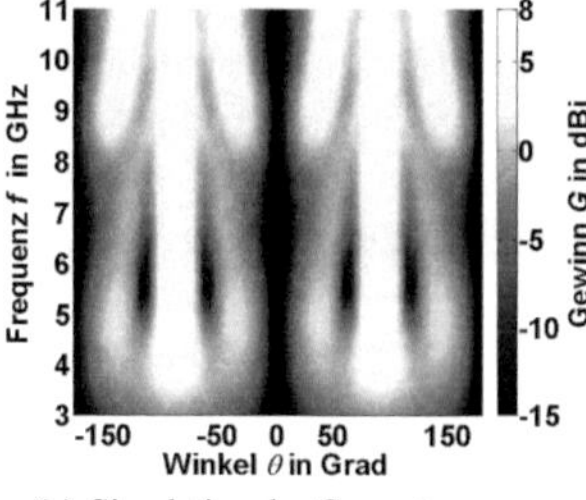

(e) Simulation des Gesamtarrays

Abbildung 2.12: Simulierter und modellierter Gewinn $G_{\mathrm{Ar}}^{\text{E-Ebene, Co-Pol}}(f, \theta, \psi = 0°)$ des 2x1 Antennenarrays in Abb. 2.10 in E-Ebene, Ko-Polarisation [AZRZ10]

im Vergleich zu der bei hohen Frequenzen. Dies entspricht jedoch nicht der Realität. Für die Form des Arrayfaktors ist der Abstand zwischen den Phasenzentren der einzelnen Antennen in dem Array ausschlaggebend. Dieser verändert sich jedoch mit der Frequenz. Die im CST simulierte Lage des Phasenzentrums entlang der z-Achse ist in Abb. 2.13 zu sehen. Ihre Variation beträgt für die optimierte Antenne ca. 7 mm. Berücksichtigt man den Effekt in dem Modell, so wird die Variable d in Gleichung (2.11) zu einem Vektor $\mathbf{d}$. Der Ansatz zur Berechnung der Abstrahlcharakteristik nimmt folgende Form an:

$$\underline{\mathbf{H}}_{\mathrm{Ar}}(\theta, \psi) = \left[\begin{array}{c} \underline{H}_{1,\theta}(-\theta, \psi)\mathbf{u}_\theta \\[2ex] -\underline{H}_{1,\psi}(-\theta, \psi)\mathbf{u}_\psi \end{array} \right] \cdot \frac{1}{\sqrt{2}} e^{j\frac{1}{2}\beta_0 \mathbf{d}\cos(\theta)} +$$

$$\left[\begin{array}{c} \underline{H}_{1,\theta}(\theta, \psi)\mathbf{u}_\theta \\[2ex] \underline{H}_{1,\psi}(\theta, \psi)\mathbf{u}_\psi \end{array} \right] \cdot \frac{1}{\sqrt{2}} e^{-j\frac{1}{2}\beta_0 \mathbf{d}\cos(\theta)} \tag{2.24}$$

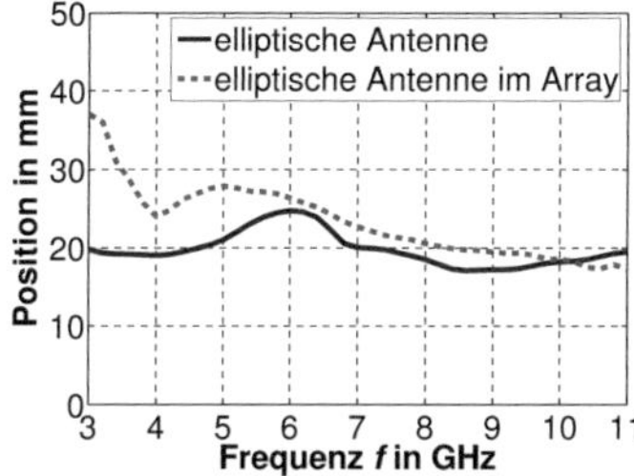

Abbildung 2.13: Position des Phasenzentrums entlang der z-Achse über der Frequenz für die einzelne und die im Array simulierte elliptische Antenne

Der modellierte Gewinn des Arrays in der E-Ebene in Ko-Polarisation unter Berücksichtigung der Abhängigkeit der Lage des Phasenzentrums von der Frequenz ist in Abb. 2.12(b) zu sehen. Eine Annäherung der Ergebnisse des Modells an die simulierten Daten wird festgestellt, besonders bei Betrachtung der Breite der Hauptkeule und bei der Ausbildung von *Grating Lobes*.

Ein anderer Effekt, der die Performance des Arrays beeinflusst ist das Vorhandensein der zweiten Antenne in unmittelbarer Nähe des Strahlers. Dadurch wird die Abstrahlcharakteristik des Einzelelementes besonders in der E-Ebene beeinflusst. Dieser Effekt wird im Modell dadurch modelliert, dass als Eingangsdaten eine in CST simulierte Abstrahlcharakteristik der einzelnen Antenne im gesamten Array eingesetzt wird. In der Simulation wird nur eine Antenne im Array angeregt, wobei die Zweite reflexionsfrei abgeschlossen wird. Der daraus resultierende Gewinn der Antennengruppe ist in Abb. 2.12(c) dargestellt. Es lässt sich eine deutliche Verbesserung der Ähnlichkeit zum simulierten Gewinn des Gesamtarrays feststellen, besonders in der Bildung der Nebenkeulen in den tieferen Frequenzen.

Die Simulation zeigt, dass die Lage des Phasenzentrums der einzelnen Antenne im Array einen Unterschied im Vergleich zu einzeln simulierten Antenne aufweist. Der Verlauf des Phasenzentrums entlang der z-Achse in der Antenne beim Vorhandensein der zweiten Antenne im Array ist in Abb. 2.13 dargestellt. Eine deutlich größere Variation der Lage ist zu beobachten. Dies wird dadurch verursacht, dass die Ströme in der Antenne auf einer größeren Fläche verteilt werden, was zu zusätzlichen Komponenten des elektrischen Feldes im Fernfeld der Antenne führt. Berücksichtigt man diese Variation im Modell gemäß der Formel (2.24) bekommt man den modellierten Gewinn des Arrays in Abb. 2.12(d).

Die modellierte Abstrahlcharakteristik der Antennengruppe unter Berücksichtigung der Verkopplung zwischen den Antennen und der nichtkonstanten Lage des Phasenzentrums bildet die simulierte Abstrahlcharakteristik sehr gut ab. Die Hauptkeulen in den Richtungen $\pm 90°$ haben näherungsweise die gleiche Form und Breite. Die Breite dieser Keule ist relativ konstant über die gesamte Bandbreite, was durch eine Kompensation des mit der Frequenz steigenden elektrischen Abstandes zwischen den Antennen (Abstand zwischen den Phasenzentren) zustande kommt. Die Nebenkeulen in den modellierten Daten stimmen sehr gut mit den Simulierten überein. Lediglich bei den tieferen Frequenzen weicht die Übereinstimmung ab. Dies ist auf die größere Verkopplung zwischen den Antennen im Array zurückzuführen (siehe Abb. 2.11).

Um die Amplituden der modellierten und simulierten Gewinne genauer vergleichen zu können, werden in Abb. 2.14 die Daten über dem Winkel θ für drei unterschiedlichen Frequenzen aufgetragen (3 GHz, 6,6 GHz, 11 GHz). Diese Frequenzen entsprechen etwa den Rändern und der Mitte des betrachteten Frequenzbereichs. Wie bereits angedeutet, weichen die Ergebnisse bei einer Frequenz von 3 GHz voneinander ab. Die Bildung der Nebenkeulen bei 3 GHz wird von der Simulation nicht bestätigt. Für die übrigen Frequenzen stimmen die Breiten der Keulen und deren Amplituden sehr gut überein. In den Diagrammen wird eine konstante Breite der Hauptkeule deutlich erkennbar.

Der Gewinn des Arrays in der H-Ebene für die Ko-Polarisation $G_{\text{Ar}}^{\text{H-Ebene, Co-Pol}}(f, \theta = 90°, \psi)$ ist in Abb. 2.15 gezeigt. Grundsätzlich ähnelt die Abstrahlcharakteristik der einer einzelnen Antenne (Abb. 2.8(c)). Das Array strahlt mit zwei Hauptkeulen senkrecht zur Metallisierungsfläche ab. Der höhere Betrag des Gewinns außerhalb der Hauptstrahlrichtung ist auf die Veränderung der Richtcharakteristik durch die Anwesenheit der zweiten Antenne zurückzuführen. Der Gewinn von dem Array in der H-Ebene ist um ca. 3 dB höher als der von der einzelnen Antenne. Dies korrespondiert mit der Verdopplung der Apertur des Strahlers im Vergleich zu der einzelnen Antenne.

Wie im Abschnitt 2.4 angedeutet, weist die einzelne elliptische Antenne eine sehr niedrige Kreuz-Polarisationskomponente in der E-Ebene auf. Folglich wird im Array auch ein sehr niedriges Niveau von den Kreuz-Polarisationskomponenten in der E-Ebene erwartet. Dies wird von der Simulation durch einen vernachlässigbar kleinen Gewinn $G_{\text{Ar}}^{\text{E-Ebene, X-Pol}}(f, \theta, \psi = 0°)$ bestätigt, der ebenfalls nicht explizit gezeigt wird. Der Vorteil der Arraykonfiguration ist erst in der H-Ebene sichtbar. Die einzelne Antenne strahlt eine sehr starke

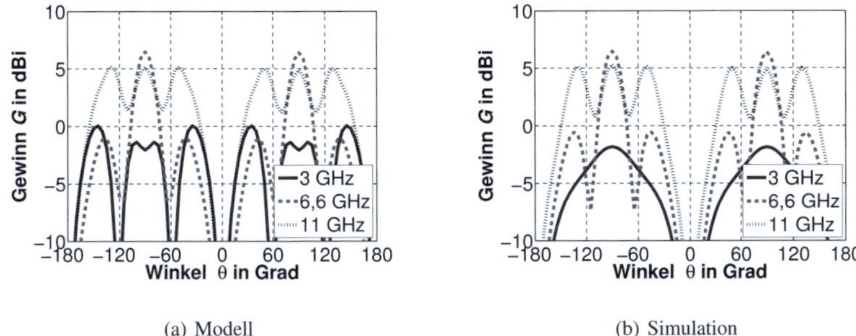

(a) Modell (b) Simulation

Abbildung 2.14: Simulierter und modellierter Gewinn $G_{\mathrm{Ar}}^{\text{E-Ebene, Co-Pol}}(f, \theta, \psi = 0°)$ des 2x1 Antennenarrays in Abb. 2.10 in E-Ebene, Ko-Polarisation für drei Frequenzen

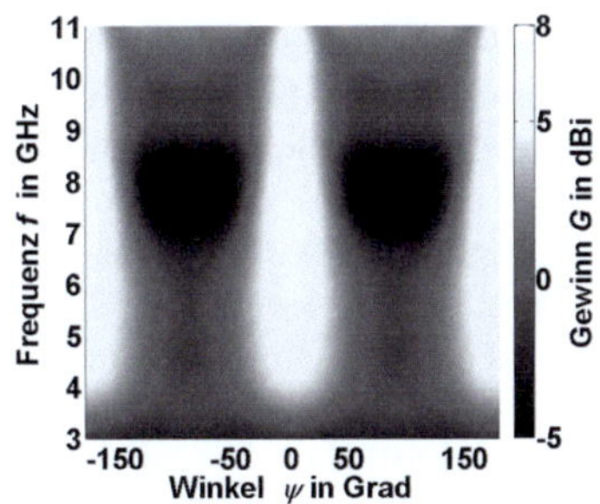

Abbildung 2.15: Simulierter Gewinn $G_{\mathrm{Ar}}^{\text{H-Ebene, Co-Pol}}(f, \theta = 90°, \psi)$ des 2x1 Antennenarrays in Abb. 2.10 in H-Ebene und Ko-Polarisation [AZRZ10]

Kreuz-Polarisationskomponenten in der H-Ebene ab, wobei das Maximum einer Keule, abhängig von der Frequenz, im Bereich zwischen $\psi = 10°$ und $\psi = 60°$ liegt (vgl. Abb. 2.8(c)). Die Simulation zeigt, dass die Kreuz-Polarisation in der H-Ebene vollständig ausgelöscht wird. Der simulierte Gewinnn $G_{\mathrm{Ar}}^{\text{H-Ebene, X-Pol}}(f, \theta = 90°, \psi)$ besitzt Werte kleiner als -140 dBi im ganzen FCC-Frequenzeberich. Solch ein kleiner Wert ist vergleichbar mit den Grenzen des Dynamikbereichs des Simulationstolls. Aus diesem Grund wird das Ergebnis nicht im Diagramm gezeigt. In der Realität ist jedoch ein solcher idealistischer Wert, aufgrund der Nicht-Idealitäten, nicht zu erwarten. Er zeigt jedoch, dass der Ansatz eine deutliche Unterdrückung der Kreuz-Polarisation im gewissen Wineklbereich über große Bandbreite ermöglicht.

Die simulierte Lage des Phasenzentrums des Arrays ist sehr stabil und unabhängig von der Frequenz. Sie deckt sich mit dem geometrischen Mittelpunkt der planaren Struktur. Dies bestätigt, dass der negative Effekt der Bewegung des Phasenzentrums in Abhängigkeit von der Frequenz durch die beschriebene Anordnung kompensiert wird (vgl. Abb. 2.9). Dies ist bei der konventionellen Anordnung nicht möglich, da die Phasenzentren der jeweiligen Antennen nicht in die entgegengesetzten, sondern in die gleichen Richtungen verschoben werden.

Mit der beschriebenen Anordnung ist es nicht möglich die sich verändernde Lage des Phasenzentrums entlang der y-Achse zu kompensieren. Dies wäre möglich durch den Einsatz eines zweidimensionalen Arrays. Im Fall des eindimensionalen Arrays muss die Stabilität der Lage des Phasenzentrums entlang dieser Achse durch das entsprechende Design der einzelnen Antenne gewährleistet werden. Dazu muss die Antenne eine geometrische Symmetrie zur z-Achse aufweisen, wenn das Array entlang der z-Achse (symmetrisch zur y-Achse) ausgebaut wird (siehe Abb. 2.6(b) und Abb. 2.10). Dies gewährleistet eine über Frequenz konstante Lage des Phasenzentrums.

Dual-linear polarisiertes Antennenarray

Um eine dual-polarisierte Variante des vorgestellten Strahlers zu erhalten, muss man das bereits beschriebene 2x1 Array um ein zweites, baugleiches Array vervollständigen. Das zweite Array wird dabei um $90°$ gedreht, wobei als Rotationszentrum der geometrische Mittelpunkt der Struktur dient. Dadurch wird erreicht, dass die Lagen der Phasenzentren für beide Polarisationen an der gleichen Stelle liegen. Das so gestaltete dual-polarisierte Array ist in Abb. 2.16 zu sehen. Erkennbar sind vier Strahler, die jeweils paarweise symmetrisch angeordnet sind. Jeweils ein Paar wird differenziell angeregt, um eine lineare Polarisation abzustrahlen.

Die vertikale Polarisation (Oszillation des E-Feldvektors entlang der z-Achse) wird abgestrahlt, wenn die Antenne 1 und 2 gleichzeitig, mit den zueinander differenziellen Signalen (im Bezug auf die Massenfläche), gespeist werden. Durch die Speisung der Antennen 3 und 4 wird entsprechend die orthogonale, horizontale Polarisation abgestrahlt.

Die simulierten S-Parameter des dual-polarisierten Arrays sind in Abb. 2.17 dargestellt. Die Abb. 2.17(a) zeigt die S-Parameter im Fall der Speisung von Antenne 1. Der Eingangsreflexionsfaktor S_{11} zeigt einen ähnlichen Verlauf, wie im Fall eines 2x1 Arrays (siehe Abb. 2.11). Ein ähnliches Verhalten weist auch die Kopplung zwischen Antennen 1 und 2 auf. S_{21} ist relativ hoch bei tieferen Frequenzen und nimmt mit der Frequenz rapide ab. Eine stärkere Kopplung ist auch zwischen den Antennen 1 und 3 zu beobachten. Die Werte S_{31} und S_{41} weisen, aufgrund der Symmetrie der Struktur, identischen Eigenschaften auf. Diese Kopplungen betragen jeweils etwa -10 dB bei einer Frequenz von 3 GHz und nehmen mit zunehmender Frequenz ab. Bei 6 GHz werden Werte von etwa -20 dB erreicht. Im differenziellen Betrieb werden jedoch zwei Antennen gleichzeitig mit den differenziellen Signalen gespeist. Dies verursacht eine gegenseitige Auslöschung der Ströme an den Ports von dem Antennenpaar für die orthogonale Polarisation. Dies impliziert eine Entkopplung zwischen den Antennenpaaren für die orthogonalen Polarisationen. Eine Bedingung dafür ist, neben der Phasenverschiebung

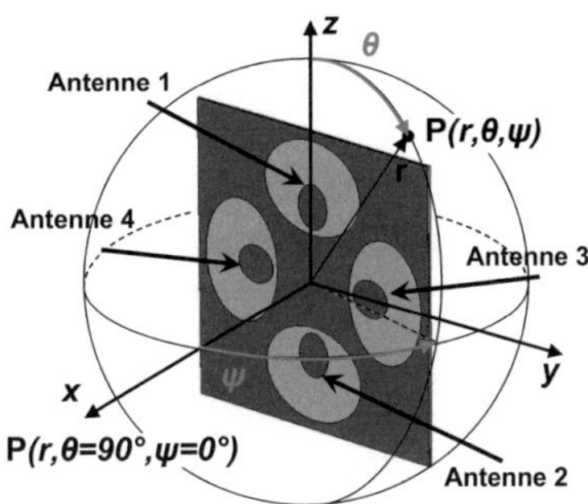

Abbildung 2.16: Anordnung der elliptischen Antennen in einem dual-orthogonal polarisierten Array

zwischen den Signalen von 180°, auch die rotationssymmetrische Anordnung der Antennen. Die Simulationen in CST bestätigen die komplette Entkopplung der Antennenpaare für die orthogonale Polarisation bei Erfüllung der genannten Bedingungen.

Der Eingangsreflexionsfaktor bei der Einspeisung eines Antennenpaars ist in Abb. 2.17(b) dargestellt. Er ähnelt wieder dem S_{11} von dem 2x1 Array in Abb. 2.11. Bei tiefen Frequenzen wird eine schlechtere Anpassung erzielt, die auf die Kopplung zwischen den Antennen und auf die Fehlanpassung des einzelnen Elements zurückzuführen ist. In übrigen Frequenzbereichen wird die Anpassung zufriedenstellend und ist kleiner als -10 dB im fast ganzen Frequenzbereich zwischen 4 GHz und 11 GHz. Solch ein Verhalten erlaubt eine erfolgreiche Verifizierung des Prinzips eines breitbandigen dual-polarisierten Arrays.

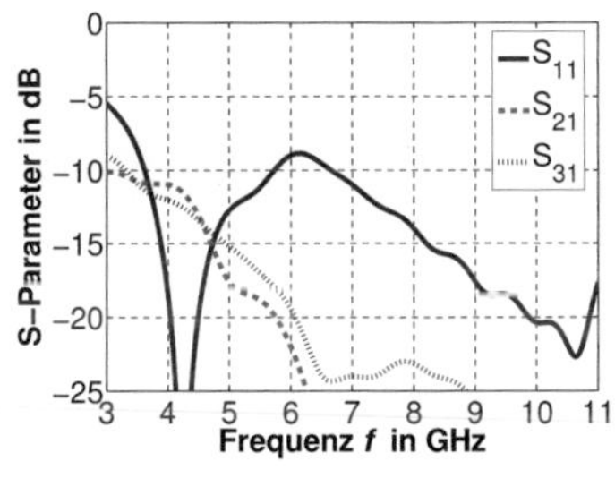

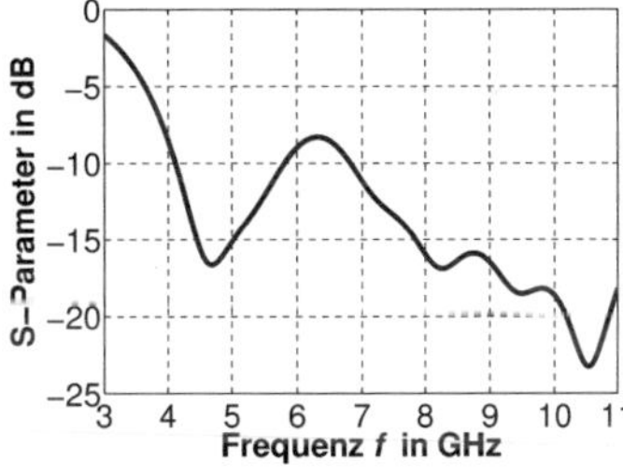

(a) Port 1 gespeist

(b) Eingangsreflexionsfaktor des Arrays (Ports 1 und 2 differenziell gespeist)

Abbildung 2.17: Simulierte S-Parameter des dual-polarisierten Strahler aus Abb. 2.16

Die Abstrahlcharakteristiken des Arrays werden anhand der E- und H-Ebene für das Antennenpaar 1 und 2 gezeigt. Die Charakteristik für das orthogonale Antennenpaar weist identischen Eigenschaften auf. Der simulierte Gewinn $G_{1,2}^{\text{E-Ebene, Co-Pol}}(f, \theta, \psi = 0°)$ in der E-Ebene ist in Abb. 2.18(a) gezeigt. Er besitzt fast identische Form und Werte wie im Fall eines 2x1 Arrays (Abb. 2.12(e)). Die Ähnlichkeit ist nachvollziehbar, da im Vergleich zum 2x1 Array die Apertur in der E-Ebene nicht geändert wurde. Ein etwas anderes Verhalten weist der Gewinn $G_{1,2}^{\text{H-Ebene, Co-Pol}}(f, \theta = 90°, \psi)$ in der H-Ebene auf. Im Vergleich zu dem entsprechenden Ergebnis des 2x1 Arrays (Abb. 2.15) besitzt er eine höhere Bündelung der Keulen. Dies ist dadurch erklärbar, dass die Apertur der Gesamtantenne in der H-Ebene größer ist, als die des 2x1 Arrays.

Die Antenne strahlt gebündelt in zwei Richtungen ab. Die Keulen sowohl in der E- als auch in der H-Ebene sind symmetrisch zur Antennenfläche und symmetrisch zu der Hauptstrahlrichtung. Alle Keulen besitzen eine konstante Richtung. Die Breiten der Keulen sind relativ konstant fast im ganzen Frequenzbereich. Es wird eine Bildung von Nebenkeulen, besonders in der E-Ebene, beobachtet, die sich weitgehend durch Verkleinerung der Apertur des Arrays vermeiden lässt. Darauf wird im nächsten Kapitel näher eingegangen.

Die Simulationen zeigen für ein dual-polarisiertes Array eine komplette Auslöschung der Kreuz-Polarisationskomponenten in der H-Ebene. Ein sehr niedriges Niveau der Kreuz-Polarisationskomponente in der E-Ebene wird durch ein sehr niedriges Niveau dieser Komponente für die einzelne Antenne gewährleistet.

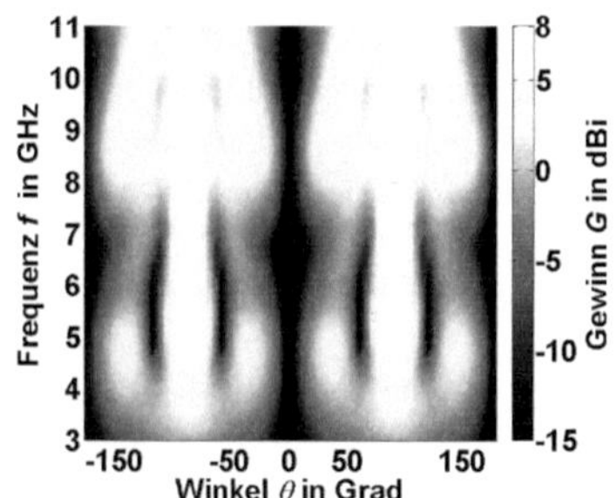

(a) E-Ebene, Ko-Polarisation, Antennen 1 und 2 differenziell gespeist
$G_{1,2}^{\text{E-Ebene, Co-Pol}}(f, \theta, \psi = 0°)$

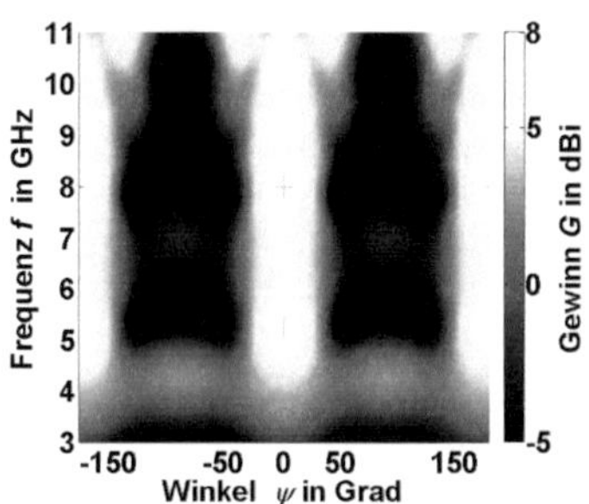

(b) H-Ebene, Ko-Polarisation, Antennen 1 und 2 differenziell gespeist
$G_{1,2}^{\text{H-Ebene, Co-Pol}}(f, \theta = 90°, \psi)$

Abbildung 2.18: Simulierter Gewinn des dual-polarisierten Antennearrays in Abb. 2.6(b)

In der Simulation wird eine stabile Lage des Phasenzentrums für beide Polarisationen über der Frequenz festgestellt. Ferner wird bestätigt, dass die Phasenzentren für beide Polarisationen sich an der gleichen Stelle befinden. Diese Stelle ist gleich dem geometrischen Mittelpunkt der Struktur.

Mithilfe von Simulationen unter idealen Speisebedingungen wurde gezeigt, dass die vorgeschlagene Anordnung imstande ist, die folgenden Ziele zu erreichen: breitbandige Unterdrückung der Kreuz-Polarisation, Stabilisierung des Phasenzentrums, gleiche Lage des Phasenzentrums für beide Polarisationen und Unterdrückung der Kopplung zwischen den Ports für die orthogonalen Polarisationen. Ein Strahler mit solchen Eigenschaften stellt eine Lösung für die praktische Realisierung der dual-polarisierten UWB Antennen dar und wird im folgenden Abschnitt messtechnisch beschrieben.

2.4.2 Messtechnische Verifikation

In diesem Abschnitt wird mittels Messungen die unterschiedliche Wirkung der Arrayanordnung auf die Ko- und Kreuz-Polarisation gezeigt. Die Verifikation der Theorie erfolgt anhand der Messungen der einzelnen elliptischen Antenne und eines 2x1 Antennenarrays. Danach wird ein dual-polarisiertes Array charakterisiert.

Die Eigenschaften der einzelnen elliptischen Antenne wurden bereits im Abschnitt 2.4.1 besprochen. Die Speisung der Antenne im Simulationstool erfolgte bis jetzt nur mit einem diskreten Port. Um die Antenne in der Praxis vermessen zu können, wird ein Speisenetzwerk entworfen, an dem ein SMA-Stecker angebracht werden kann. Die Impedanz, an die die Eingangsimpedanz der Antenne angepasst werden soll, beträgt 50 Ω. Da die Eingangsimpedanz der Antenne 100 Ω beträgt, muss das Speisenetzwerk die Funktion eines breitbandigen Impedanztransformators realisieren.

Das Modell des Speisenetzwerks ist in Abb. 2.19 dargestellt. Der Eingang des Speisenetzwerks besteht aus einer Mikrostreifenleitung, deren Breite auf die Impedanz von 50 Ω optimiert ist. Die Mikrostreifenleitung wird durch Taperung der Massenfläche und Variation der Breite der Leitung zu einer Bandleitung geformt [KFDRM05], deren Ausgangsimpedanz 100 Ω beträgt. Durch eine leichte Versetzung der relativen Lage beider Streifen und eine Variation der Breite der Leitungen wird der Ausgang des Speisenetzwerks an den Speisepunkt der Antenne angepasst. Die Versetzung der Streifen ist in dem Entwurf nötig um keinen Kurzschluss am Speisepunkt der Antenne zu erzeugen (siehe Abb. 2.20(a)) [Gao09].

Das Speisenetzwerk wird senkrecht zur Antennenfläche angebracht und direkt mit der Metallisierung der Antenne verlötet. Das komplette Modell ist zusammen mit der Antenne in Abb. 2.20(a) dargestellt. Die realisierte Antenne ist in Abb. 2.20(b) und Abb. 2.20(c) dargestellt.

Der simulierte und gemessene Eingangsreflexionsfaktor der Antenne mit dem Speisenetzwerk ist in Abb. 2.20 präsentiert. Die Antenne besitzt fast im ganzen betrachteten Frequenzbereich von 3 GHz bis 11 GHz eine Anpassung kleiner als -10 dB. Der simulierte Parameter wird durch die Messung gut nachgebildet. Dies bestätigt den richtigen Entwurf von Speisenetzwerk und Antenne.

Zwecks messtechnischer Verifizierung wird ein 2x1 Array aufgebaut, das im Abschnitt 2.4.1 beschrieben wurde. Um das Array vermessen zu können muss ebenfalls ein geeigne-

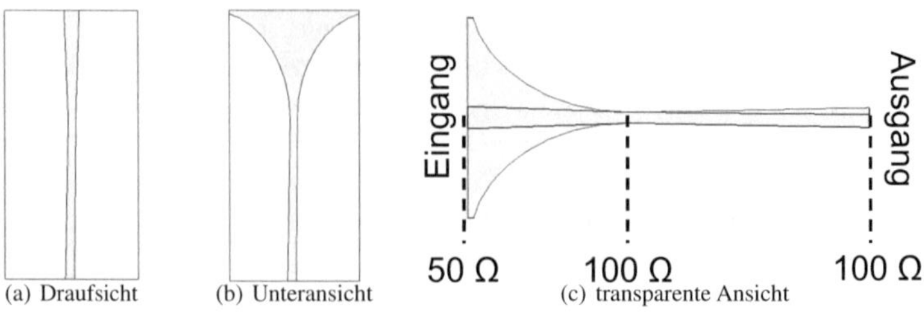

(a) Draufsicht (b) Unteransicht (c) transparente Ansicht

Abbildung 2.19: Aufbau des Speisenetzwerks für die Antenne in Abb. 2.6. Dimensionen: 21 mm x 43 mm x 0,79 mm

(a) transparentes Modell (b) Ansicht von links (c) Ansicht von rechts

Abbildung 2.20: Prototyp der einzelnen elliptischen Antenne mit einem Speiseneztwerk [AZRZ10]

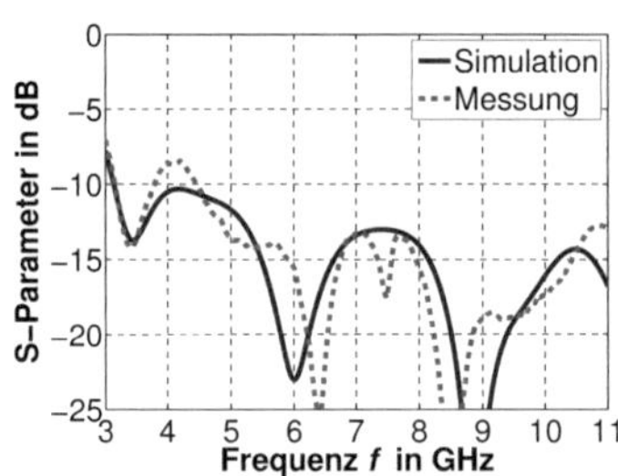

Abbildung 2.21: Simulierte und gemessene Eingangsimpedanzanpassung S_{11} der einzelnen elliptischen Antenne aus Abb. 2.20

tes Speisenetzwerk entworfen werden. Der Eingang des Speisenetzwerks besteht aus einer Mikrostreifenleitung. Das Signal muss jedoch im Fall des Arrays leistungsmäßig symmetrisch auf beide Antennen aufgeteilt werden. Zu dem Zweck muss ein breitbandiger 3 dB-Leistungsteiler eingesetzt werden. Das Signal wird mittels einer T-Verzweigung (engl. *T-*

Junction) auf zwei gleiche Signale aufgeteilt. Um eine breitbandige Impedanzanpassung zu gewährleisten, müssen die aufgeteilten Signale in getrennten Mikrostreifenleitungen mit der Impedanz von 100 Ω geführt werden. Solch eine Impedanz korrespondiert mit der Eingangsimpedanz der Antenne. Die Leitung muss impedanzmäßig demnach nicht weiter transformiert werden. Die Mikrostreifenleitung wird lediglich zu einer modifizierten Bandleitung geformt, um das Verlöten der Bauteile zu ermöglichen. Das Speisenetzwerk ist in Abb. 2.22(a) zu sehen.

Das Speisenetwerk wird senkrecht zur Antennenfläche angelötet. Das Modell der Antenne mit dem Speisenetzwerk ist in Abb. 2.22(b) dargestellt. Die 180°-Phasenverschiebung zwischen den Speisesignalen für beide Arrayelemente wird durch eine entsprechende Lötverbindung zwischen den Ausgängen des Speisenetzwerks und den Eingängen der Antennen realisiert. Bei der Antenne wird die Metallisierung an der oberen Seite des Speisenetzwerks mit der inneren Ellipse der Antenne verbunden, wobei bei der zweiten Antenne wird sie mit der Massenfläche der Antenne kontaktiert. Entsprechend umgekehrtes Vorgehen wird bei der Kontaktierung der unteren Seite des Speisenetzwerks vorgenommen. Diese Speisemethode wird in Abb. 2.22(b) verdeutlicht. Solch eine Speisung der einzelnen Arrayelemente sichert eine differenzielle Speisung der Elemente. Fotos des Arrays sind in Abb. 2.22(c) und Abb. 2.22(d) zu sehen [Gao09].

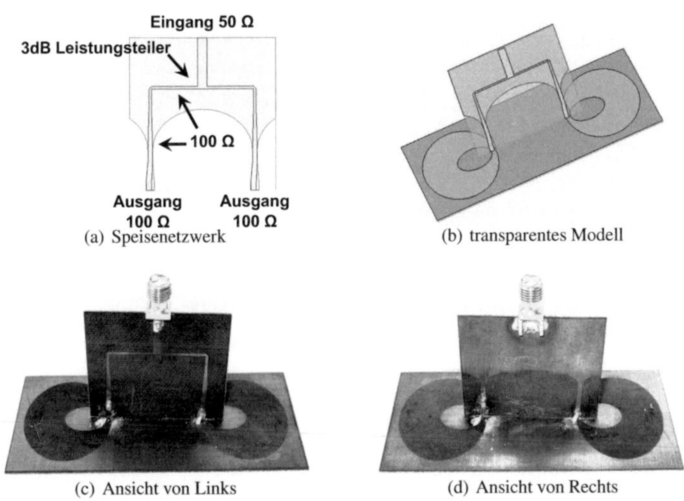

(a) Speisenetzwerk   (b) transparentes Modell

(c) Ansicht von Links   (d) Ansicht von Rechts

Abbildung 2.22: Aufbau des 2x1 Antennenarrays mit dem Speisenetzwerk [AZRZ10]

Der Vergleich zwischen dem simulierten und dem gemessenen Eingangsreflexionsfaktor S_{11} ist in Abb. 2.23 gezeigt. Die gemessene Kurve deckt sich mit der simulierten bei tieferen

Frequenzen (bis ca. 6 GHz). Sie weicht jedoch bei höheren Frequenzen ab. Die Messung zeigt eine unterschiedliche Anpassung in dem Frequenzbereich als die Simulation, was durch die nicht ideal mit der Simulation übereinstimmende relative Position des Speisenetzwerks zur Antenne verursacht wird. Aus dem Diagramm wird deutlich, dass der S_{11}-Parameter im ganzen betrachteten Frequenzbereich einen akzeptablen Wert annimmt. Dies zeigt, dass das Array zur Verifizierung der Theorie geeignet ist.

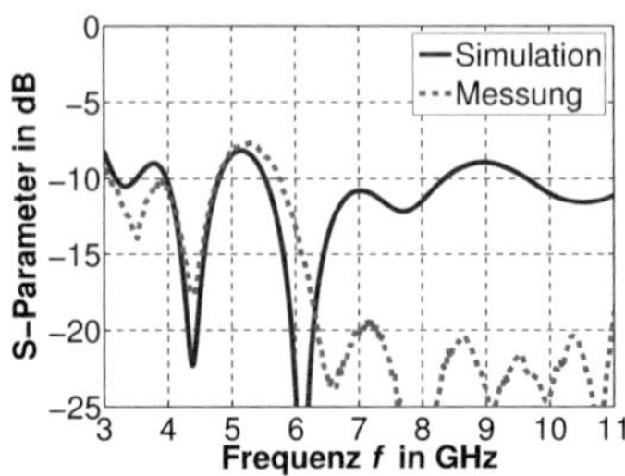

Abbildung 2.23: Simulierte und gemessene Eingangsimpedanzanpassung S_{11} des 2x1 Arrays aus Abb. 2.22

Wie im vorherigen Kapitel erwähnt, besitzt die einzelne elliptische Antenne eine starke Kreuz-Polarisationskomponente in der H-Ebene. Das Ergebnis der Simulation des Gewinns solch einer Antenne mit Speisenetzwerk $G^{\text{H-Ebene, X-Pol}}(f, \theta = 90°, \psi)$ ist in Abb. 2.24(a) zu sehen. Zu beobachten sind (analog zu Abb. 2.8(c))) vier starke Keulen, die in die Seitenrichtungen zeigen. Das maximale Niveau der Kreuz-Polarisation beträgt ca. 3 dBi. Eine Unsymmetrie in der Richtcharakteristik kann beobachtet werden und wird durch die Abstrahlung vom Speisenetzwerk verursacht. Ferner verursacht die Präsenz des Speisenetzwerks im Nahfeld der Antenne eine zusätzliche Verformung der Richtcharakteristik (aufgrund seiner direkten Ausleuchtung durch das von der Antenne abgestrahlte Signal).

Das Ergebnis der Vermessung der elliptischen Antenne in der H-Ebene ist in Abb. 2.24(b) dargestellt. Es werden ebenfalls vier starke Keulen beobachtet, womit eine gute Nachbildung der Simulationsdaten erreicht wird.

Die Simulations- und Messergebnisse des Arrays sind entsprechend in Abb. 2.24(c) und Abb. 2.24(d) dargestellt. Eine deutliche Unterdrückung der Kreuz-Polarisation in der H-Ebene des Arrays ist zu beobachten. Die Bildung der starken Keulen, wie im Fall der einzelnen Antenne, wird durch die Anordnung im Array verhindert. Eine Erhöhung des Kreuz-Polarisationsniveaus wird in dem Halbraum der Antenne festgestellt, in dem sich das Speisenetzwerk befindet ($\psi = -180°$ bis $\psi = -90°$ und $\psi = 90°$ bis $\psi = 180°$). Dies resultiert aufgrund der Streuung und Polarisationsdrehung des abgestrahlten Signals an der Speisung der Antenne. Dadurch wird der Einfluss der Speisung der Antenne auf die Gesamtabstrahlcharakteristik verdeutlicht.

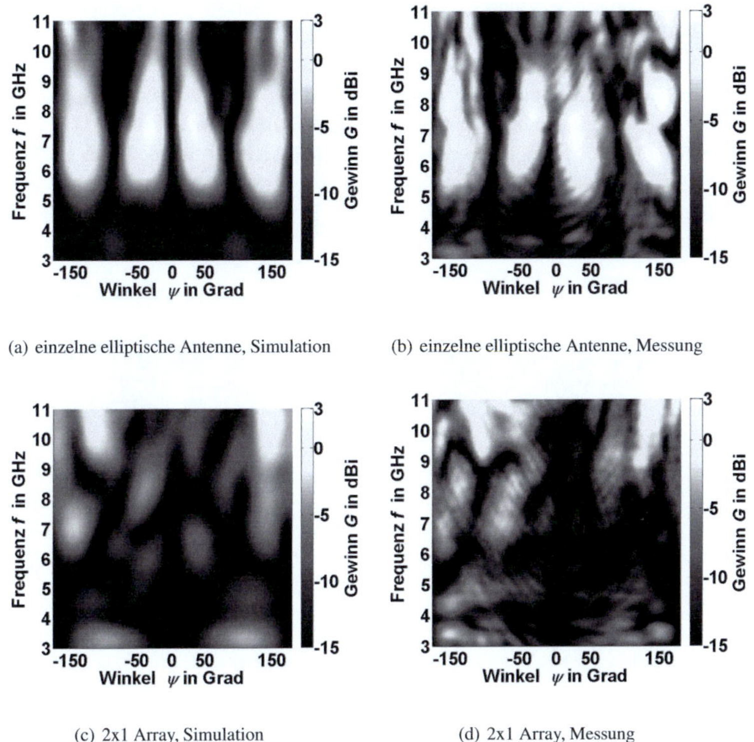

(a) einzelne elliptische Antenne, Simulation

(b) einzelne elliptische Antenne, Messung

(c) 2x1 Array, Simulation

(d) 2x1 Array, Messung

Abbildung 2.24: Simulierter und gemessener Gewinn $G^{\text{H-Ebene, X-Pol}}(f, \theta = 90°, \psi)$ in H-Ebene, Kreuz-Polarisation für die einzelne elliptische Antenne (oben) und das 2x1 Antennenarray (unten) [AZRZ10]

Eine Unterdrückung der Kreuz-Polarisation ist einer der Vorteile der beschriebenen Anordnung. Um jedoch die Theorie in der Praxis zu verifizieren muss ebenfalls gezeigt werden, dass die Ko-Polarisation nicht destruktiv beeinflusst wird. Die Ergebnisse der Simulation und Messung des ko-polarisierten Gewinns in der H-Ebene sind in Abb. 2.25 dargestellt. Die Simulation des Gewinns der elliptischen Antenne mit dem Speisenetzwerk (Abb. 2.25(a)) zeigt, dass die Antenne in zwei Richtungen abstrahlt ($0°$ und $180°$). Die Keulen sind auf Grund der Antennengeometrie näherungsweise symmetrisch. Die leichten Abweichungen von der Symmetrie sind, wie im Fall der Kreuz-Polarisation, auf den Einfluss des Speisenetzwerks zurückzuführen. Die Messung (Abb. 2.25(b)) bildet die Simulationsergebnisse gut nach. Die

Simulations- und Messergebnisse des Gewinns des 2x1 Arrays in der Ko-Polarisation in der
H-Ebene sind entsprechend in Abb. 2.25(c) und 2.25(d) zu sehen. Es werden zwei stabile
Hauptkeulen in Richtung $0°$ und $180°$ beobachtet. Diese Keulen ähneln den der einzelnen
Antenne, werden jedoch durch den Arrayfaktor und das Vorhandensein des Speisenetzwerks
verformt. Im Vergleich zu den Ergebnissen der einzelnen Antenne weist der Gewinn des 2x1
Arrays in der Ko-Polarisation höhere Werte auf, erreicht jedoch die theoretisch erwartete 3 dB
nicht. Dies ist auf die Kopplung zwischen den Antennen und die Abstrahlungsverluste des
Speisenetzwerks des Arrays (3 dB-Leistungsteiler, Biegung der Mikrostreifenleitung) zurückzuführen.

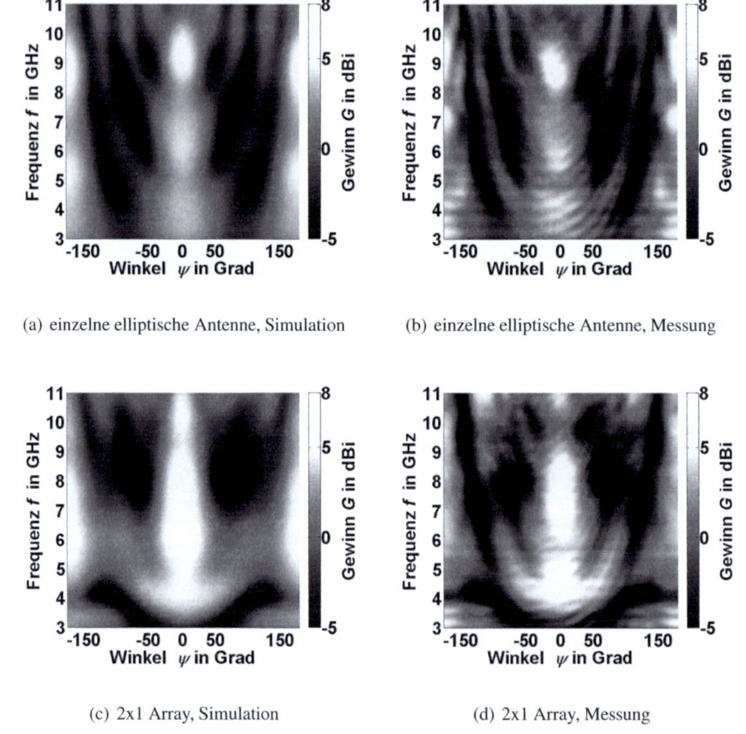

(a) einzelne elliptische Antenne, Simulation

(b) einzelne elliptische Antenne, Messung

(c) 2x1 Array, Simulation

(d) 2x1 Array, Messung

Abbildung 2.25: Simulierter und gemessener Gewinn $G^{\text{H-Ebene, Co-Pol}}(f, \theta = 90°, \psi)$ in H-
Ebene, Ko-Polarisation für die einzelne elliptische Antenne (oben) und das
2x1 Antennenarray (unten) [AZRZ10]

Mit den beschriebenen Ergebnissen wird die Theorie messtechnisch nachgewiesen. Die Messungen zeigen eine destruktive Wirkung der Anordnung auf die Kreuz-Polarisation und eine konstruktive Interferenz der Ko-Polarisationskomponenten, die von beiden Antennen abgestrahlt werden. Im Folgenden wird die praktische Machbarkeit eines breitbandigen dual-polarisierten Antennenarrays dargestellt.

Dual-linear polarisiertes Antennenarray

Das dual-polarisierte Antennenarray wird nach dem Prinzip wie im Abschnitt 2.4.1 konstruiert. Durch eine solche Konfiguration wird gewährleistet, dass das Phasenzentrum für beide Polarisationen die gleiche Lage besitzt. Die einzelnen mono-polarisierten 2x1 Antennenarrays werden auf die gleiche Weise wie im Abschnitt 2.4.1 gespeist. Eine orthogonale Lage der einzelnen Sub-Arrays erfordert jedoch eine orthogonale Kreuzung der Speisenetzwerke. Um eine Kreuzung der Metallisierungen an den Bauteilen zu vermeiden, wird ein vertikaler Versatz zwischen den 3 dB-Leistungsteilern verwendet. Das Konzept ist in Abb. 2.26(a) zu sehen. Der Prototyp des dual-polarisierten Arrays ist in Abb. 2.26(b) und Abb. 2.26(c) dargestellt. Eine einzelne Polarisation wird über einen getrennten Port gespeist (Port 1 bzw. Port 2) [NAZ09, Gao09, Nar07].

Eine unterschiedliche Dimensionierung der Speisenetzwerke verusacht etwas abweichende Eigenschaften der jeweiligen Sub-Arrays. Dies ist besonders bei den Eingangsreflexionsfaktoren S_{11} und S_{22} zu merken, die in Abb. 2.27 dargestellt sind [Nar07]. Beide Kurven zeigen ein leicht resonantes Verhalten. Abgesehen von der Fehlanpassung bei tieferen Frequenzen (wegen der Fehlanpassung der Antennen und Kopplung, siehe Abschnitt 2.4.1) besitzt der Strahler für beide Polarisationen eine Anpassung von etwa -10 dB im betrachteten Frequenzbereich. Die Kopplung zwischen den Ports für die orthogonalen Polarisationen ist kleiner als -25 dB im ganzen Frequenzbereich und wird nicht gesondert gezeigt. Eine gute Übereinstimmung der simulierten und gemessenen Kurven ist ebenfalls zu sehen. Da die Fähigkeit der verwendeten Software zur erfolgreichen Simulation der Antenneneigenschaften bereits gezeigt wurde, werden im Folgenden nur Messergebnisse für ein dual-polarisiertes Antennenarray gezeigt. Die Messungen der Abstrahleigenschaften für die beiden Polarisationen zeigen eine sehr ähnliche Performance. Aus diesem Grund wird das Array nur anhand der Messdaten für Port 1 charakterisiert.

Der gemessene Gewinn für Port 1 in der E-Ebene in Ko-Polarisation $G_1^{\text{E-Ebene, Co-Pol}}(f, \theta, \psi = 0°)$ ist in Abb. 2.28(a) zu sehen. Die Antenne strahlt mit zwei Hauptkeulen in die Richtungen $\theta = -90°$ und $\theta = 90°$. Seitlich von jeder Hauptkeule werden Nebenkeulen gebildet, wie auch im idealisierten Fall zu beobachten ist (siehe Abb. 2.18(a)). Die Keule bei 90° beschreibt die Hauptkeule in dem Halbraum, in dem sich kein Speisenetzwerk befindet. Den Einfluss vom Speisenetzwerk auf die Abstrahleigenschaften wird anhand der Keule bei $\theta = -90°$ sichtbar. Eine Verformung der Abstrahlcharakteristik im Vergleich zu der anderen Hauptstrahlrichtung ist deutlich zu sehen. Dazu tragen zwei Faktoren bei: zum

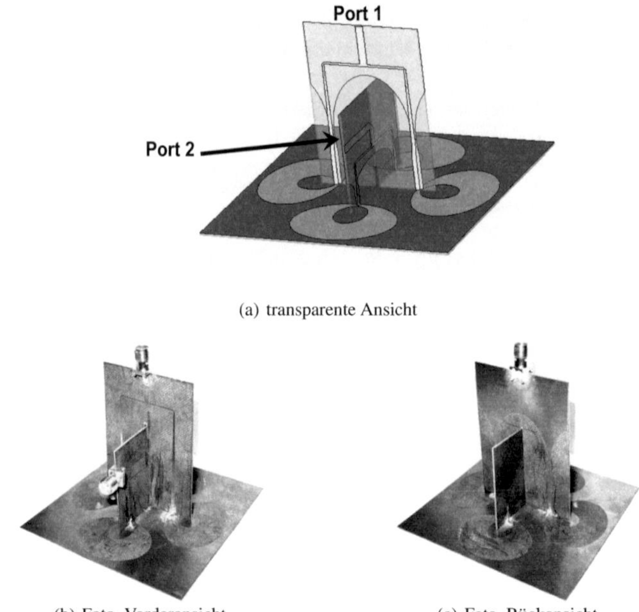

(a) transparente Ansicht

(b) Foto, Vorderansicht

(c) Foto, Rückansicht

Abbildung 2.26: Dual-polarisiertes, breitbandiges Antennenarray, bestehend aus elliptischen Antennen und Speisenetzwerken

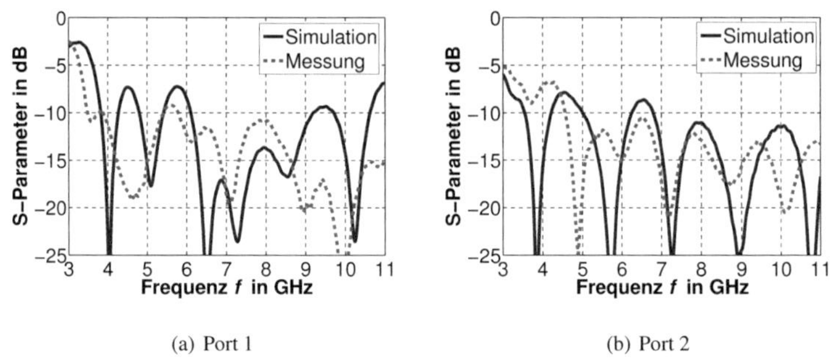

(a) Port 1

(b) Port 2

Abbildung 2.27: Simulierte und gemessene Eingangsimpedanzanpassung S_{11} und S_{22} des dual-polarisierten Arrays aus Abb. 2.26

einen wird die Charakteristik durch Interferenz mit der Abstrahlung vom Speisenetzwerk beeinflusst, zum anderen wird das in Richtung $-90°$ abgestrahlte Signal vom Speisenetzwerk gestreut. Dadurch wird die Abstrahlung in Richtung des Speisenetzwerks zwangsläufig verformt. Bei den beiden Hauptkeulen ist ein leichtes Schielen der Richtcharakteristik in Abhängigkeit von der Frequenz festzustellen. Dies deutet auf kleine Phasenabweichungen in den Speisesignalen von dem differenziellen Zustand hin.

Der Gewinn in der H-Ebene für Ko-Polarisation $G_1^{\text{H-Ebene, Co-Pol}}(f, \theta = 90°, \psi)$ ist in Abb. 2.28(c) dargestellt. Es werden ebenfalls zwei Hauptkeulen beobachtet. Die Abstrahlcharakteristik in der H-Ebene weist eine Symmetrie bezüglich der Hauptkeule bei $0°$ auf, die auf die geometrische Symmetrie der Struktur und symmetrische Stromverteilung in der betrachteten Ebene hindeutet. Die Keulen in der H-Ebene sind breiter als die in der E-Ebene, was auf die aktiven Aperturgrößen in den betrachteten Ebenen zurückzuführen ist.

Die gemessenen Gewinne der Kreuz-Polarisation für die E-Ebene $(G_1^{\text{E-Ebene, X-Pol}}(f, \theta, \psi = 0°))$ und die H-Ebene $(G_1^{\text{H-Ebene, X-Pol}}(f, \theta = 90°, \psi))$ sind entsprechend in Abb. 2.28(b) und Abb. 2.28(d) dargestellt. Ein deutlich kleineres Niveau des Gewinns in der Kreuz-Polarisation als in der Ko-Polarisation ist in beiden Ebenen zu beobachten (beachte unterschiedliche Skalen). Bemerkenswert ist die Unterdrückung der starken Kreuz-Polarisation der einzelnen Antenne in der H-Ebene (vgl. Abb. 2.24(a)). Es treten stärkere Kreuz-Polarisationskomponenten in den Halbräumen der Antenne auf, in denen sich das Speisenetzwerk befindet. Dies ist zum einen auf die Abstrahlung des Speisenetzwerks und zum anderen auf die Polarisationsdrehung bei der Streuung an dem Speisenetwerk zurückzuführen. Der Effekt ist sowohl in der E- als auch in der H-Ebene bemerkbar.

Um die Richtwirkung des Strahlers mit einer einzelnen Größe für den ganzen betrachteten Frequenzbereich zu beschreiben, sind die mittleren Gewinne für die E- und H-Ebene in der Ko- und Kreuz-Polarisation in Abb. 2.29 dargestellt. Der Einfluss des Speisenetzwerkes ist ebenfalls in diesen Diagrammen bemerkbar. Es wird ein mittlerer Gewinn von ca. 4,5 dBi für die Hauptstrahlrichtung erreicht. Die Nebenkeulen in der E-Ebene befinden sich auf dem Niveau zwischen -3 dBi und 0 dBi. In der H-Ebene werden kaum Nebenkeulen festgestellt. Die mittlere Entkopplung der Polarisationen liegt bei ca. 20 dB für die Hauptstrahlrichtungen. Die Kreuz-Polarisation wird tendenziell etwas höher für die Richtungen, in der die Abstrahlung durch das Speisenetzwerk gestört wird. Aus den Diagrammen ist ein klarer Unterschied zwischen den Amplituden in Ko- und Kreuz-Polarisation festzustellen. Er beträgt, abhängig von der Richtung und Ebene, zwischen 15 dB und 20 dB. Die Polarisationsentkopplung lässt sich weiterhin verbessern durch Vereinfachung der Antennenstruktur und Minimierung des Speisenetzwerkeinflusses. Die Methoden zur Verbesserung der Polarisationseigenschaften werden im nächsten Kapitel beschrieben.

Die Charakterisierung des Antennenarrays im Zeitbereich ist anhand der Impulsantworten in Abb. 2.30 gezeigt. Die Impulsantwort der Antenne in der E-Ebene für die Ko-Polarisation $|h_1^{\text{E-Ebene, Co-Pol}}(f, \theta, \psi = 0°)|$ ist in Abb. 2.30(a) zu sehen. Es werden zwei Maxima bei $\theta =$

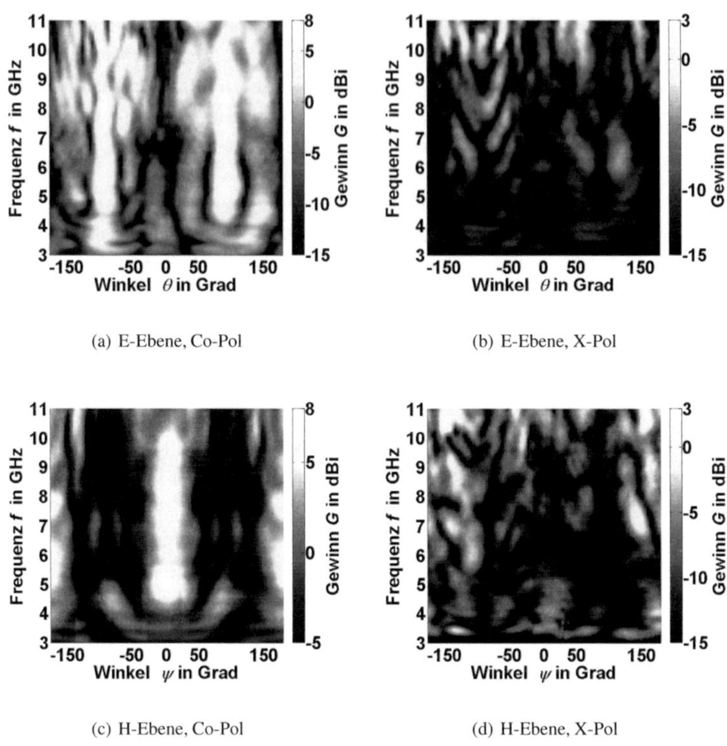

(a) E-Ebene, Co-Pol   (b) E-Ebene, X-Pol

(c) H-Ebene, Co-Pol   (d) H-Ebene, X-Pol

Abbildung 2.28: Gemessener Gewinn $G(f, \theta, \psi)$ an Port 1 in E- und H-Ebene, Ko- und Kreuz-Polarisation des dual-polarisierten Antennenarrays aus Abb. 2.26

$-90°$ und $\theta = 90°$ gebildet. Die Energie in diesen Richtungen ist zeitlich konzentriert, d.h. die Länge der Impulsantwort ist kurz. Die Verzögerung der Impulsantwort ist relativ konstant über dem Winkel. Eine kurze Impulsantwort und eine konstante Verzögerung über dem Winkel deuten auf eine stabile Lage des Phasenzentrum über der Frequenz hin. Bei den Messungen an Port 2 werden nahezu identische Diagramme erzeugt, was auf die gleiche Lage der Phasenzentren für beide Polarisationen hindeutet.

Nach dem Maximum der Impulsantwort werden leichte Nachschwingungen beobachtet, die auf ein resonantes Verhalten der Antenne hindeuten. Die Nachschwingungen im Fall der beschriebenen Antenne entstehen durch mehrfache Reflexionen in den Speisenetzwerken, die an die Antenne geleitet und konsequent mit Verzögerung abgestrahlt werden. Bemerkenswert

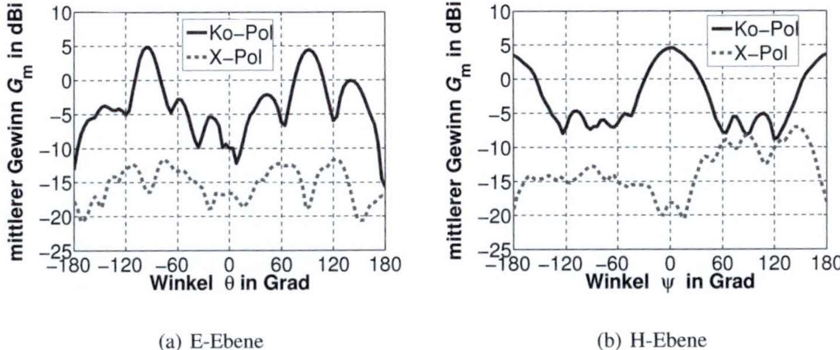

(a) E-Ebene   (b) H-Ebene

Abbildung 2.29: Gemessener mittlerer Gewinn $G_\mathrm{m}(f, \theta, \psi)$ an Port 1 in E- und H-Ebene, Ko- und Kreuz-Polarisation eines dual-polarisierten Antennenarrays aus Abb. 2.26

sind die Komponenten, die vor dem Maximum auftreten, besonders in dem Bereich zwischen $\theta = -180°$ und $\theta = 0°$ in Abb. 2.30(a). Die Anwesenheit dieser Komponente vor dem Maximum der Impulsantwort wird durch die bereits erwähnte Abstrahlung vom Speisenetzwerk verursacht. Der Effekt wird sowohl für die Ko- als auch für die Kreuz-Polarisation beobachtet.

Die Impulsantwort der Antenne in der H-Ebene für die Ko-Polarisation $|h_1^{\text{H-Ebene, Co-Pol}}(f, \theta = 90°, \psi)|$ ist in Abb. 2.30(b) dargestellt. Eine konstante Verzögerung der Impulsantwort und eine Abstrahlung der Speisenetzwerke wird ebenfalls in diesem Messdatensatz beobachtet. Das Nachschwingen tritt in gleichem Maße wie in der E-Ebene auf. Das Maximum erstreckt sich über einen breiteren Winkelbereich als in der E-Ebene. Dieser Effekt ist vergleichbar mit der Breite der Keule im Frequenzbereich.

Eine kurze Impulsantwort und schwache Nachschwingungen zeigen, dass der beschriebene Strahler für die Pulstechnik geeignet ist. Dies impliziert, dass die beschriebene Arraykonfiguration auch geeignet ist, die breitbandigen, zeitlich komprimierten Pulse abzustrahlen.

2.5 Anforderungen an das Speisenetzwerk

Die theoretischen Betrachtungen der Arrayanordnung sind bis jetzt immer davon ausgegangen, dass die Signale, mit den die einzelnen Elemente in dem 2x1 Array angeregt werden, ideal differenziell zueinander sind. Dies bedeutet, dass die Signale unabhängig von der Frequenz exakt gleich in der Amplitude und genau 180° unterschiedlich in der Phase sind. In der Realität ist jedoch mit Abweichungen von dem idealen Zustand zu rechnen. Dieser Abschnitt beschäftigt sich mit dem Einfluss der Nicht-Idealitäten der Speisesignale auf die Performance der Arrayanordnung. Es wird davon ausgegangen, dass die Signalunterschiede sowohl in der Amplitude als auch in der Phase variieren. Eine Variation der Amplitude ruft einen anderen

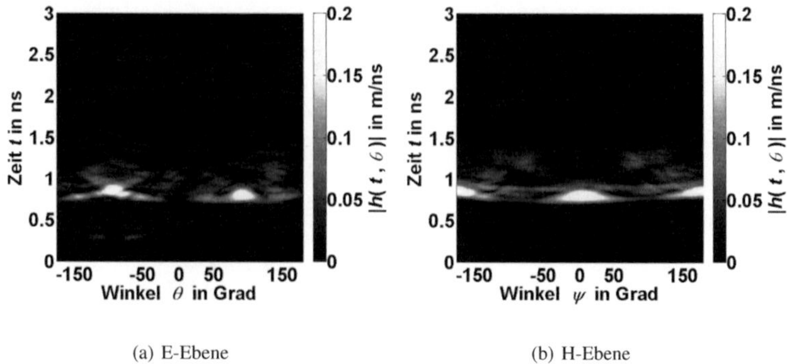

(a) E-Ebene

(b) H-Ebene

Abbildung 2.30: Gemessene Impulsantwort $|h(t,\theta,\psi)|$ an Port 1 in E- und H-Ebene, Ko-Polarisation eines dual-polarisierten Antennenarrays aus Abb. 2.26

Effekt als die Variation der Phase hervor. Aus dem Grund wird die Studie in zwei Schritten durchgeführt. Zuerst wird eine Amplitudenbalance und dann eine Phasenbalance zwischen den Signalen variiert.

Amplitudenbalance

Die Amplituden der Speisesignale an den Eingängen der Einzelelemente der Antennengruppe können sich aus verschiedenen Gründen unterscheiden. Die meisten Ursachen liegen in dem differenziellen Leistungsteiler, bei dem durch Variation der Impedanzen, die Leistung ungleich auf beide Zweige aufgeteilt wird. Eine Resonanz in dem Antennensystem kann ebenfalls zu Impedanzänderungen führen, was eine ungleichmäßige Leistungsaufteilung verursacht. Bei der Untersuchung des Amplitudenbalanceeinflusses wird davon ausgegangen, dass die Phasen der beiden Speisesignale ideal um $180°$ verschoben sind.

Die Amplitudenbalance definiert man als Verhältnis der Spannungen der Signale. Nach der Konvention im Abschnitt 2.2 lautet das Verhältnis

$$\Delta a = U_1|_{\mathrm{dB}} - U_{-1}|_{\mathrm{dB}} \tag{2.25}$$

Die Phasenbezüge der beiden Signale U_1 und U_{-1} werden zunächst nicht betrachtet. Um den Einfluss von Δa auf die Arrayfaktoren zu untersuchen wird, wie im Abschnitt 2.3 angenommen, dass die beiden Strahler eine omnidirektionale Richtcharakteristik besitzen. Die Gl. (2.12) nimmt dann, mit Berücksichtigung der ungleichen Amplitude beider Signale, folgende Form an

$$\underline{\mathbf{AF}}(\theta, \psi) = \begin{bmatrix} \mathbf{u}_\theta \\ -\mathbf{u}_\psi \end{bmatrix} \cdot \Delta a \cdot \frac{1}{\sqrt{2}} e^{j\frac{1}{2}\beta_0 d \cos(\theta)} +$$

$$\begin{bmatrix} \mathbf{u}_\theta \\ \mathbf{u}_\psi \end{bmatrix} \cdot \frac{1}{\sqrt{2}} e^{-j\frac{1}{2}\beta_0 d \cos(\theta)}. \tag{2.26}$$

Die berechneten Arrayfaktoren $\underline{AF}_{\theta,\psi}$ für eine Halbebene sind in Abb. 2.31 gezeigt. Es werden die gleichen Bedingungen angenommen wie in Abb. 2.4(a) ($d_{\mathrm{el}} = 0,5$). Für die Amplitudenbalance Δa werden drei Werte simuliert: -3 dB (linear: 0,7), -1,93 dB (linear: 0,8) und -0,91 dB (linear: 0,9). Die entsprechenden Charakteristiken sind in Abb. 2.31(a), Abb. 2.31(b) und Abb. 2.31(c) dargestellt. Es wird beobachtet, dass der Verlauf der Arrayfaktoren grundsätzlich nicht beeinflusst wird. Die Veränderung der Amplitude an beiden Ports verursacht lediglich eine Änderung der Amplitude der Arrayfaktoren. Dieser Effekt ist am deutlichsten für die Richtung 90° sichtbar (orthogonale Richtung zur Anordnung). Es lässt sich feststellen, dass mit größerem Signalamplitudenunterschied die Unterdrückung der Kreuz-Polarisation ($|\underline{AF}_\psi|$) schwächer wird. Dies ist auch von der Theorie her zu erwarten. Die Anordnung unterdrückt die Kreuz-Polarisation indem die elektromagnetischen Felder, die von den einzelnen Antennen abgestrahlt werden, sich gegenseitig auslöschen. Wenn die Amplitude der beiden Signale nicht gleich ist, kann die Abstrahlung der Kreuz-Polarisation aus einer Antenne nicht vollständig durch die Zweite kompensiert werden.

Ein umgekehrter Effekt wird für $|\underline{AF}_\theta|$ beobachtet. Hier wird die Ko-Polarisation durch den Unterschied in den Amplituden beider Signale unterdrückt. Eine Zusammenfassung der Beträge der Arrayfaktoren in Abhängigkeit von der Amplitudenbalance ist in Tabelle 2.1 dargestellt.

Tabelle 2.1: Abhängigkeit der Beträge der Arrayfaktoren $|AF_{\theta,\psi}|$ von der Amplitudenbalance Δa

Δa	Δa in dB	$|AF_\psi(\theta = 90°)|$ in dB	$|AF_\theta(\theta = 90°)|$ in dB
0,7	-3,1	-13,4	1,6
0,8	-1,9	-17	2,1
0,86	-1,3	-20	2,4
0,9	-0,9	-23	2,55

Zur Untersuchung der Performancegrenzen des Prinzips wird das Verhalten des Arrayfaktors in der Kreuz-Polarisation $|AF_\psi|$ bei $\theta = 90°$ näher untersucht. In Abb. 2.31(d) ist die Abhängigkeit des Arrayfaktors von der Amplitudenbalance Δa bei $\theta = 90°$ dargestellt. Wird

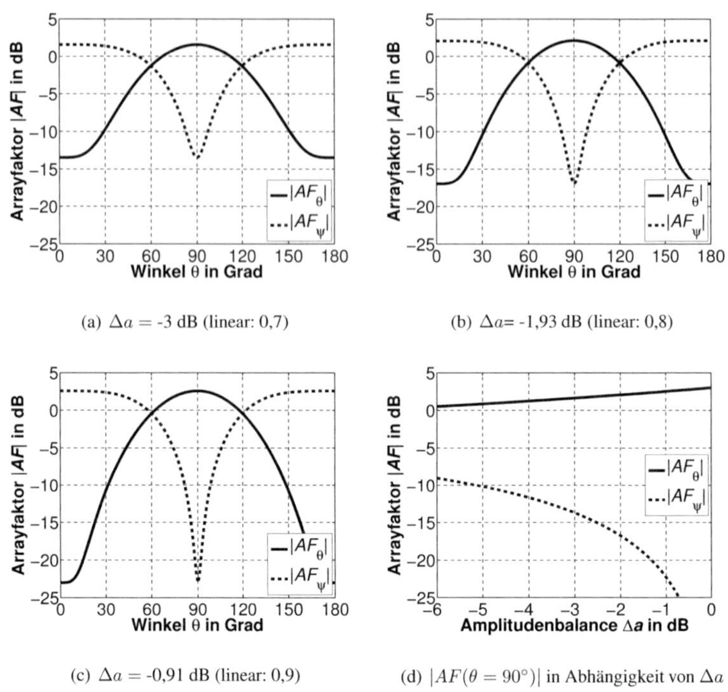

(a) $\Delta a = -3$ dB (linear: 0,7)

(b) $\Delta a = -1,93$ dB (linear: 0,8)

(c) $\Delta a = -0,91$ dB (linear: 0,9)

(d) $|AF(\theta = 90°)|$ in Abhängigkeit von Δa

Abbildung 2.31: Abhängigkeit des Arrayfaktors von der Amplitudenbalance Δa und dem Winkel θ

zur Sicherstellung ausreichender Funktionalität ein Wert von kleiner als -20 dB zugelassen, so darf die maximal zulässige Amplitudenbalance Δa=-1,3 dB betragen, was einem linearen Wert von 0,86 entspricht. Die Ko-Polarisation $|AF_\theta(\theta = 90°)|$ wird in dem Fall um 2,4 dB verstärkt, was eine Abschwächung von 0,6 dB im Vergleich zum Idealfall bedeutet.

Zusammenfassend lässt sich feststellen, dass bei der vorher definierten Performancegrenze eine Abweichung der Amplitude beider Speisesignale von Δa=1,3 dB zulässig ist.

Phasenbalance

Die Phase eines Signals ist sehr empfindlich gegen Effekte wie z.B. Kopplung und Resonanz. Sie kann daher leicht verstimmt werden. Der benötigte Phasenunterschied von $180°$ zwischen beiden Speisesignalen kann durch Resonanzen im differenziellen Leistungsteiler oder durch unterschiedliche Längen der jeweiligen Verbindungen zwischen dem differenziellen Leistungsteiler und den Antennen gestört werden. Es wird hier angenommen, dass die Amplitude beider Speisesignale identisch ist ($\Delta a = 0$ dB) und nur ein Unterschied in der Phase der betrachteten Signale vorliegt. Die Phasenbalance $\Delta\phi$, d.h. eine Abweichung von dem idealen Zustand, ist damit definiert durch

$$\Delta\phi = \angle(\Delta U_1) - \angle(\Delta U_{-1}) - \pi \tag{2.27}$$

Unter Berücksichtigung von $\Delta\phi$ ergibt sich die Gl. (2.12) zu

$$\underline{\mathbf{AF}}(\theta, \psi) = \begin{bmatrix} \mathbf{u}_\theta \\ -\mathbf{u}_\psi \end{bmatrix} \cdot \frac{1}{\sqrt{2}} e^{j\frac{1}{2}\beta_0 d \cos(\theta)} \cdot e^{j\Delta\phi} +$$

$$\tag{2.28}$$

$$\begin{bmatrix} \mathbf{u}_\theta \\ \mathbf{u}_\psi \end{bmatrix} \cdot \frac{1}{\sqrt{2}} e^{-j\frac{1}{2}\beta_0 d \cos(\theta)}.$$

In Abb. 2.32 sind die Arrayfaktoren $|AF_{\theta,\psi}|$ in Abhängigkeit von der Phasenbalance $\Delta\phi$ dargestellt. Der relative elektrische Abstand zwischen den Antennen beträgt $d_{\text{el}} = 0,5$. Zu Simulationszwecken wird eine Abweichung der Phase von $30°$, $20°$ und $10°$ angenommen. Die Ergebnisse der Simulation sind entsprechend in Abb. 2.32(a), Abb. 2.32(b) und Abb. 2.32(c) dargestellt. Wie aus der allgemeinen Antennenarraytheorie bekannt ist, ist auch hier zu beobachten, dass der Phasenversatz zwischen den Speisesignalen eine Verschiebung der Minima und Maxima der Arrayfaktoren verursacht. Dabei werden die Charakteristiken auch leicht verformt. Mit einem größeren Phasenversatz entstehen im Fall von $|AF_\theta|$ sog. *Grating Lobes* im Bereich $180°$ bzw. $0°$, abhängig von dem Vorzeichen des Phasenversatzes. Es wird auch beobachtet, dass die Fähigkeit der Anordnung zur Unterdrückung der Kreuz-Polarisation bzw. Verstärkung der Ko-Polarisation nahezu unberührt bleibt. Die Unterdrückung bzw. Verstärkung wirkt in gleicher Intensität aber für einen anderen Winkel θ.

Wird die Leistungsfähigkeit der Anordnung unter den genannten Bedingungen anhand der zum Array orthogonalen Richtung ($\theta = 90°$) ausgewertet, so lässt sich eine klare Abhängigkeit der Beträge der Arrayfaktoren $|AF_{\theta,\psi}|$ von der Phasenbalance $\Delta\phi$ feststellen. Diese Abhängigkeit ist in Abb. 2.32(d) gezeigt. Lässt man eine minimale Unterdrückung von 20 dB zu, so lässt sich feststellen, dass ein maximaler Phasenversatz von $8°$ zugelassen werden darf. Die genauen Werte für die Beträge der Arrayfaktoren $|AF_{\theta,\psi}|$ in Abhängigkeit von der Phasenbalance können der Tabelle 2.2 entnommen werden.

Eine übliche Ursache für einen Phasenversatz zwischen den beiden Speisesignalen entsteht durch unterschiedliche Längen der Speiseleitungen. In einem solchen Fall bleibt der Phasenversatz nicht konstant über der Frequenz, sondern es besteht eine lineare Abhängigkeit des Phasenversatzes von der Frequenz, die proportional zu dem Längenunterschied ist:

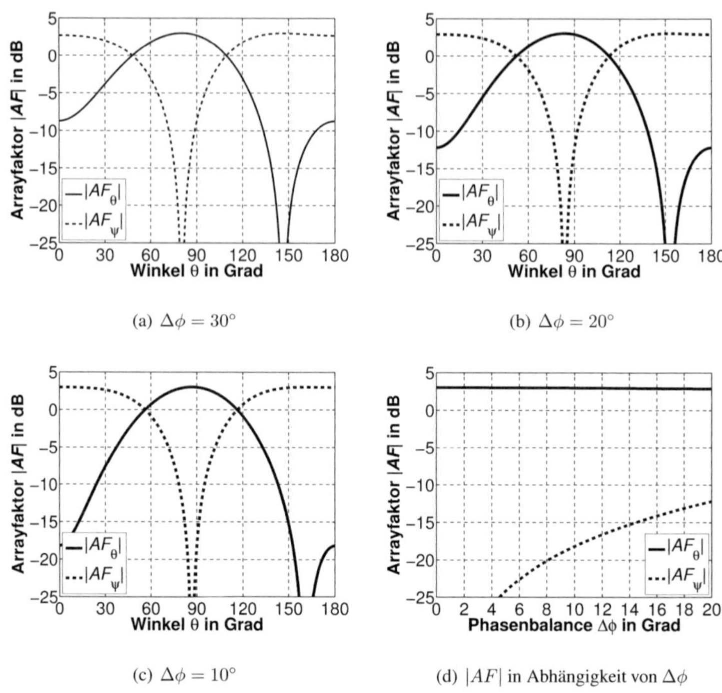

(a) $\Delta\phi = 30°$

(b) $\Delta\phi = 20°$

(c) $\Delta\phi = 10°$

(d) $|AF|$ in Abhängigkeit von $\Delta\phi$

Abbildung 2.32: Abhängigkeit des Arrayfaktors von der Phasenbalance $\Delta\phi$ und dem Winkel θ

$$\Delta\phi(f) = \frac{\Delta l}{\lambda_r} 2\pi = \frac{\Delta l \cdot f}{c_r} 2\pi. \tag{2.29}$$

Dabei ist Δl der Längenunterschied zwischen den beiden Speiseleiter, λ_r die geführte Wellenlänge in den Leitern, c_r die Ausbreitungsgeschwindigkeit der Welle in den Leitern und f die betrachtete Frequenz.

2.6 Schlussfolgerungen

In diesem Kapitel wurde ein Konzept einer Antennenarrayanordnung zur breitbandigen Unterdrückung der Kreuz-Polarisation vorgestellt. Das Prinzip der Wirkungsweise wurde erklärt und ein mathematisches Modell zum Entwurf eines solchen Arrays hergeleitet. Das Prinzip und das Modell wurden anhand von Simulation mit einem 3D-Antennensimulator verifiziert.

Tabelle 2.2: Abhängigkeit der Beträge der Arrayfaktoren $|AF_{\theta,\psi}|$ von der Phasenbalance $\Delta\phi$

$\Delta\phi$	$|AF_\psi(\theta = 90°)|$ in dB	$|AF_\theta(\theta = 90°)|$ in dB
30°	-8,7	2,7
20°	-12,2	2,87
10°	-18,2	2,97
8°	-20	2,98

Die Verifizierung erfolgte zuerst unter halbrealistischen Bedingungen, indem ein realistischer Entwurf der Antenne mit einem idealen Speisenetzwerk (diskreter Port) eingesetzt wurde. Die Simulationen bestätigen die theoretischen Erwartungen. Um die Theorie auch messtechnisch verifizieren zu können, wurden für die beschriebenen Antennen Speisenetzwerke entworfen. Anschließend wurden mehrere Prototypen aufgebaut, deren Messdaten die theoretischen und simulativen Ergebnisse bestätigen.

Anhand des Abschnitts lässt sich feststellen, dass das vorgestellte Prinzip zur Entwicklung eines breitbandigen, dual-orthogonal-linear-polarisierten Strahlers geeignet ist. Der Vorteil des vorgestellten Prinzips ist eine hohe Polarisationsreinheit der abgestrahlten elektromagnetischen Welle in einem großen Winkelbereich, eine hohe Entkopplung der Ports für die orthogonale Polarisation und die einheitliche Lage der Phasenzentren für beide Polarisationen. Das Prinzip ist einsetzbar für solche Antennen, deren Hauptstrahlrichtung senkrecht zur Substratoberfläche orientiert ist.

Die vorgestellten Simulations- und Messdaten zeigen, dass die Performance des Prinzips stark von dem relativen, elektrischen Abstand zwischen den einzelnen Antennen abhängt. Des Weiteren wurde ein starker Einfluss des Speisenetzwerks auf die Abstrahleigenschaften festgestellt. Es lässt sich damit zusammenfassen, dass der weitere Entwurf sich auf die Miniaturisierung des Strahlers und auf die Minimierung des Speisenetzwerkeinflusses auf die Abstrahlcharakteristik konzentrieren muss. Die Lösungsmöglichkeiten und Entwürfe werden im folgenden Kapitel beschrieben.

3 Konzepte kompakter, dual-polarisierter UWB-Antennen

In diesem Kapitel werden Antennenkonzepte kompakter, dual-orthogonal-linear polarisierter, ultra breitbandiger Antennen vorgestellt. Alle Antennen basieren auf dem im vorherigen Kapitel beschriebenen Prinzip der differenziellen Speisung symmetrisch angeordneter Antennen. Zwecks besserer Untersuchung der Abstrahleigenschaften der Antenne besitzt der erste Prototyp ein abtrennbares Speisenetzwerk. Nach der messtechnischen Verifikation des Konzeptes wird ein Prototyp mit integriertem Speisenetzwerk und kompakteren Dimensionen vorgestellt und charakterisiert. Das Kapitel wird mit einer Vorstellung anderer Antennenkonzepte basierend auf dem vorgestellten Prinzip abgeschlossen.

Alle in dem Kapitel beschriebenen Antennen und Speisenetzwerke sind auf dem Substrat der Firma Rogers Corporations mit der Bezeichnung Duroid 5880 [Cor10b] geätzt. Die Höhe des Substrats beträgt jeweils $0,79$ mm.

3.1 Konzept und Funktionsprinzip der 4-Ellipsen-Antenne

Die Beschreibung des Prinzips der kompakten Antenne basiert auf der elliptischen Antenne aus dem vorherigen Kapitel. Der Unterschied im Aufbau der dual-polarisierten Variante besteht in der Integration des gespiegelten Strahlers in eine gemeinsame Apertur in der Massefläche. Die zweite innere Ellipse wird in die Öffnung der Massefläche integriert und an der gegenüberliegenden Stelle gespeist. Um die angestrebte Unterdrückung der Kreuz-Polarisation zu erzielen, muss die Orientierung des elektrischen Feldes an Speisepunkten beider Ellipsen in Bezug auf die Massefläche umgekehrt sein, d.h. die Speisesignale sollen differenziell zueinander sein.

Um das Konzept der Antenne unabhängig von dem Speisenetzwerk untersuchen zu können, muss die Antenne extern gespeist werden. Aus diesem Grund werden als Speisepunkte kommerzielle SMA-Stecker mit einer Impedanz von 50 Ω verwendet, die an die speisenden Mikrostreifenleitungen und die Massefläche angelötet werden. Um die Antennen mit Mikrostreifenleitungen speisen zu können, müssen die Ellipsen und die Massefläche auf den gegenüberliegenden Seiten des Substrats angebracht werden. Die Mikrostreifenleitungen besitzen eine getaperte Breite, was der Impedanzanpassung des SMA-Steckers an den Antenneneingang dient.

Um die dual-polarisierte Variante der Antenne zu realisieren, müssen die beiden Monopole mit den speisenden Mikrostreifenleitungen so montiert werden, dass sie jeweils um 90°

versetzt zur Mitte der Öffnung in der Massefläche angeordnet sind. Dadurch erhält man eine Antenne mit vier Eingängen. Zum Abstrahlen einer linearen Polarisation müssen jeweils zwei gegenüberliegende Ports differenziell angeregt werden. Die Struktur der Antenne ist in Abb. 3.1 dargestellt [AWZ09b, AWZ09a]. Die Dimensionierung der Antenne kann Abb. 3.2 entnommen werden. Die Abmessungen der Antennenapertur sind stark reduziert im Vergleich zu dem Prototyp aus dem Abschnitt 2.4.2. Die Apertur der Antenne hat einen Durchmesser von 32 mm, was einem kleineren bzw. vergleichbaren Wert zur Wellenlänge im FCC-Frequenzbereich von $\lambda_0 = 3$ cm bis 10 cm entspricht.

Die Öffnung in der Massefläche soll geometrische Rotationssymmetrie aufweisen. Dies gewährleistet gleiche Impedanzverhältnisse an allen Ports der Antenne und bildet eine näherungsweise gleiche Apertur in den relevanten Antennenebenen, was in gleicher Keulenbreite in beiden Ebenen resultiert.

Eine gleiche Keulenbreite in beiden Ebenen (E- und H-Ebene) der Antenne ist im Fall der dual-polarisierten Antennen von besonderem Interesse. Solches Abstrahlverhalten erlaubt eine Ausleuchtung des gleichen Winkelbereiches in beiden Ebenen (E und H) für beide Polarisationen. Die Eigenschaft kann vorteilhaft in Radarsystemen sein, indem das Gebiet unabhängig von der Polarisation mit gleichen Abstrahlcharakteristiken in beiden Ebenen abgetastet wird.

Die Ports der Antenne werden mit dem Muster $a.b$ bezeichnet, wobei a die Portgruppe für eine Polarisation ($a \in \{1, 2\}$) und b die jeweiligen Ports in einer Portgruppe a bezeichnen ($b \in \{1, 2\}$).

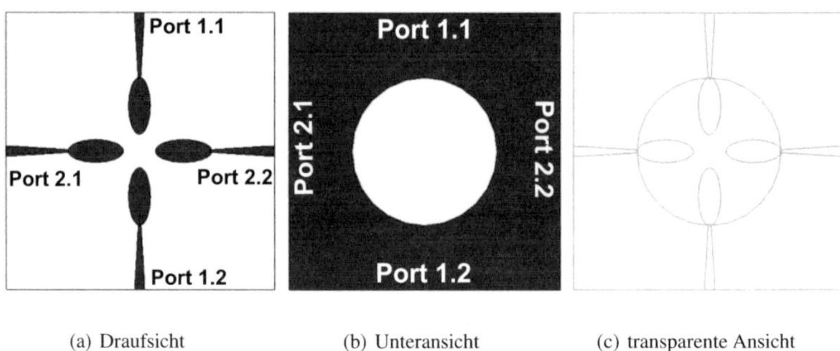

(a) Draufsicht (b) Unteransicht (c) transparente Ansicht

Abbildung 3.1: Schema der kompakten, dual-polarisierten UWB Antenne (dunkle Flächen markieren die Metallisierung) [AWZ09b]

Das Funktionsprinzip der Antenne wird anhand der schematischen Verteilung des elektrischen Feldes in der Struktur erklärt (Abb. 3.3). Die Antenne wird außen an den Ports 1.1 und 1.2 gespeist, wobei die Amplitude der E-Feldvektoren gleich und die Orientierung umgekehrt ist. Die Felder beider Ports interferieren konstruktiv miteinander, wie in Abb.3.3(a) gezeigt.

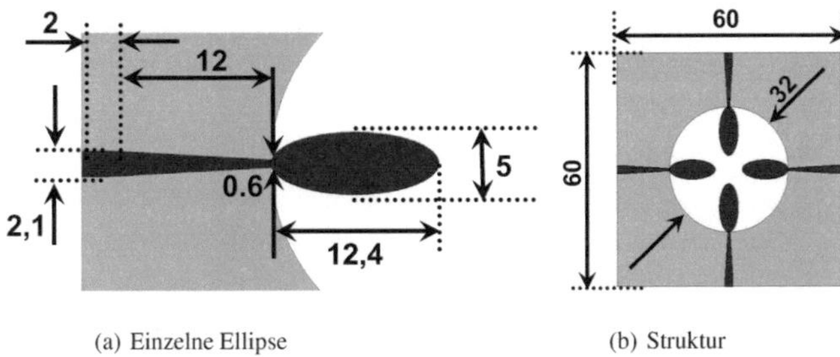

(a) Einzelne Ellipse

(b) Struktur

Abbildung 3.2: Dimensionierung der 4-Ellipsen-Antenne aus Abb. 3.1 (alle Werte in mm)

Die Abstrahlung erfolgt dabei senkrecht zur Substratfläche.

Die schematische Feldverteilung in der Öffnung der Massefläche unter den gleichen Speisebedingung ist in Abb. 3.3(b) dargestellt. Die E-Feldvektoren verlaufen zwischen den Speisepunkten der beiden Ellipsen und sind symmetrisch zu dem Querschnitt durch die gespeisten Ports angeordnet. Eine Zerlegung der Vektoren in Ko -und Kreuz-Komponente ist in Abb. 3.3(c) gezeigt. Es wird deutlich, dass bei der vorgestellten Anordnung und Speisung die Kreuz-Polarisation gegenphasig und die Ko-Polarisation gleichphasig abgestrahlt wird. Dies führt zur Unterdrückung der Kreuz-Polarisation und Verstärkung der Ko-Polarisation.

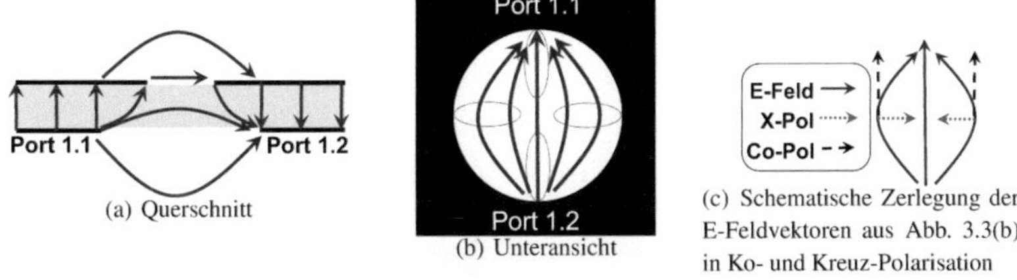

(a) Querschnitt

(b) Unteransicht

(c) Schematische Zerlegung der E-Feldvektoren aus Abb. 3.3(b) in Ko- und Kreuz-Polarisation

Abbildung 3.3: Schematische Darstellung der E-Feldvektoren in der 4-Ellipsen-Antenne aus Abb. 3.1 bei differenzieller Speisung der Ports 1.1 und 1.2 [AWZ09b]

Die simulierten S-Parameter der Antenne sind in Abb. 3.4 zu sehen. In Abb.3.4(a) werden die Ergebnisse bei Speisung an nur einem Port (Port 1.1) dargestellt. Es wird beobachtet, dass eine Anpassung kleiner als -10 dB in dem Frequenzbereich von ca. 3 GHz bis 8, 5 GHz erzielt wird. Eine Verbesserung der Eingangsimpedanzanpassung in dem Frequenzbereich oberhalb von 8, 5 GHz resultiert in einer Aufspaltung der Richtcharakteristik. In dem Entwurf wird eine konstante Form der Richtcharakteristik als bevorzugter Optimierungsparameter gewählt, was sich in einer Begrenzung der maximalen Bandbreite der Antenne widerspiegelt.

Die untere Grenzfrequenz liegt bei etwa $3,1$ GHz und entspricht einer Freiraumwellenlänge von etwa $\lambda_0 = 10$ cm. Sie korrespondiert mit dem Umfang des Kreises in der Massefläche und erfüllt damit die Abstrahlbedingung.

$$\lambda_0|_{3\,\text{GHz}} \approx \pi d_\text{m} = \pi \cdot 32\ \text{mm} = 100,5\ \text{mm} \tag{3.1}$$

wobei d_m bezeichnet den Durchmesser der Öffnung in der Massefläche (siehe Abb. 3.2). Die Abstrahlbedingung wird bei dieser Frequenz dadurch geschaffen, dass der Abstand zwischen den Ports entlang der Massefläche (Hälfte des Kreisumfangs) $\lambda_0/2$ entspricht.

Die Abmessung der Antennenapertur ist klein im Vergleich zur Freiraumwellenlänge bei tieferen Frequenzen. Es wird dadurch erwartet, dass die Abstrahlcharakteristik in dem Frequenzbereich eine homogene Hauptkeule ohne Nebenmaxima besitzt. Bei hohen Frequenzen wird d_m größer als die Freiraumwellenlänge, wodurch mit einer Bildung von Nebenkeulen in dem Frequenzbereich zu rechnen ist.

Die maximale Kopplung zwischen dem Port 1.1 und 1.2 ($S_{1.2,1.1}$) beträgt ca. -12 dB bei tieferen Frequenzen und sinkt mit der steigenden Frequenz. Die Kopplung beeinflusst nur in geringerem Maße den Eingangreflexionsfaktor der Antenne im differenziellen Betrieb, welcher in Abb. 3.4(b) dargestellt ist.

Die Kopplung zwischen den Portgruppen $S_{2.1,1.1}$ und $S_{2.2,1.1}$ ist ebenfalls in Abb. 3.4(a) dargestellt. Sie besitzt ein Maximum bei ca. $3,5$ GHz und sinkt mit der Frequenz, bleibt jedoch auch im oberen Frequenzbereich relativ hoch. Die Kopplung wird jedoch bei dem differenziellen Betrieb unterdrückt, was auf die gegenseitige Auslöschung der Felder an den Ports 3 und 4 zurückzuführen ist. Dieser Effekt ist frequenzunabhängig und damit geeignet für den UWB-Frequenzbereich. Die Simulationen bestätigen die Theorie und zeigen, dass keine Kopplung unter idealen Speisebedingungen existiert.

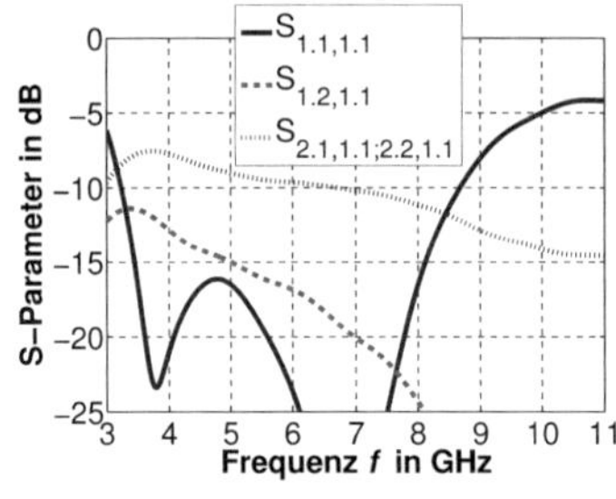

(a) Speisung an Port 1.1

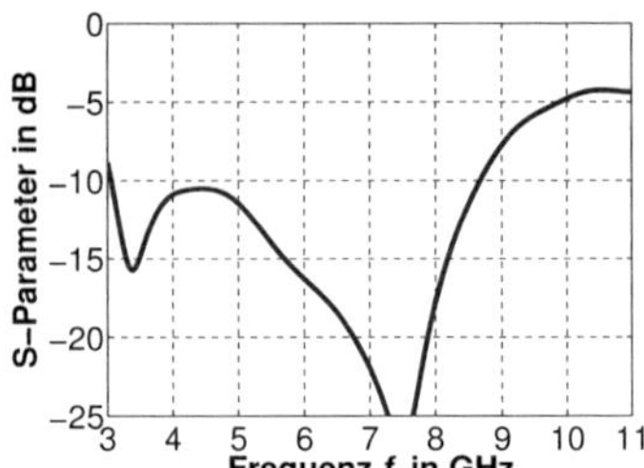

(b) Eingangsreflexionsfaktor bei der differenziellen Speisung an Port 1.1 und 1.2 bzw. Port 2.1 und 2.2

Abbildung 3.4: Simulierte S-Parameter der 4-Ellipsen-Antenne aus Abb. 3.2

3.2 Aufbau und Charakterisierung des differenziellen Leistungsteilers

Um die differenziellen Signale zu erzeugen wird ein differenzieller Leistungsteiler verwendet, dessen Prinzip in [AMA07] vorgestellt wurde.

Hierbei wird das Signal durch Übergänge von einer Mikrostreifenleitung auf eine Schlitz-leitung aufgeteilt. Das Signal wird zuerst in eine Mikrostreifenleitung gespeist und dann mittels Aperturkopplung in eine Schlitzleitung gekoppelt. Danach wird das Signal erneut mittels Aperturkopplung in eine Mikrostreifenleitung transformiert, wobei die Leistung gleichmä-ßig auf die beiden Zweige verteilt wird. Die Ausgangssignale eines solchen Leistungsteilers sind differenziell zueinander. Die Impedanzen der Ausgangsports sowie des Eingangsports betragen jeweils 50 Ω. Der Aufbau eines solchen Leistungsteilers ist in Abb. 3.5 dargestellt. Für eine genaue Beschreibung der Funktionsweise des Teilers wird auf die bereits erwähnte Literatur verwiesen [AMA07].

Die simulativen und messtechnischen Untersuchungen haben gezeigt, dass der Leistungs-teiler hohe Abstrahlungsverluste besitzt. Die Abstrahlung des Teilers erfolgt in einer undefi-nierten Polarisation, was kritisch bei der Vermessung der Leistungsfähigkeit der vorgestellten Antenne ist. Um die Polarisationseigenschaften der Antenne im Einzelnen vermessen zu kön-nen, muss die Abstrahlung des Leistungsteilers vermieden werden. Aus diesem Grund wird er mit einem Absorber CRAM GDSS der Firma *Cuming Microwave* [Cor10a] mit einer Di-cke von 3,18 mm geschirmt. Der Absorber weist hohe Verluste in dem Frequenzbereich von 1 GHz bis 20 GHz auf. Um den Leistungsteiler zusätzlich zu schirmen wird er mit einer selbstklebenden Kupferfolie verpackt. Der resultierende Leistungsteiler ist in Abb. 3.5(c) zu sehen.

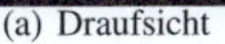

(a) Draufsicht   (b) Unteransicht   (c) Schirmung mit Absorber und Kupferfolie

Abbildung 3.5: Aufbau und Schirmung des differenziellen Leistungsteilers

Die Leistungsfähigkeit des Leistungsteiler ist in Abb. 3.6 zu sehen. Der Eingangsrefle-xionsfaktor S_{11} ist fast im ganzen betrachteten Frequenzbereich kleiner als -10 dB (siehe

Abb. 3.6(a)). Aus der Abbildung wird auch deutlich, dass die Amplitude der Transmissionsfaktoren S_{21} und S_{31} annähernd identisch ist. Sie liegt, je nach Frequenz, deutlich unterhalb von -3 dB, was auf die bereits erwähnten Abstrahlungsverluste zurückzuführen ist. Bei der Verifikation des Konzepts spielt die Dämpfung des Signals jedoch eine untergeordnete Rolle. Im Vordergrund steht eine gute Amplitudenbalance der Signale.

In Abb. 3.6(b) ist die Phase $\angle S_{21}$ und $\angle S_{31}$ der Transmissionsfaktoren des differenziellen Leistungsteilers dargestellt. Es wird deutlich sichtbar, dass die Phasen im relevanten Frequenzbereich um $180°$ verschoben sind.

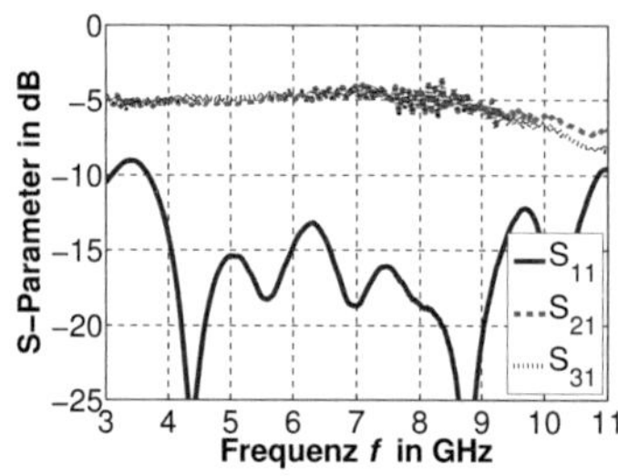

(a) Amplituden der Reflexions- und Transmissionsfaktoren

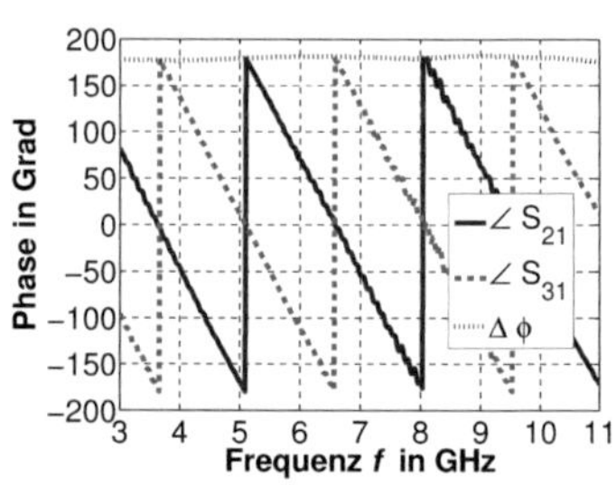

(b) Phasen der Transmissionsfaktoren

Abbildung 3.6: Gemessene S-Parameter und Phasen des differenziellen Leistungsteilers aus Abb. 3.5(c)

Im Abschnitt 2.5 wurden die Anforderungen an das Speisenetzwerk definiert, die zur beabsichtigten Funktionsweise der Antenne nötig sind. Die Anforderungen wurden anhand der Amplitudenbalance Δa und der Phasenbalance $\Delta \phi$ beschrieben.

Zu dem Speisenetzwerk der Antenne gehören zudem die Kabel, die die Ausgänge des Leistungsteilers mit den Eingängen der Antenne verbinden. Sie müssen aus identischem Material sein und die gleiche Länge aufweisen, um die differenzielle Speisung zu gewährleisten. Die Kabel, die in dieser Arbeit zu Verifikationszwecken benutzt werden tragen die Bezeichnung „Sucoform 86" und sind von *Huber&Suhner* [Suh09]. Die Länge der Kabel beträgt jeweils 50 cm.

Die Amplituden- und Phasenbalance des gesamten Speisenetzwerks sind entsprechend in Abb. 3.7(a) und Abb. 3.7(b) gezeigt. Die Amplitudenbalance Δa weist eine maximale Schwankung von ca. 1 dB bei 11 GHz auf und erfüllt damit die in Abschnitt 2.5 definierte Anforderung.

Eine maximale Abweichung der Phase im gegenphasigen Zustand $\Delta \phi$ beträgt max. $5°$ bei $9,5$ GHz. Im übrigen Frequenzbereich ist die Abweichung kleiner und damit erfüllt auch die Phasenbalance die vorgegebene Grenze von $8°$ für den ganzen betrachteten Frequenzbereich (siehe Abschnitt 2.5).

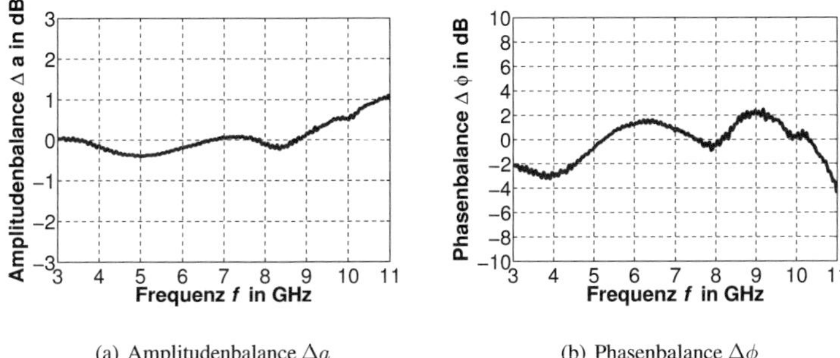

(a) Amplitudenbalance Δa

(b) Phasenbalance $\Delta\phi$

Abbildung 3.7: Gemessene Amplitudenbalance $|\Delta a|$ und Phasenbalance $\Delta\phi$ des differenziellen Leistungsteilers aus Abb. 3.5(c) mit Zuführungskabeln

Die Messungen zeigen, dass das entworfene Speisenetzwerk geeignet ist, um die Funktionsweise der 4-Ellipsen-Antenne zu verifizieren.

3.3 Simulative und messtechnische Charakterisierung der 4-Ellipsen-Antenne

Der Prototyp der Antenne ist in Abb. 3.8 dargestellt. In der Draufsicht, Abb. 3.8(a), sind vier abstrahlende Ellipsen zu sehen, die von den Mikrostreifenleitungen gespeist werden. An das Ende der jeweiligen Leitung ist ein SMA-Stecker angelötet. Die Massefläche für die Mikrostreifenleitung ist in Abb. 3.8(b) gezeigt. Das komplette Antennensystem mit Speisenetzwerk ist in Abb. 3.8(c) dargestellt. Die Antenne wird auf einer Halterung platziert, welche die Befestigung des Strahlers auf einem Rotationsturm in der Antennenmesskammer ermöglicht. Im unteren Teil der Abb. 3.8(c) kann der differenzielle Leistungsteiler erkannt werden. Die Ausgänge von dem Leistungsteiler sind mit den jeweiligen Eingängen der Antenne über ein Hochfrequenzkabel verbunden. Während der Messung der Abstrahlcharakteristiken werden die Ports für die orthogonale Polarisation stets reflexionsfrei abgeschlossen.

Die gemessenen S-Parameter des Prototyps sind in Abb. 3.9 dargestellt. In Abb. 3.9(a) werden die Ergebnisse der Messung bei der Speisung von Port 1.1 gezeigt. Der Verlauf der Kurve weist ein breitbandiges Abstrahlverhalten der Antenne auf. Die Werte sind in dem Frequenzbereich von $4,5$ GHz bis 11 GHz durchgehend kleiner als -10 dB. Im tieferen Frequenzbereich wird eine schlechtere Anpassung beobachtet, die zum Teil auch durch die Simulationen vorhergesagt werden (vgl. Abb. 3.4(a)). Die Kopplungen zwischen Port 1.1. und den Ports für die orthogonale Polarisation ($S_{2.1,1.1}$ und $S_{2.2,1.1}$) zeigen einen relativ hohen Wert von

(a) Draufsicht

(b) Unteransicht

(c) Antenne mit Speisenetzwerk
und Halterung

Abbildung 3.8: Prototyp der 4-Ellipsen-Antenne

-15 dB bis -10 dB. Sie werden jedoch im differenziellen Betrieb deutlich reduziert. Die Messung (inklusive Leistungsteiler und Kabel) zeigt, dass die Kopplung hier kleiner als -30 dB ist und wird aufgrund dessen nicht gesondert gezeigt. Die Kopplung zwischen den gegenüberliegenden Ports $S_{1.2,1.1}$ nimmt Werte zwischen -18 dB und -11 dB an und führt zu einer Verschlechterung der Anpassung der Antenne im differenziellen Betrieb.

Bei der Vermessung des Eingangsreflexionsfaktors im differenziellen Betrieb werden die Einflüsse des Speisenetzwerks herauskalibriert. Die Werte der Anpassung (siehe Abb. 3.9(b)) unterschreiten ein Niveau von -8 dB im ganzen betrachteten Frequenzbereich, was doch auf einen geringen Einfluss von $S_{1.2,1.1}$ auf die Gesamtperformance der vorgestellten Antenne hindeutet. Aufgrund der ausreichend niedrigen Werte der Anpassung (Abb. 3.9(b)), lässt sich festhalten, dass die Antenne in dem Frequenzbereich von 3 GHz bis 11 GHz verwendet werden kann.

Die Abstrahleigenschaften der Antenne werden anhand der Ports 1.1 und 1.2 gezeigt. Die Simulationen und Messungen des zweiten Portpaares zeigen nahezu identische Eigenschaften, was auf die Rotationssymmetrie der Struktur zurückzuführen ist. Die Orientierung der Antenne im Koordinatensystem sowie die Bezeichnung der Ports ist in Abb. 3.10 gezeigt. Bei der Messung der Abstrahlcharakteristiken wird das zweite Portpaar stets mit 50 Ω-Abschlüssen abgeschlossen. Die Daten, die im CST simuliert und aus dem Tool exportiert werden, werden als Simulationsdaten bezeichnet. Dagegen werden die Ergebnisse, die durch den Einsatz des mathematischen Modells im Matlab erzielt werden, als modellierte Daten bezeichnet.

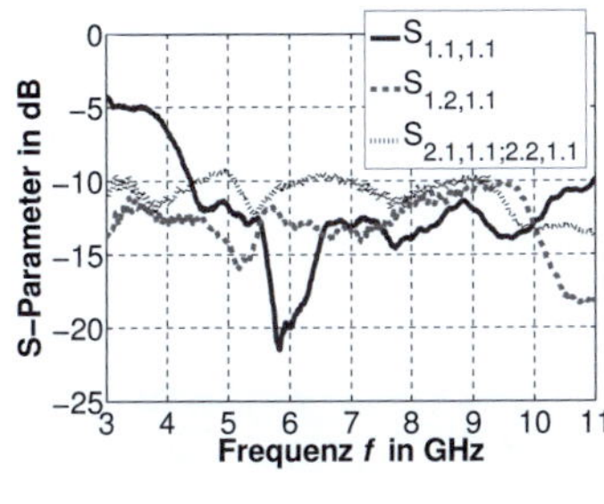

(a) Speisung an Port 1.1

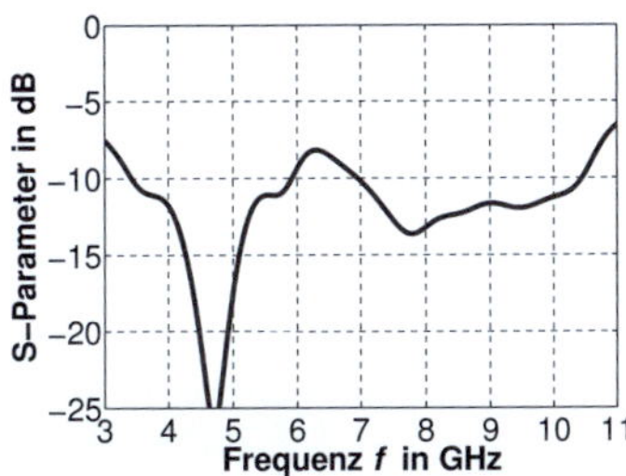

(b) Eingangsreflexionsfaktor bei differenziellen Speisung an Port 1.1 und 1.2 bzw. Port 2.1 und 2.2

Abbildung 3.9: Gemessene S-Parameter der 4-Ellipsen-Antenne aus Abb. 3.8

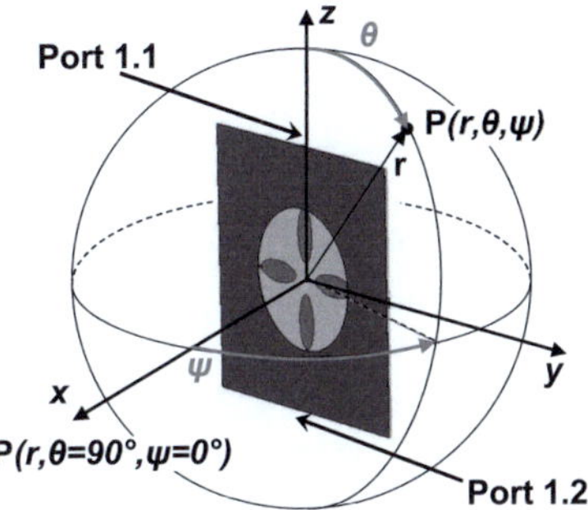

Abbildung 3.10: 4-Ellipsen-Antenne im Koordinatensystem

Der Gewinn der 4-Ellipsen-Antenne in der E-Ebene für die Ko-Polarisation $G_{1.1,1.2}^{\text{E-Ebene, Co-Pol}}(f, \theta, \psi = 0°)$ ist in Abb. 3.11 dargestellt. Abb. 3.11(a) und Abb. 3.11(b) zeigen entsprechend die modellierten und gemessenen Ergebnisse. Als Model wird das in Abschnitt 2.2 vorgestellte Modell verwendet. Als Eingangswert wird der Gewinn der 4-Ellipsen-Antenne im Fall der Speisung von Port 1.1 verwendet. Zusätzlich wird bei dem Ergebnis der Modellierung die Dämpfung des Speisenetzwerks berücksichtigt. Der gemessene Gewinn beinhaltet ebenfalls die Verluste des Speisenetzwerks.

Die Antenne strahlt bidirektional mit zwei Hauptkeulen senkrecht zur Substratfläche ab. Die Hauptstrahlrichtungen bleiben näherungsweise konstant über den Frequenzbereich. Die Keulenbreite ändert sich mit der Frequenz und wird mit höherer Frequenz deutlich kleiner. Es wird keine bemerkenswerte Bildung von Nebenkeulen in der dargestellten Ebene festgestellt. Der maximale Gewinn beträgt etwa 3 dBi im mittleren Frequenzbereich. Dieser Wert sinkt mit steigender Frequenz, was zum einen durch die steigenden Verluste im Speisenetzwerk und zum anderen durch die Schwenkung der Hauptstrahlrichtung des einzelnen Monopols in der E-Ebene verursacht wird. Im oberen Frequenzbereich ist die Hauptstrahlrichtung des einzelnen Strahlers nicht konform mit dem des Arrays. Die Keulen bei -90° und 90° zeigen ähnliche Breiten und Beträge des Gewinns in dem betrachteten Frequenzbereich.

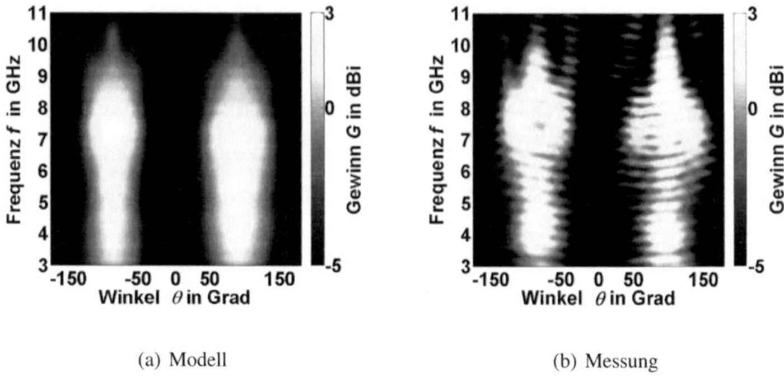

(a) Modell   (b) Messung

Abbildung 3.11: Gewinn $G_{1.1,1.2}^{\text{E-Ebene, Co-Pol}}(f, \theta, \psi = 0°)$ der 4-Ellipsen-Antenne in der E-Ebene bei der Ko-Polarisation

Der modellierte und gemessene Gewinn der Antenne im differenziellen Betrieb bei der H-Ebene in Ko-Polarisation $G_{1.1,1.2}^{\text{H-Ebene, Co-Pol}}(f, \theta = 90°, \psi)$ sind entsprechend in Abb. 3.12(a) und Abb. 3.12(b) gezeigt. Die Abstrahlung in der H-Ebene ähnelt der in der E-Ebene. Es sind zwei nahezu symmetrische, zur Substratfläche senkrecht orientierte Keulen vorhanden. Die Hauptstrahlrichtung, sowie die Breite der Keule, ist annähernd konstant im kompletten Frequenzbereich. Das Modell zeigt eine gute Übereinstimmung mit den gemessenen Daten.

Erwähnenswert sind die ähnlichen Breiten der Keulen in der E- und H-Ebene, sowie die gleichen Hauptstrahlrichtungen. Dies ist im Fall der dual-polarisierten Antennen von entsprechender Bedeutung, da der Strahler in beiden Ebenen, für beide Polarisationen, näherungsweise den gleichen Winkelbereich ausleuchten soll. Im Fall der 4-Ellipsen-Antenne wird dies für die E- und H-Ebene und beide Polarisationen erfüllt.

Die Messdaten zeigen über den ganzen Frequenzbereich eine Reihe von Minima und Maxima, die in dem Modell nicht vorkommen. Dieses Muster ist auf Resonanzen, aufgrund der Reflexionen zwischen dem Leistungsteiler und der Antenne, zurückzuführen. Der Frequenzabstand zwischen zwei Maxima bzw. Minima hängt direkt von der Länge der Kabel ab. Da die Reflexionen zwischen den einzelnen Komponenten des Antennensystems in dem Modell nicht berücksichtigt werden, wird dieser Effekt im Modell nicht erfasst. Die Diagramme zeigen jedoch generell eine gute Übereinstimmung der modellierten und gemessenen Ergebnisse. Sowohl die Form als auch die Beträge der gemessenen Charakteristiken werden vom Modell gut nachgebildet. Dies bestätigt die Korrektheit des gewählten Ansatztes.

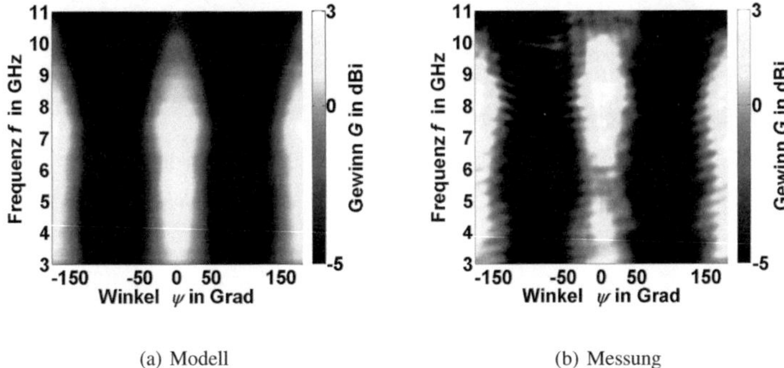

(a) Modell   (b) Messung

Abbildung 3.12: Gewinn $G_{1.1,1.2}^{\text{H-Ebene, Co-Pol}}(f, \theta = 90°, \psi)$ der 4-Ellipsen-Antenne in der H-Ebene bei der Ko-Polarisation

Die Ergebnisse der Gewinnmessung für die Kreuz-Polarisation in der E- bzw. H-Ebene ($G_{1.1,1.2;1}^{\text{E-Ebene, X-Pol}}(f, \theta, \psi = 0°)$ bzw. $G_{1.1,1.2;1}^{\text{H-Ebene, X-Pol}}(f, \theta = 90°, \psi)$) sind entsprechend in Abb. 3.13 und Abb. 3.14 gezeigt. Abb. 3.13(a) zeigt die Messung in der E-Ebene für den Fall wenn nur Port 1.1 gespeist wird und Abb. 3.13(b) die entsprechende Messung im differenziellen Betrieb. Bei der Speisung eines Ports befinden sich die stärksten Kreuzpolarisationskomponenten bei einem Winkel von 180°. Im differenziellen Betrieb sind dagegen zwei Bereiche ähnlicher Amplitude der Kreuz-Polarisation zu beobachten (bei 0° und 180°), was durch die symmetrische Anordnung der Monopole zustande kommt. Die Lage dieser Keulen ist weit ab von der Hauptstrahlrichtung der Ko-Polarisation und hat damit nur einen geringen Einfluss auf die Qualität der Abstrahlcharakteristik bei ±90°. Es wird gleichzeitig deutlich, dass die Amplitude des kreuz-polarisierten Signals gesenkt wird. Der maximale Gewinn in der Kreuz-Polarisation beträgt hier etwa -10 dBi. Der maximale Gewinn der Kreuz-Polarisation für die Hauptstrahlrichtung der Ko-Polarisation (±90°) liegt bei ca. -18 dBi.

Die Fähigkeit der 4-Ellipsen-Antenne zur Unterdrückung der Kreuzpolarisation wird anhand von Messungen in der H-Ebene stark verdeutlicht. Abb. 3.14(a) zeigt die Messung an Port 1.1 und Abb. 3.14(b) des entsprechende Ergebnis im differenziellen Betrieb. Bei der Speisung an einem Port werden vier starke Keulen gebildet, deren Maxima ca. 0 dBi betragen (aufgrund besserer Vergleichbarkeit der Ergebnisse wird die Skala nicht verändert). Im Fall der differenziellen Speisung der Ports 1.1 und 1.2 wird die Kreuz-Polarisation in der H-Ebene deutlich reduziert und erreicht einen maximalen Wert von nur ca. -10 dBi.

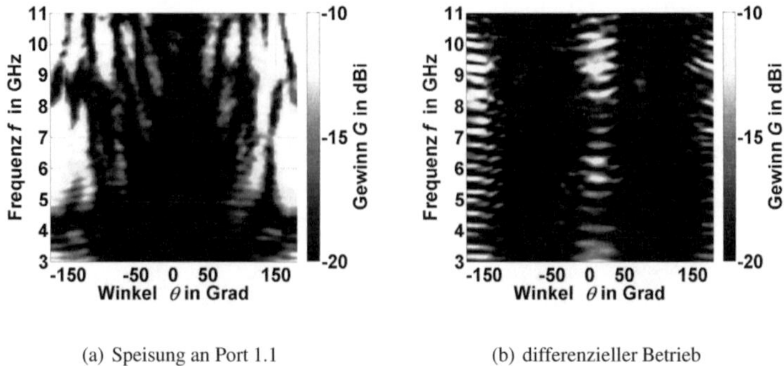

(a) Speisung an Port 1.1

(b) differenzieller Betrieb

Abbildung 3.13: Gemessener Gewinn $G_{1.1,1.2;1}^{\text{E-Ebene, X-Pol}}(f, \theta, \psi = 0°)$ der 4-Ellipsen-Antenne in der E-Ebene bei der Kreuz-Polarisation

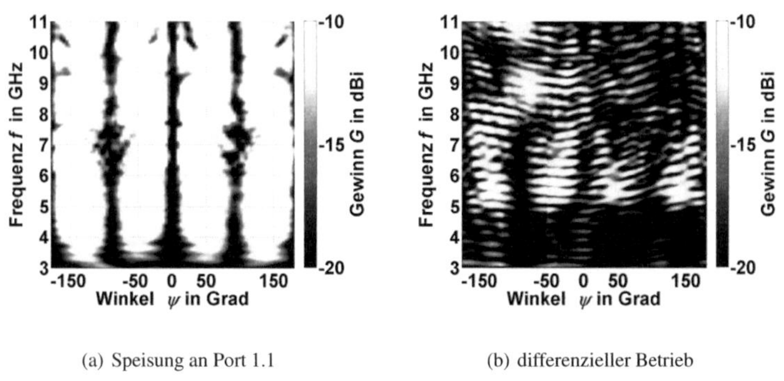

(a) Speisung an Port 1.1

(b) differenzieller Betrieb

Abbildung 3.14: Gewinn $G_{1.1,1.2;1}^{\text{H-Ebene, X-Pol}}(f, \theta = 90°, \psi)$ der 4-Ellipsen-Antenne in H-Ebene bei der Ko-Polarisation

Die abgestrahlte Leistung in beiden Ebenen und Polarisationen für den ganzen Frequenzbereich wird mit Hilfe des mittleren Gewinns gezeigt. Bei Anregung des einzelnen Strahlers wird eine Unsymmetrie der Hauptkeulen in der E-Ebene sowohl in der Ko- als auch in der Kreuz-Polarisation im Bezug auf ±90° festgestellt, was in Abb. 3.15(a) zu sehen ist. Im differenziellen Betrieb werden die Keulen weitgehend durch die Stromverteilung symmetrisiert (siehe Abb. 3.15). Das Niveau der Kreuz-Polarisation wird für die Richtungen ±90° in der E-Ebene im Mittel um ca. 8 dB reduziert.

In der H-Ebene tritt kaum eine Veränderung der Abstrahlung in der Ko-Polarisation auf.

Dies folgt daraus, dass bereits bei der Speisung an Port 1.1 eine symmetrische Stromverteilung in der H-Ebene vorliegt. Die Stromverteilung bei differenzieller Speisung ändert daher die groben Abstrahleigenschaften nicht. Im Mittel wird der Gewinn bei der Kreuz-Polarisation in der H-Ebene bei differenzieller Speisung um 10 dB reduziert.

Der maximale mittlere Gewinn für die Ko-Polarisation beträgt ca. 2 dBi. Dies stellt keinen relevanten Unterschied zu dem mittleren Gewinn bei Speisung von Port 1.1 dar. Durch den Einsatz eines zweiten Strahlers und Bildung einer Antennengruppe wird jedoch eine Steigerung des Gewinns erwartet. In dem vorgestellten Prototyp ist das nicht der Fall, da die Zunahme des Gewinns durch die Dämpfung des Speisenetzwerks kompensiert wird. Trotz keiner merklichen Erhöhung des Gewinns in der Ko-Polarisation wird durch den differenziellen Betrieb der Abstand zwischen Ko- und Kreuz-Polarisation (d.h. die Polarisationsreinheit) deutlich erhöht. Für die Hauptstrahlrichtungen und deren unmittelbaren Nähe wird eine Polarisationsreinheit von ca. 20 dB erreicht.

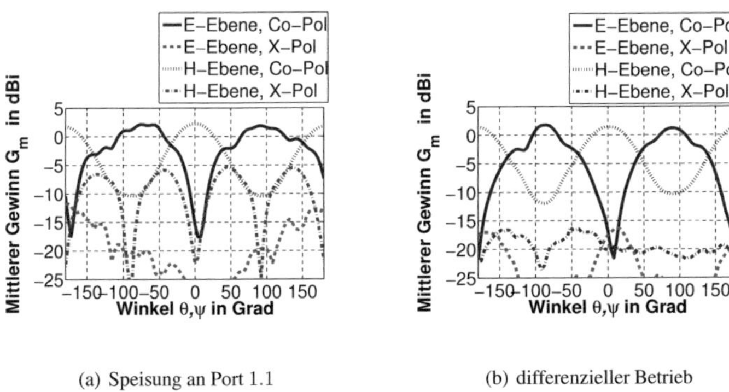

(a) Speisung an Port 1.1   (b) differenzieller Betrieb

Abbildung 3.15: Gemessener mittlerer Gewinn $G_\mathrm{m}(f, \theta, \psi)$ der 4-Ellipsen-Antenne für die E- und H-Ebene in Ko- und Kreuz-Polarisation

Die vorgestellten Messergebnisse zeigen, dass die 4-Ellipsen-Antenne ein geeignetes Konzept zur Realisierung von dual-linear-orthogonal-polarisierten, ultra breitbandigen Antennen ist. Die Antenne strahlt mit zwei Hauptkeulen ab und gewährt, durch das frequenzunabhängige Prinzip der Unterdrückung der Kreuzpolarisation, eine hohe Polarisationsreinheit. Um die Eignung der Antenne für pulsbasierte Systeme zu zeigen, muss noch das Zeitbereichverhalten der Antenne beurteilt werden.

Die gemessenen Beträge der Impulsantworten der 4-Ellipsen-Antenne in der E- und H-Ebene $|h^{\text{E-; H-Ebene, Co-Pol}}(t, \theta, \psi)|$ sind in Abb. 3.16 dargestellt. Beide Impulsantworten weisen eine Verzögerungszeit von ca. $3,2$ ns auf. Diese relativ große Verzögerung ist primär durch die hohe Laufzeit des Signals durch den Leistungsteiler und die Zuführungskabel verursacht. Die Verzögerung ist näherungsweise konstant über dem Winkel, was auf eine hohe geometrische Stabilität des Phasenzentrums der Antenne hindeutet. Die Impulsantwort in beiden Ebenen zeigt eine schmale Breite τ_{FWHM} von etwa 150 ps. Die Verzerrung des Pulses erfolgt zum Teil durch die Verzerrung bei der Abstrahlung und zum Teil durch die Aperturkopplungen in dem Leistungsteiler. Das *Ringing* ist zum einen durch die Resonanzen in der Struktur und zum anderen durch die Abstrahlung der metallischen Kanten des Strahlers verursacht. Die Abstrahlung aus den Antennenecken kann durch den Einsatz von Absorbern vermindert werden. Das *Ringing* ist jedoch schwach und trägt unwesentlich zur Verschlechterung der Antennenperformance bei.

Bei der Impulsantwort in der E-Ebene (Abb. 3.16(a)) in dem Winkelbereich von $-180°$ bis $0°$ kann eine klare Abstrahlung unmittelbar vor dem Hauptimpuls beobachtet werden. Diese Pulse kommen durch die Abstrahlung von den Mikrostreifenleitungen, die zeitlich vor der eigentlichen Abstrahlung aus der Antenne vorkommt, zustande. Die Abstrahlung der Mikrostreifenleitungen ist in dem Winkelbereich von $0°$ bis $180°$ nicht zu beobachten, da diese durch die Massefläche verhindert wird.

Eine kurze Impulsantwort mit kleinem *Ringing* und eine konstante Verzögerung zeigen, dass die 4-Ellippsen-Antenne erfolgreich in anspruchsvollen pulsbasierten Systemen eingesetzt werden kann.

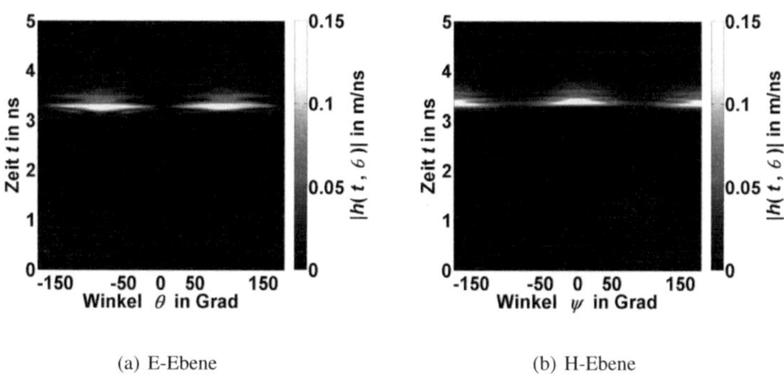

(a) E-Ebene   (b) H-Ebene

Abbildung 3.16: Gemessene Impulsantwort $|h_{1.1,1.2}^{\text{E-; H-Ebene, Co-Pol}}(f,\theta,\psi)|$ der 4-Ellipsen-Antenne in E- und H-Ebene in Ko-Polarisation

3.4 Unidirektionale 4-Ellipsen-Antenne

Die vorgestellte 4-Ellipsen-Antenne weist zwei Haupstrahlrichtungen auf, die senkrecht zur Antennenfläche ausgerichtet sind. In vielen Anwendungen ist jedoch erwünscht mit nur einer Hauptkeule abzustrahlen. Eine bereits bekannte Methode einen von den zwei Hauptstrahlrichtungen in die entgegengesetzte Richtung umzulenken ist der Einsatz eines metallischen Reflektors, der in einem Abstand von $\lambda/4$ von der Antenne platziert wird. Bei der Reflexion der Welle an dem Reflektors, findet eine Phasendrehung um π bzw. $180°$ statt. Durch den von der Wellenlänge abhängigen Abstand des Reflektors, wird der reflektierte Strahl kohärent mit dem zweiten Strahl überlagert. Dadurch wird eine unidirektionale Abstrahlung mit einer erhöhten Leistungsdichte ermöglicht. Dieses Prinzip ist jedoch, wegen des auf die Wellenlänge bezogenen Reflektorabstands, nur für Schmalbandantennen anwendbar. Im Fall der ultra-breitbandigen Antennen ist eine Optimierung der Form des Reflektors denkbar. Dies erfordert jedoch ein aufwendiges Design, indem die Bewegung des Phasenzentrums und die Änderung der Form der Richtcharakteristik mit der Frequenz berücksichtigt werden muss. Der Entwurf solch eines Reflektors ist jedoch nicht für jede Antenne möglich. Aus diesem Grund wird im Fall der breitbandigen Antennen meistens ein Absorber eingesetzt, dessen Aufgabe ist es, einen Strahl zu absorbieren. Dies resultiert in einer Reduzierung des Wirkungsgrades der Antenne.

Im Fall von breitbandigen, pulsbasierten Systemen kann jedoch unter bestimmten Bedingungen ein Reflektor eingesetzt werden, was im Folgenden untersucht wird.

3.4.1 Antennenreflektor mit Gaußschen Signalen

Im Fall einer Speisung eines Pulses in die bidirektionale Antenne (z.B. 4-Ellipsen-Antenne) wird der Puls durch die Antenne verzerrt und in zwei Richtungen abgestrahlt. Bei der Platzierung eines Reflektors in einem gewissen Abstand von der Antenne, wird der Puls, der sich in Richtung des Reflektors ausbreitet, reflektiert. Dabei findet durch die Reflexion eine Phasendrehung des Pulses um $180°$ statt. Im Fall eines Pulses bedeutet das eine Inversion. Der reflektierte Puls überlagert sich mit dem zuvor in die zweite Richtung abgestrahlten Puls. Dadurch entsteht eine Doppel-Pulsfolge, die sich nur in einer Richtung ausbreitet. Der Abstand Δt zwischen dem direkt abgestrahlten und dem reflektierten Puls hängt von dem Abstand d_r zwischen Antenne und Reflektor ab [Sch05].

$$\Delta t = \frac{2d_\mathrm{r}}{c_\mathrm{eff}}, \tag{3.2}$$

wobei c_eff die effektive Ausbreitungsgeschwindigkeit der Welle in der Antennenumgebung bezeichnet.

Das zeitliche Verhalten der Superposition des direkt abgestrahlten und des reflektierten Pulses für drei unterschiedliche Pulsverzögerungen zeigen die Abb. 3.17(a), Abb. 3.17(c) und Abb. 3.17(e). Als Beispiel wird die zweite Ableitung nach der Zeit eines Gaußschen Pulses verwendet. In den Diagrammen wird neben dem direkt abgestrahlten und reflektierten Puls auch der superponierte Puls dargestellt.

Bereits bei einem zeitlichen Abstand von $\Delta t > 0$ ps ist eine Bildung des superponierten Pulses zu beobachten. Die Amplitude des Pulses ist kleiner als die von seinen Bestandteilen.

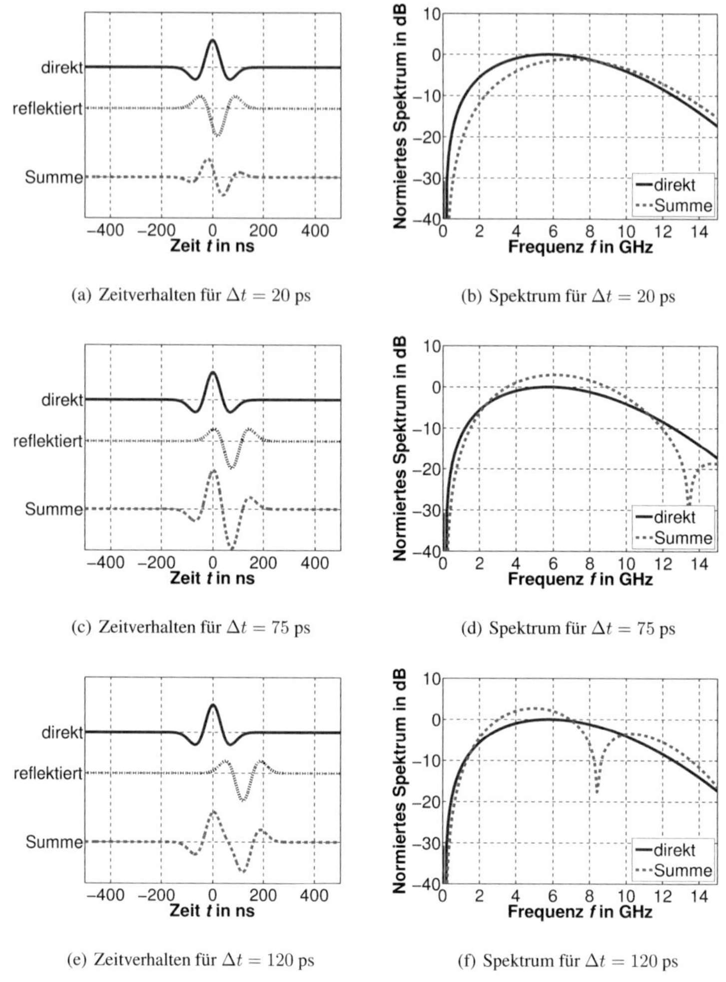

(a) Zeitverhalten für $\Delta t = 20$ ps (b) Spektrum für $\Delta t = 20$ ps

(c) Zeitverhalten für $\Delta t = 75$ ps (d) Spektrum für $\Delta t = 75$ ps

(e) Zeitverhalten für $\Delta t = 120$ ps (f) Spektrum für $\Delta t = 120$ ps

Abbildung 3.17: Superponierte (Summe), reflektierte und direkt abgestrahlte Pulse und ihre Spektren für unterschiedliche Verzögerungszeiten Δt

Die Form des Pulses wird verzerrt und ähnelt der nächsthöheren Ableitung des abgestrahlten Signals.

Bei Vergrößerung des zeitlichen Abstandes auf $\Delta t = 75$ ps kommt es zu einer konstruktiven Überlagerung der Pulse. Für den verwendeten Beispielpuls stellt diese Verzögerung die minimale Verzögerungszeit, bei der die Amplitude des superponierten Pulses maximal und seine zeitliche Breite minimal ist, dar. Wie aus dem Diagramm zu erkennen ist, findet, trotz der optimalen Verzögerung, eine Verbreiterung des Pulses sowie eine Verzerrung statt, die einer Ableitung ähnelt. Dies stellt einen unbehebbaren Nachteil der Methode dar.

Für größere Verzögerungen ($\Delta t > 75$ ps) kommt es zu einer Verlängerung des resultierenden Pulses und in einem Extremfall zu einer zeitlichen Auflösung der einzelnen Pulse. Ein Beispiel für $\Delta t = 120$ ps ist in Abb. 3.17(e) dargestellt. Wie aus der Abbildung zu erkennen ist, unterliegt der superponierte Puls einer unerwünschten zeitlichen Verbreiterung.

Die normierten Spektren des direkt abgestrahlten Pulses und der resultierenden superponierten Pulse für die drei Verzögerungszeiten $\Delta t = 20$ ps, $\Delta t = 75$ ps und $\Delta t = 120$ ps sind entsprechend in Abb. 3.17(b), Abb. 3.17(d) und Abb. 3.17(f) gezeigt.

Für $\Delta t = 20$ ps ist das Maximum des Spektrums des superponierten Pulses kleiner als seiner Bestandteile. Dies lässt sich auch aus Abb. 3.17(a) schließen, wo sichtbar ist, dass die Pulse destruktiver Interferenz unterliegen. Das Spektrum wird dabei leicht verformt.

Bei Vergrößerung der Verzögerungszeit Δt steigt die Amplitude des superponierten Pulses und somit auch die Amplitude seines Spektrums. Im Idealfall erreicht das Maximum im Spektrum eine um 3 dB höhere Amplitude als die des einzelnen Pulses. Dieser Fall ist in Abb. 3.17(c) dargestellt. Die Vergrößerung der Amplitude im Leistungsdichtespektrum muss bei der Einhaltung vorgegebener Frequenzmasken berücksichtigt werden. Das Spektrum des superponierten Pulses wird etwas schmaler und bei den höheren Frequenzen entsteht zudem ein Einbruch in dem Frequenzspektrum.

Der Einbruch verschiebt sich bei Vergrößerung von Δt zu tieferen Frequenzen. Für $\Delta t = 120$ ps (siehe Abb. 3.17(e)) befindet sich dieser Einbruch bei ca. 8 GHz. Dies ist ein unerwünschter Effekt, der durch den zu großen zeitlichen Abstand zwischen dem direkt abgestrahlten und reflektierten Puls zustande kommt.

Die Analyse zeigt, dass es möglich ist im Fall der ultra-breitbandigen, pulsbasierten Systemen ein Antennenreflektor einzusetzen, um die Strahlung eines bidirektionalen Strahlers in eine Richtung umzulenken. Dieses Prinzip funktioniert bei der Verwendung solcher Pulse, die eine konstruktive Überlagerung mit ihrer invertierten Form erlauben (z.B. Gaußsche Pulse und ihre zeitliche Ableitungen).

3.4.2 Simulative Untersuchung der 4-Ellipsen-Antenne mit Reflektor

Das Prinzip wird simulativ anhand der 4-Ellipsen-Antenne untersucht. Die Größe des Reflektors entspricht den Antennendimensionen. Er wird 12 mm über den Ellipsen platziert. Der Abstand entspricht $\lambda/4$ für eine Frequenz von etwa $6,25$ GHz. Er resultiert aus einer Optimierung in der Simulationssoftware CST, in der sowohl der Eingangsreflexionsfaktor als auch die Abstrahlcharakteristik berücksichtigt werden. Der Abstand entspricht dem Viertel der Wellenlänge für die Mittenfrequenz des Frequenzbereichs, für den die ursprüngliche 4-Ellipsen-Antenne optimiert wurde.

Die Antenne wird mit Gaußschen Pulsen mit einer Bandbreite von 11 GHz an zwei gegenüberliegenden Ports gespeist. Die Amplitude der Pulse wird durch die Simulationssoftware festgelegt, indem eine Leistung von 1 W über der gesamten Portfläche verteilt wird. Die *Probe* zur Aufnahme des elektrischen Feldes wird in der Hauptstrahlrichtung (senkrecht zur Antenne) in einer Entfernung von 1 m platziert. Für diese Entfernung ist die Fernfeldbedingung für die Antenne erfüllt, was sicherstellt, dass keine Nahfeldeffekte von der *Probe* aufgenommen werden.

Eine Simulation des empfangenen Pulses für die 4-Ellipsen-Antenne ohne Reflektor ist in Abb. 3.18(a) dargestellt. Die Form des Pulses mit Reflektor wird zunächst mathematisch modelliert. Zu diesem Zweck wird der Puls mit dem invertierten und zeitlich verschobenen Puls überlagert. Die Verschiebung des Pulses ist proportional zu dem Abstand zwischen Antenne und Reflektor und beträgt für den dargestellten Puls 36 ps. Die Superposition der beiden Pulse ist in Abb. 3.18(b) gezeigt. In dem superponierten Puls wird nur eine geringe Verzerrung beobachtet, wodurch die Breite des Pulses nur in kleinem Maß vergrößert wird. Dies ist darauf zurückzuführen, dass der originale Puls ein *Ringing* aufweist, was durch die Struktur der Antenne verursacht wird. Der reflektierte Puls wird zum Teil auch mit dem *Ringing* überlagert, was eine Verzerrung der Pulsform verursacht.

Durch die Überlagerung der Pulse wird jedoch die Amplitude des Pulses (*peak-to-peak*) vergrößert.

Das Ergebnis der Simulation der Antenne mit dem Reflektor in CST ist in Abb. 3.18(c) dargestellt. Die übrigen Simulationsbedingungen sind identisch denen in Abb. 3.18(a). Es wird eine gute Übereinstimmung zwischen dem modellierten und simulierten Puls beobachtet.

In Abb. 3.19 wird die von den *Probes* aufgenommene elektrische Feldstärke im Frequenzbereich dargestellt. Die durchgezogene Linie entspricht der elektrischen Feldstärke ohne Reflektor, die gestrichelte der mit Reflektor. Die Amplitude der Feldstärke im Frequenzbereich oberhalb von 3 GHz ist größer für den Strahler mit Reflektor. Die Vergrößerung der Feldstärke ist jedoch nicht konstant über der Frequenz. Die Unregelmässigkeiten sind auf die Veränderung der Stromverteilung in der Antenne durch den Reflektor zurückzuführen.

Die Simulationen zeigen, dass es prinzipiell möglich ist, in einem breitbandigen, pulsbasierten System, eine Antenne mit Reflektor einzusetzen, um eine unidirektionale Abstrahlung und Erhöhung der spektralen Leistungsdichte zu erreichen. Die Simulationen zeigen jedoch,

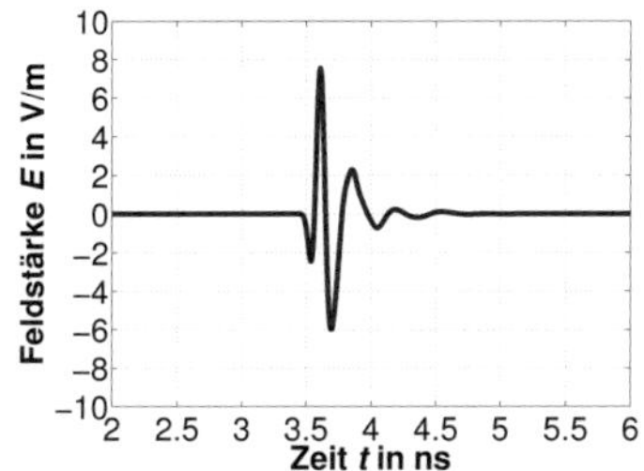

(a) simuliert ohne Reflektor

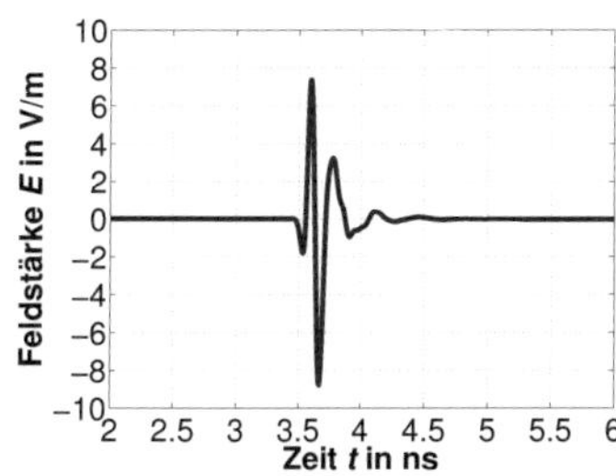

(b) Superposition des Pulses aus Abb. 3.18(a) mit Δt=36 ps

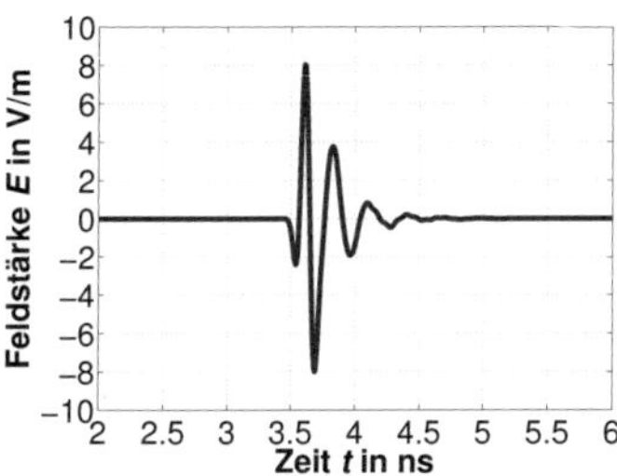

(c) simuliert mit Reflektor

Abbildung 3.18: Mit CST simulierte elektrische Feldstärke im Zeitbereich in 1 m Abstand von der 4-Ellipsen-Antenne in der Hauptstrahlrichtung gespeist differziell mit den Gaußschen Pulsen (Frequenzbereich 0 GHz - 11 GHz), Leistung: jeweils 1 W verteilt über der gesamten Portfläche)

dass der Reflektor einen Einfluss auf die allgemeinen Antenneneigenschaften hat. Die Optimierung der Antenne mit einem Reflektor kann daher nur für eine vorgegebene, fest definierte Pulsform erfolgen. Da in dieser Arbeit keine Optimierung der Antenne für das vordefinierte Signal erfolgt, wird der Einsatz eines Reflektors im Weiteren nicht berücksichtigt.

3.5 Konzept mit einem integriertem Speisenetzwerk

Für manche Anwendungen ist der Einsatz einer dual-polarisierten Antennengruppe zur Strahlfokussierung vorteilhaft. Der Aufbau der 4-Ellipsen-Antenne ist dazu jedoch nicht geeignet. Beim Aufbau eines Arrays bestehend aus den beschriebenen Antennen wird der Abstand zwischen den jeweiligen Elementen, aufgrund der seitlich platzierten Speisungen groß in Bezug

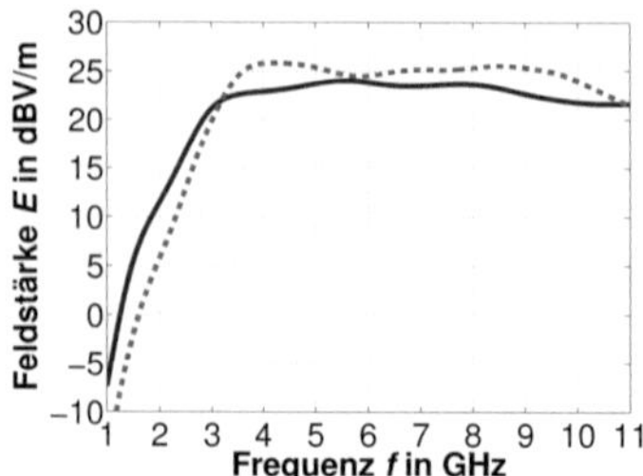

Abbildung 3.19: Mit CST simulierte elektrische Feldstärke im Frequenzbereich in 1 m Abstand von der 4-Ellipsen-Antenne in der Hauptstrahlrichtung gespeist differziell mit den Gaußschen Pulsen (Frequenzbereich 0 GHz - 11 GHz, Leistung: jeweils 1 W verteilt über der gesamten Portfläche)

auf die Wellenlänge ($\lambda = 3$ cm), was eine Bildung von *Grating Lobes* über eine große Bandbreite bewirkt. Um dieses Problem zu umgehen, muss man auf die seitliche Lage der Stecker verzichten. Eine Möglichkeit ist eine andere Art von Steckern zu verwenden, die eine senkrechte Montage auf die Platine ermöglichen [Kra08]. Solch eine Speisung verlangt jedoch immer noch das Vorhandensein eines seitlichen Wellenleiters und hält die Dimensionen der Antenne groß. Abhilfe kann das Prinzip der Speisung aus Abschnitt 2.4.2 darstellen.

3.5.1 Aufbau des Prototyps

Die Struktur des Strahlers ist in der Abb. 3.20 dargestellt. Zur Minimierung der transversalen Dimensionen der Antenne wird auf unnötige Mikrostreifenleitungen verzichtet. Um die Antenne zu speisen, müssen die Ellipsen mit der Massefläche auf eine Substratseite aufgebracht werden. Die Struktur ähnelt derer zweier gekreuzter Dipole, die von einer Metallisierung umgeben sind. Der Unterschied besteht in der Speisung der jeweiligen Strahler. Die Speisepunkte der Antenne für die einzelne, lineare Polarisation sind durch die eingezeichneten Vektoren in Abb. 3.20(b) markiert. Sie liegen zwischen den Ellipsen und der Masse, anstatt in der Mitte. Die Vektoren zeigen gleichzeitig die benötigte Orientierung der E-Feld-Vektoren an den Speisepunkten um die Monopole differenziell anzuregen. Für die dazu orthogonale Polarisation werden zwei orthogonale Ellipsen auf analoge Weise gespeist [Ant08].

Die Antenne besitzt die Dimensionen von 40 mm x 40 mm. Dies ist die minimale Größe der Antenne um bei 3 GHz abstrahlen zu können. Die Abmessung stellt gleichzeitig den minimalen Abstand zwischen den Elementen in einem späteren Aufbau einer Antennengruppe dar. Dieser Abstand bildet für die verwendete Antenne ein Optimum zwischen der kleinsten Arbeitsfrequenz des Systems und der Entstehung von *Grating Lobes* für höhere Frequenzen (siehe Kapitel 4). Durch die Richtwirkung der Antenne werden jedoch die *Grating Lobes* teilweise unterdrückt, worauf im nächsten Kapitel näher eingegangen wird.

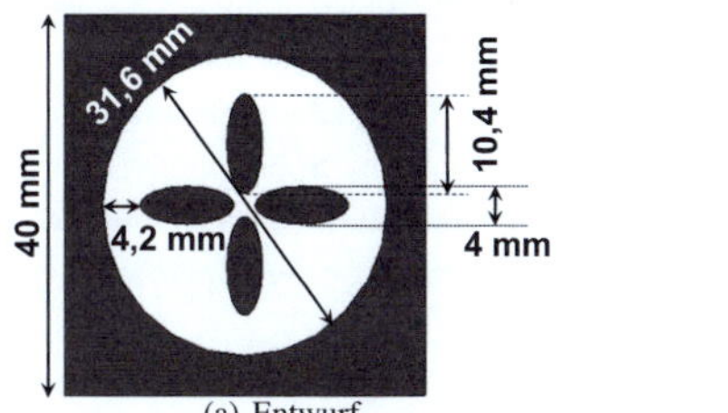

(a) Entwurf

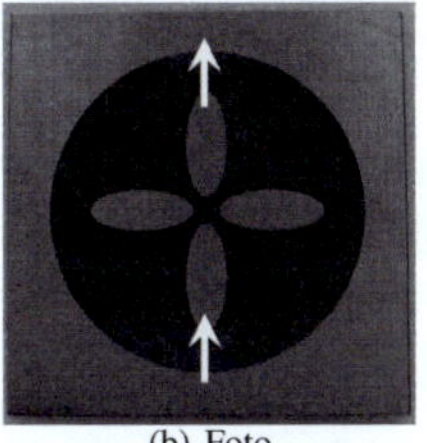
(b) Foto

Abbildung 3.20: 4-Ellipsen-Antenne mit miniaturisierten transversalen Dimensionen [ABWZ09]

Um die Antenne kompakt aufbauen zu können, wird der differenzielle Leistungsteiler in das Speisenetzwerk integriert. Dafür wird ein ähnliches Prinzip verwendet, wie beim Array aus Abschnitt 2.4.2. Die speisende Mikrostreifenleitung wird mit einem 3 dB-Leistungsteiler auf zwei Signale aufgeteilt. Diese Signale werden durch modifizierte Bandleitungen an die jeweiligen Ellipsen geleitet. Um beide Polarisationen speisen zu können muss, wie im vorherigen Kapitel beschrieben, eine Kreuzung der Speisenetzwerke vorgenommen werden. Um einen Kurzschluss zu vermeiden, wird eine vertikale Versetzung der Leistungsteiler vorgenommen. Die resultierende Antenne mit dem integrierten Speisenetzwerk ist in Abb. 3.21 zu sehen.

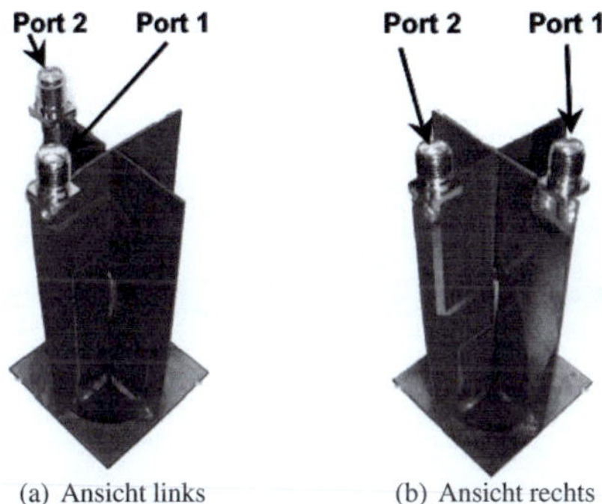

(a) Ansicht links   (b) Ansicht rechts

Abbildung 3.21: 4-Ellipsen-Antenne mit dem integrierten Speisenetzwerk [ABWZ09]

Die so aufgebaute Antenne strahlt, ähnlich wie die originale 4-Ellipsen-Antenne, mit zwei zum Substrat senkrechten Hauptkeulen ab. Dadurch wird das Speisenetzwerk direkt bestrahlt. Die elektromagnetische Welle wird von den metallischen Teilen der Speisung gestreut und reflektiert. Dies verursacht eine Abstrahlung in undefinierter Richtung und Polarisation. Da in dem Design kein Reflektor eingesetzt werden kann, wird die in Richtung des Speisenetzwerks abgestrahlte Welle absorbiert. Dies verursacht einen a-priori Verlust der Leistung von 3 dB. Ein Vorteil davon ist hingegen, dass keine Verformung der Richtcharakteristik eintritt, die sonst durch die Interferenz der direkt abgestrahlten mit der vom Speisenetzwerk reflektierten Welle entsteht. Ein weiterer Vorteil ist ein geringes Kreuz-Polarisationsniveau, das ohne diesen Absorber durch die Polarisationsdrehung bei der Reflexion an dem Speisenetzwerk erhöht wäre.

Der Aufbau der Antenne mit Absorber ist in Abb. 3.22 zu sehen. Aufgrund der späteren Verwendung der Antenne in einer Antennengruppe wird angestrebt, dass die endgültige Antenne die Form eines Quaders besitzt. Für diesen Zweck werden die Hohlräume der Antenne mit einem Material aufgefüllt (siehe Abb. 3.22(a)), das in dem betrachteten Frequenzbereich luftähnliche Eigenschaften aufweist und lediglich als Träger für den Absorber dient. Als Absorber wird ein magnetsicher Absorber C-RAM GDSS der Firma *Cuming Corporation* mit einer Dicke von 3,19 mm verwendet [Cor10a]. Die Antenne mit dem Absorber ist in Abb. 3.22(b) dargestellt. Die Ecken des Absorbers werden so angepasst, das der Absorber nicht in die Zonen höherer Feldstärken hineinragt, was eine Dämpfung des Nutzsignals verursacht. Um sicher zu stellen, dass nichts durch den Absorber abgestrahlt wird, wird der Absorber mit einer Kupferfolie überzogen. Die resultierende Antenne mit den Dimensionen 40 mm x 40 mm x 90 mm zeigt die Abb. 3.22(c).

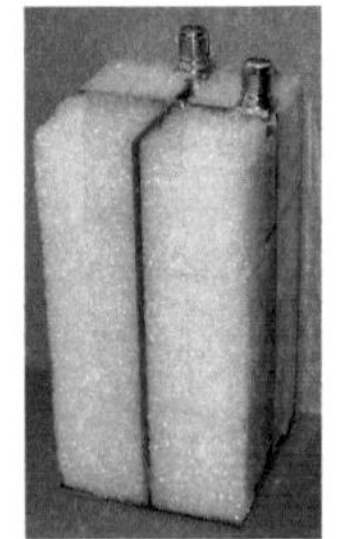

(a) Antenne mit Füllmaterial   (b) Antenne mit Absorber   (c) Antenne mit Kupferfolie auf dem Absorber

Abbildung 3.22: Modifizierte 4-Ellipsen-Antenne mit Absorber

Aufgrund des Mangels an realitätstreuen Modellen vom Absorber für Simulationszwecke, wird die Antenne im Folgenden nur messtechnisch charakterisiert.

3.5.2 Messtechnische Charakterisierung

Die S-Parameter der Antenne sind in Abb. 3.23 zu sehen. Eine akzeptable Anpassung in dem Frequenzbereich zwischen 3 GHz und 11 GHz ist für beide Ports der Antenne zu beobachten.

Die Antenne weist, vom Prinzip her, eine große Entkopplung zwischen Port 1 und Port 2 auf. Sie ist kleiner als -30 dB für die Frequenzen oberhalb von 4 GHz und kleiner als -20 dB unterhalb von 4 GHz.

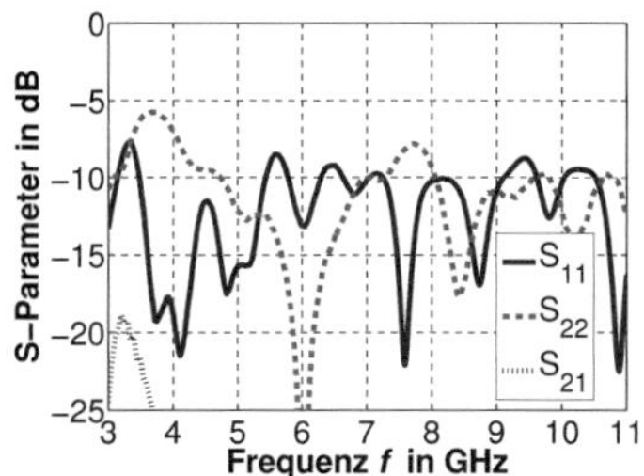

Abbildung 3.23: Gemessene S-Parameter der 4-Ellipsen-Antenne mit den miniaturisierten transversalen Dimensionen aus Abb. 3.22(c)

Die Messungen zeigen, dass die Abstrahleigenschaften der Antenne bei der Speisung an beiden Ports eine große Ähnlichkeit aufweisen [ABWZ09]. Aus diesem Grund wird die Charakteristik der Antenne nur für einen Port dargestellt. Das Koordinatensystem für die Interpretation der Messungen ist in Abb. 3.24 dargestellt.

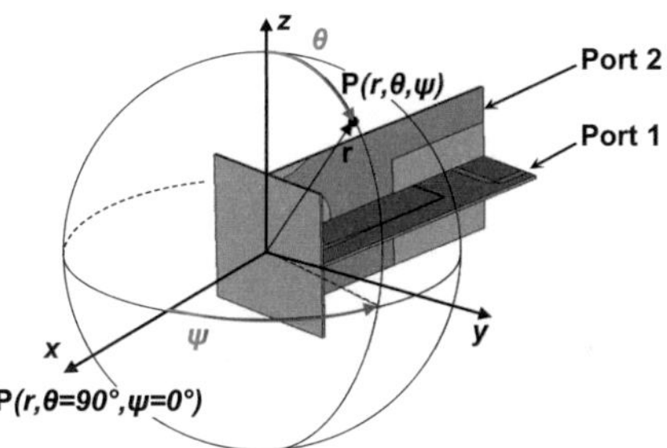

Abbildung 3.24: Modifizierte 4-Ellipsen-Antenne im Koordinatensystem [ABWZ09]

Die Messungen der Gewinne in der E- und H- Ebene für die Ko- und Kreuz-Polarisation sind in Abb. 3.25 präsentiert. Der Gewinn für die Ko-Polarisation weist eine stabile Hauptstrahlrichtung über den kompletten Frequenzbereich auf. Die Breite der Keule ist relativ konstant, sowohl für die E- als auch für die H-Ebene (Abb. 3.25(a) und Abb. 3.25(b)). In der E-Ebene sind Nebenkeulen bei höheren Frequenzen zu beobachten. Sie entstehen durch die Bildung zusätzlicher Maxima der Stromverteilung auf dem abstrahlenden Element der Antenne. Dagegen ist in der H-Ebene kaum eine Bildung von Nebenkeulen zu beobachten. Der maximale Gewinn in der Hauptstrahlrichtung liegt zwischen 2 dBi und 5 dBi.

Die Messungen der Kreuz-Polarisation zeigen, dass der Gewinn in der E- und H-Ebene (Abb. 3.25(c) und Abb. 3.25(d)) für die meisten Winkel im betrachteten Frequenzbereich kleiner als -20 dBi ist. Der Gewinn der Kreuz-Polarisation in der H-Ebene ist tendenziell etwas höher aufgrund des hohen Gewinns des Einzelstrahlers. In der H-Ebene, bei Frequenzen oberhalb von ca. $9,5$ GHz, ist eine stärkere unsymmetrische Abstrahlung in der Kreuz-Polarisation vorhanden. Sie trägt jedoch nur geringfügig zur Erhöhung der Kreuz-Polarisation bei, wenn der Gewinn über die Bandbreite von 3 GHz bis 11 GHz gemittelt wird.

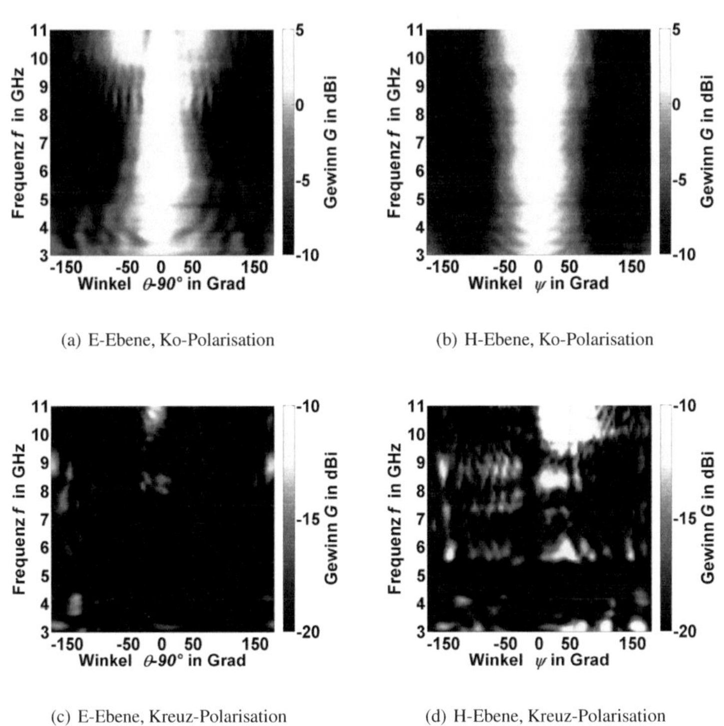

(a) E-Ebene, Ko-Polarisation   (b) H-Ebene, Ko-Polarisation

(c) E-Ebene, Kreuz-Polarisation   (d) H-Ebene, Kreuz-Polarisation

Abbildung 3.25: Gemessener Gewinn $G_2(f, \theta - 90°, \psi)$ der modifizierten 4-Ellipsen-Antenne aus Abb. 3.22(c) für die E- und H-Ebene in Ko-und Kreuz-Polarisation

Der mittlere Gewinn ist in Abb. 3.26 dargestellt. Zu beobachten ist eine leichte Erhöhung der Kreuz-Polarisation in der H-Ebene für den Winkelbereich zwischen 0° und 70° (vgl. Abb. 3.25(d)). Die Werte liegen jedoch auf einem niedrigen Niveau von ca. -20 dBi. Der mittlere Gewinn besitzt für die H-Ebene etwas höhere Werte als für die E-Ebene, bleibt je-

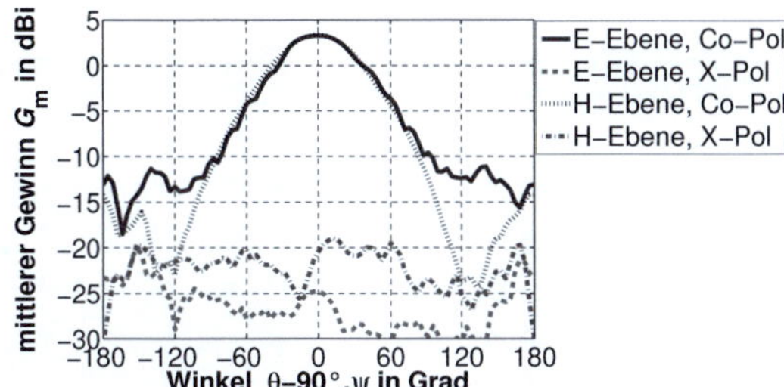

Abbildung 3.26: Gemessener mittlerer Gewinn $G_{\mathrm{m}}(f, \theta - 90°, \psi)$ der modifizierten 4-Ellipsen-Antenne aus Abb. 3.22(c) für die E- und H-Ebene in Ko-und Kreuz-Polarisation

doch meist unter dem Wert von -20 dBi. Das Maximum des mittleren Gewinns in der Ko-Polarisation erreicht einen Wert von ca. 3,5 dBi, was eine hohe Polarisationsentkopplung von über 20 dB für die Hauptstrahlrichtung bedeutet.

Der mittlere Gewinn für die Ko-Polarisation zeigt eine Symmetrie im Bezug auf die Hauptstrahlrichtung. Die Charakteristiken bleiben für den Winkelbereich von $-90°$ bis $90°$ nahezu identisch. Dies bedeutet eine Ausleuchtung des gleichen Raumwinkels für die beiden Polarisationen. Dies ist ein großer Vorteil, da für beide Polarisationen die gleichen Abstrahlbedingungen im Bezug auf die Amplitude des abgestrahlten Signals geschaffen werden.

Die bisherigen Ergebnisse treffen eine Aussage über die Qualität der Amplitude der in die ausgewählten Richtungen abgestrahlten Signale. Um die Eignung der Antenne für den Einsatz in pulsbasierten Systemen zu untersuchen, muss z.B. die Impulsantwort bewertet werden. Die gemessenen Impulsantworten der Antenne in der E- und H-Eben für die Ko-Polarisation sind entsprechend in Abb. 3.27(a) und in Abb. 3.27(b) dargestellt. Analog zu den bereits dargestellten Ergebnissen ist die Impulsantwort symmetrisch in Bezug auf die Hauptstrahlrichtung. Das Maximum der Impulsantwort erreicht einen Wert von 0,22 m/ns. Die Halbwertsbreite der Impulsantwort beträgt τ_{FWHM}=130 ps. Die Impulsantwort klingt schnell ab, worauf der Wert des *Ringings* τ_{r}=220 ps hindeutet. Die Pulsverzögerung, die durch die Antenne verursacht wird, ist nahezu konstant für alle Winkel. Eine kurze Impulsantwort und konstante Verzögerung über dem Winkel lassen darauf schließen, dass die Antenne eine sehr stabile Lage des Phasenzentrums besitzt, welches sich in der Mitte der abstrahlenden Struktur befindet.

In pulsbasierten Systemen ist die Verformung des Pulses in Abhängigkeit vom Abstrahlwinkel von großem Interesse. Im Fall einer direktiven Antenne ist zu erwarten, dass die Form des Pulses sich nicht mit der Abstrahlrichtung ändert und der Unterschied lediglich in der Amplitude liegt. Um das Verhalten der Impulsantwort über dem Winkel zu verdeutlichen ist in Abb. 3.28 ein Realteil der Impulsantwort für drei unterschiedliche Winkel in der H-Ebene gezeigt. Es lässt sich feststellen, dass die Impulsantwort eine relativ konstante Form behält

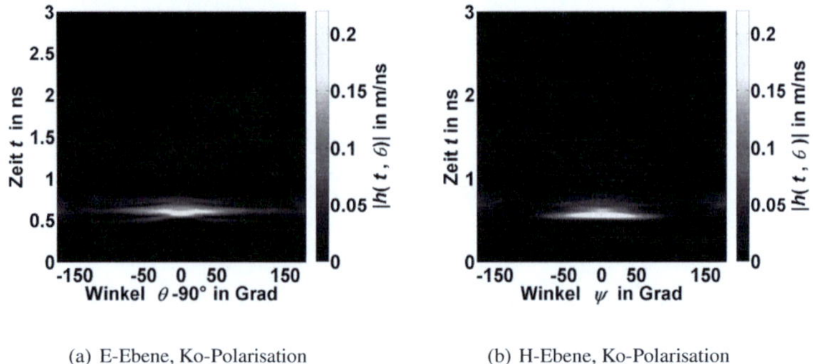

(a) E-Ebene, Ko-Polarisation (b) H-Ebene, Ko-Polarisation

Abbildung 3.27: Gemessene Impulsantwort $|h_2^{\text{E;H-Ebene, Co-Pol}}(f, \theta - 90°, \psi)|$ der modifizierten 4-Ellipsen-Antenne aus Abb. 3.22(c) in E- und H-Ebene in Ko-Polarisation

und die Amplitude sinkt, je weiter der Winkel von der Hauptstrahlrichtung abweicht.

Die dargestellten Zeitbereichseigenschaften der Antenne zeigen, dass die modifizierte 4-Ellipsen-Antenne ein geeigneter Kandidat für ultra-breitbandige, dual-polarisierte, pulsbasierte Systeme ist.

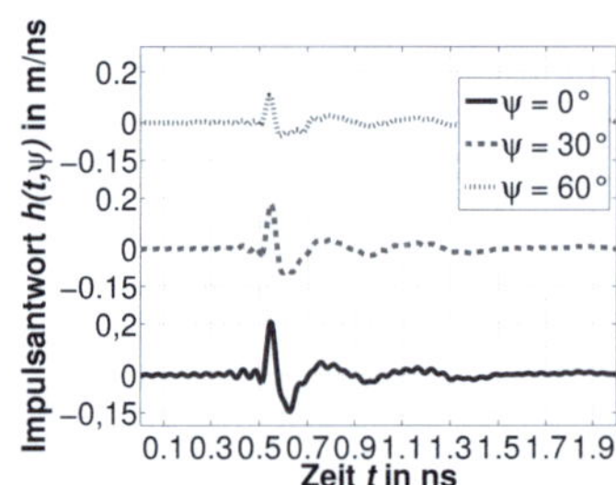

Abbildung 3.28: Gemessene Impulsantwort $h_2^{\text{H-Ebene, Co-Pol}}(f, \theta - 90°, \psi)$ der modifizierten 4-Ellipsen-Antenne aus Abb. 3.22(c) in der H-Ebene in Ko-Polarisation für drei unterschiedliche Winkel

3.6 Andere Antennenkonzepte

Das Prinzip der Auslöschung der Kreuz-Polarisation durch die Speisung der Antenne an zwei Ports kann auch bei anderen Antennentypen verwendet werden. In diesem Abschnitt werden zwei ausgesuchte Konzepte, die das bereits erwähnte Prinzip ausnutzen, kurz diskutiert.

Das Prinzip der Speisung und der Funktionsweise der Antennen wird darin erklärt und die Funktionalität messtechnisch nachgewiesen.

3.6.1 4-Schlitz-Antenne

Der Prototyp einer 4-Schlitz-Antenne ist in Abb. 3.29 zu sehen [ATWZ09, Ant08]. Der Strahler wird mit vier Schlitzleitungen gespeist, die aufgeweitet und miteinander kontaktiert werden. Um die Antenne im gewünschten Modus zu betreiben, müssen jeweils gegenüberliegende Schlitze gleichphasig mit Signalen gleicher Amplitude gespeist werden. Die Kopplung der speisenden Mikrostreifenleitung (siehe Abb. 3.29(b)) auf eine Schlitzlinie wird mittels breitbandiger Aperturkopplung realisiert [SW05].

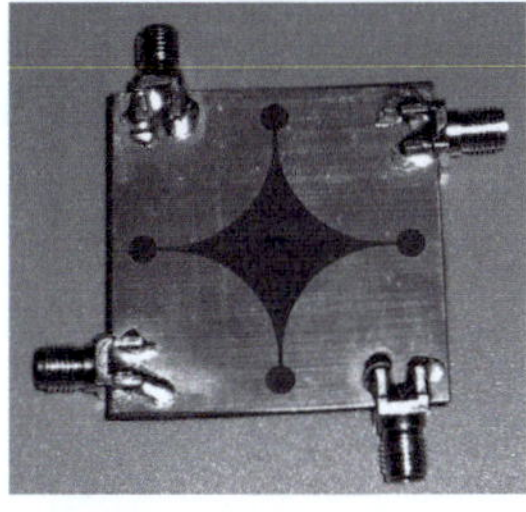 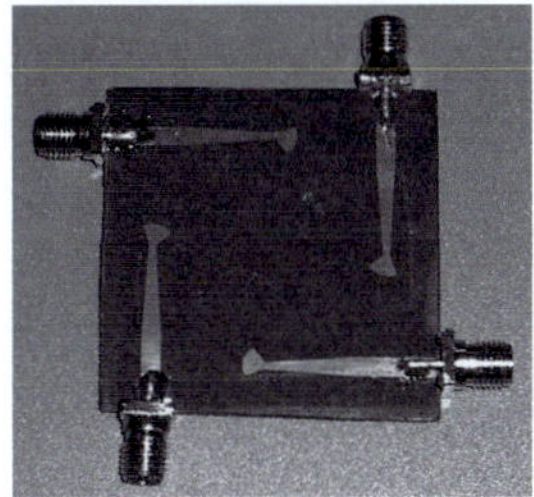

(a) Draufsicht   (b) Unteransicht

Abbildung 3.29: Foto eines Prototyps einer 4-Schlitz-Antenne [ATWZ09]

Die Speisung der Antenne mit schematischer Darstellung des elektrischen Feldes innerhalb der Antenne ist in Abb. 3.30(a) dargestellt. Um eine einzelne, lineare Polarisation abzustrahlen, muss die Antenne an zwei Ports gespeist werden. Sie werden, wie im Fall der 4-Ellipsen-Antenne, in zwei Gruppen aufgeteilt (1.1 und 1.2 bzw. 2.1 und 2.2). Die Antenne muss, wie bereits erwähnt, mit den gleichphasigen Signalen gespeist werden. Durch die gespiegelte Anordnung der speisenden Mikrostreifenleitungen, müssen jedoch an den gegenüberliegenden SMA-Steckern differenzielle Signale vorliegen. Solch eine Speisung gewährleistet Phasengleichheit an den Schlitzen. Eine Platzierung der Mikrostreifenleitungen an gegenüberliegenden Ränder der Antenne muss eingesetzt werden, um eine Kopplung zu den Ports der orthogonalen Polarisation zu verhindern [ATWZ09]. Zur differenziellen Speisung der Ports wird der gleiche Leistungsteiler, samt Kabel, wie im Abschnitt 3.2 verwendet.

Die schematische Zerlegung des elektrischen Feldes in Ko- und Kreuz-Komponente ist in Abb. 3.30(b) zu sehen. Wie dem Schema zu entnehmen ist, befinden sich die Ko-Polarisationskomponenten in gleicher Phase, wodurch sich das abgestrahlte Feld konstruktiv überlagert. Die Kreuz-Polarisationskomponenten sind dagegen antagonistisch orientiert, wodurch eine Auslöschung der Kreuz-Polarisation in Hauptstrahlrichtung erfolgt. Die

Funktionsweise der Antenne basiert damit auf dem im vorherigen Kapitel beschriebenen Prinzip.

Bei der Speisung gegenüberliegender Schlitze ist der E-Feld-Vektor in der Mitte der Struktur idealerweise senkrecht zu der Linie orientiert, welche beide gespeiste Schlitze verbindet. Die Lage des Vektors ist damit parallel zu den Schlitzen, die zur Abstrahlung der orthogonalen Polarisation vorgesehen sind (siehe Abb. 3.30(a)). Da das so orientierte elektrische Feld nicht fähig ist, sich in dem Schlitz auszubreiten, findet keine Kopplung zu der zweiten Portgruppe statt. Dies resultiert in einer hohen Entkopplung der Ports für die orthogonale Polarisation.

Das Prinzip der Auslöschung der Kreuz-Polarisation bei gleichzeitiger Förderung der Ko-Polarisation ist, wie im Fall der 4-Ellipsen-Antenne, frequenzunabhängig. Die Struktur der Antenne erlaubt jedoch eine gute Impedanzanpassung nur in einem begrenzten Frequenzbereich. Aus dem Grund kann die Antenne nicht für den FCC-Frequenzbereich von $3,1$ GHz bis $10,6$ GHz optimiert werden. Da die europäische Regulierung eine schmälere Bandbreite zulässt (6 GHz bis $8,5$ GHz), wird die Antenne für ECC-konforme Systeme optimiert.

Die relative Orientierung der Antenne bezüglich des Koordinatensystems ist in Abb. 3.30(c) dargestellt.

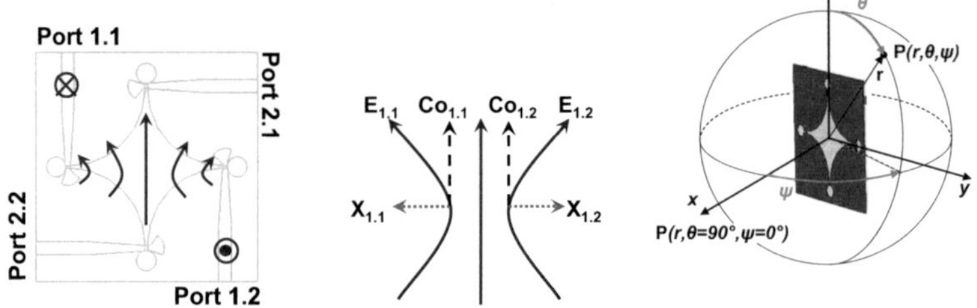

(a) Speisung von Port 1.1 und 1.2 (b) Schematische Zerlegung des elektrischen Feldes (c) Antenne im Koordinatensystem

Abbildung 3.30: Schema der 4-Schlitz-Antenne [ATWZ09]

Die simulierte und gemessene Anpassung der Antenne ist in Abb. 3.31(a) dargestellt. Die -10 dB-Grenze wird für den Frequenzbereich zwischen 6 GHz und $8,2$ GHz erreicht. Die Messung spiegelt die Simulation sehr gut wieder. Bei der Vermessung der Anpassung der Antenne wurde der Einfluss des differenziellen Leistungsteilers, samt Kabel, herauskalibriert. Die Kopplung zwischen den Ports für die orthogonale Polarisationen liegt unter -30 dB und wird nicht gesondert gezeigt.

Aus dem Diagramm lässt sich schließen, dass die maximale erreichbare relative Bandbreite der Antenne in der vorgestellten Ausführung etwas über 30% beträgt. Eine gute Impedanzanpassung findet auch periodisch bei höheren Frequenzen statt. Dabei werden jedoch die entsprechenden nächsthöheren Modi angeregt und die Antenne strahlt nicht mehr mit den

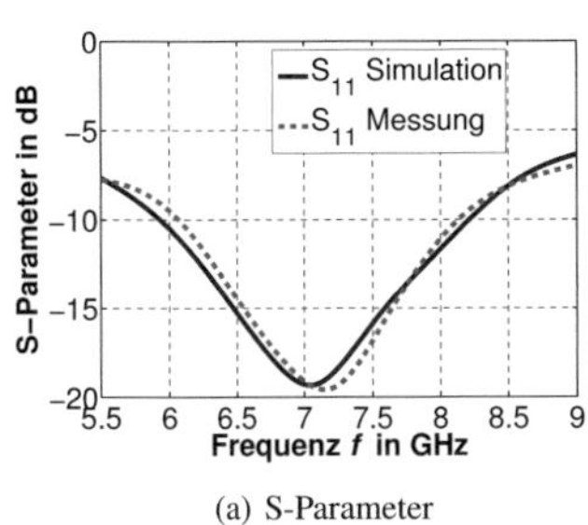

(a) S-Parameter

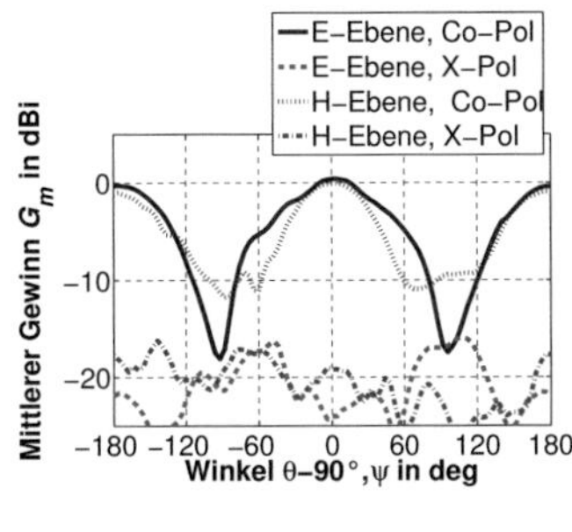

(b) Mittlerer Gewinn (Portgruppe 1)

Abbildung 3.31: Gemessene Parameter der 4-Schlitz-Antenne [ATWZ09]

gewünschten Eigenschaften ab.

Die 4-Schlitz-Antenne strahlt im Bereich von 6 GHz bis 8,5 GHz, wie die 4-Ellipsen-Antenne, mit zwei Hauptkeulen, die symmetrisch zur Antennenfläche angeordnet sind, ab. Der gemessene Gewinn, gemittelt über die relevante Bandbreite (6 GHz - 8,5 GHz) für die E- und H-Ebene in der Ko- und Kreuz-Polarisation ist in Abb. 3.31(b) gezeigt. Aufgrund der Symmetrie der Antenne sind die Abstrahlcharakteristiken in den entsprechenden Ebenen für beide Polarisationen gleich. Aus dem Grund werden hier nur Messergebnisse für eine Portgruppe gezeigt. Die Keulen in der E- und H-Ebene besitzen nahezu gleiche Breiten. Der maximale Wert des mittleren Gewinns beträgt ca. 0 dBi. Der relativ kleine Wert ist auf die Verluste in dem Leistungsteiler und in den Kabeln zurückzuführen, welche aus der Messung der Abstrahleigenschaften nicht herauskalibriert wurden.

Durch den Einsatz der Aperturkopplungen wird ein Teil der Leistung schon an der Stelle der Leitungstransformation abgestrahlt. Ein Teil der abgestrahlten Leistung wird entlang der Metallisierung der Antenne geführt und an den äußeren Kanten abgestrahlt. Diese Welle trägt zu dem Niveau der Kreuz-Polarisationskomponente bei. Um diese Abstrahlung zu vermindern, wurden bei der Messung (sowohl für die Ko- als auch für die Kreuz-Polarisation) die Kanten der Antenne mit einem magnetischen Absorber bedeckt. Der mittlere Gewinn der 4-Schlitz-Antenne mit Absorber in der E- und H-Ebene liegt für die Kreuz-Polarisation bei etwa -20 dBi für $\theta = 90°, \psi = 0°$. Dies beweist die erfolgreiche Anwendung des Prinzips mit diesem Antennentyp.

Die Antenne kann im Fall pulsbasierter Systeme zu einer unidirektionalen Antenne optimiert werden. Zu diesem Zweck soll das Prinzip, welches im Abschnitt 3.4 vorgestellt wurde, angewendet werden.

Die 4-Schlitz-Antenne kann dort Anwendung finden, wo das Gerät, in das die Antenne integriert werden soll, aus viel Metall besteht. Ein geeigneter Ausschnitt der Antennenstruktur in der Metallfläche, kombiniert mit einer geeigneten Speisung erlaubt eine Abstrahlung der Signale mit einer relativen Bandbreite von ca. 30% für beide Polarisationen.

3.6.2 Omnidirektionale dual-polarisierte Antenne

Für verschiedene Anwendungen, wie z.B. mobile Kommunikation oder Kanalmessungen sind omnidirektionale Antennen von großem Interesse. Dieser Abschnitt stellt ein Konzept vor, das eine Realisierung von einer ultra-breitbandigen, dual-polarisierten, omnidirektionalen Antenne ermöglicht.

Der Prototyp der Antenne ist in Abb. 3.32(a) zu sehen [Ant08]. Sie besteht aus vier rautenförmigen Metallisierungen. Die zweite Seite des Substrats bleibt metallisierungsfrei. Um eine einzelne, lineare Polarisation abzustrahlen, müssen jeweils zwei gegenüberliegende Elemente angeregt werden. Die Speisung erfolgt über vier koaxiale Mikrowellenkabel. Die Kabel befinden sich auf der metallisierungsfreien Seite und werden senkrecht zur Substratfläche, eng beieinander, in der Mitte der Antennenstruktur platziert. Die Innenleiter der Kabel werden auf die andere Seite des Substrats durchgeführt und an die jeweiligen inneren Spitzen der Metallrauten gelötet. Das Prinzip wird in Abb. 3.32(b) verdeutlicht.

Um in der gewünschten Polarisation abzustrahlen, müssen jeweils zwei gegenüberliegende Kabel differenziell gespeist werden. Die Orientierung der elektrischen Felder in der koaxialen Struktur ist in Abb. 3.32(c) gekennzeichnet. Die Welle wird an das Ende der Kabel geführt und durch die Innenleiter an die Spitzen der Rauten geleitet. Durch das Speiseprinzip erfolgt die Übertragung der Energie nur an die gewünschten Antennenelemente, was eine Abstrahlung mit hoher Polarisationsreinheit gewährleistet.

Um breitbandig abstrahlen zu können sind auch andersförmige Antennenelemente einsetzbar, wie z.B. Ellipsen [Suh], [SWN$^+$06]. Die Struktur ähnelt in dem Fall der inneren Struktur der modifizierten 4-Ellipsen-Antenne. Bei der Ellipsenstruktur wird jedoch ein größerer Abstand zwischen den inneren Spitzen benötigt. Eine Verbindung der Innenleiter an die weit auseinander liegenden Spitzen resultiert in einem großen Impedanzsprung zwischen den Speisekabel und der Antenne. Um eine gute Impedanzanpassung zu bekommen, werden die Antennenelemente, wie bereits beschrieben, zu Rauten geformt, deren Spitzen nah aneinander geführt werden.

Zur Speisung der omnidirektionalen Antenne wird ebenfalls der differenzielle Leistungsteiler aus Abschnitt 3.2 verwendet.

Die simulierte und gemessene Eingangsimpedanzanpassung der omnidirektionalen Antenne aus Abb. 3.32(a) ist in Abb. 3.33 dargestellt. Bei der Messung wird der Einfluss des differenziellen Leistungsteilers und der Zuführungskabel herauskalibriert. Anhand der Simulation ist feststellbar, dass die maximale erreichbare -10 dB Bandbreite sich von 3 GHz bis 9 GHz erstreckt. Das bedeutet eine relative Bandbreite von ca. 100%. Die gemessene Kurve folgt generell der simulierten, zeigt jedoch ein etwas schmalbandigeres Verhalten.

Die Omnidirektionalität der Antenne gilt immer für die H-Ebene der jeweiligen Polari-

(a) Foto

(b) Anschluss der Speisekabel an die Antenne

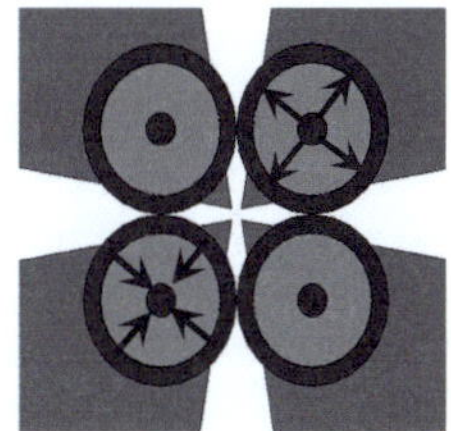

(c) Schematische Verteilung des elektrischen Feldes in den Zuführungkabeln bei Abstrahlung einer Polarisation

Abbildung 3.32: Konzept der dual-polarisierten, omnidirektionalen UWB Antenne [AZBZ10]

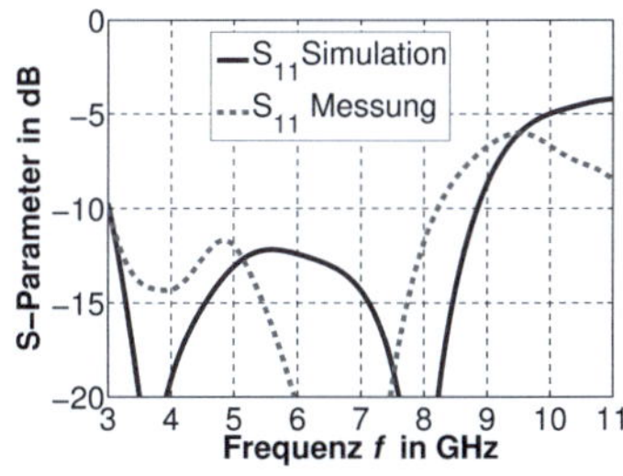

Abbildung 3.33: Simulierter und gemessener Eingangsreflexionsfaktor der dual-polarisierten, omnidirektionalen Antenne aus Abb. 3.32(a) [AZBZ10]

sation. Durch die Orthogonalität der Polarisationen sind die omnidirektionalen Ebenen (H-Ebenen) ebenfalls orthogonal zueinander ausgerichtet. Dies erlaubt die Erweiterung der Ausleuchtung des Raumes rund um die Antenne, allerdings mit orthogonalen Polarisationen. Solch eine Lösung ist besonders für mobile, tragbare Geräte vom Interesse, da die Orientierung solch eines Geräts in Bezug auf die Basisstation bzw. den *Acces Point* selten deterministisch bestimmt werden kann.

Der gemessene Gewinn der omnidirektionalen Antenne in der H-Ebene für die Ko-Polarisation ist in Abb. 3.35(a) dargestellt. Bei der Messung werden die vertikalen Rauten entlang der z-Achse (siehe Abb. 3.34) angeregt. Eine Omnidirektionalität der Antenne ist in der H-Ebene in dem Frequenzbereich von 3 GHz bis 9 GHz festzustellen. Bei Frequenzen oberhalb von 9 GHz findet eine abrupte Senkung des Gewinns statt. Dieser Einbruch des Gewinns wird durch die Änderung des Abstrahlverhaltens der Antenne verursacht. Für Frequenzen oberhalb von 9 GHz wird die Antenne groß gegenüber der Wellenlänge. Dies

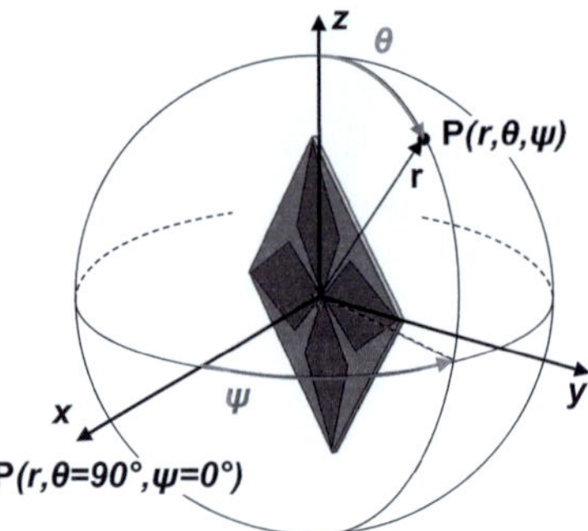

Abbildung 3.34: Omnidirektionale Antenne im Koordinatensystem [AZBZ10]

verursacht eine Abstrahlung nach dem Wanderwellenprinzip [WAS09] über die vier Schlitze zwischen den Rauten. Die Abstrahlung über die Schlitze ist direktiv und findet in der Substratebene statt.

Aufgrund der Begrenzung des omnidirektionalen Abstrahlverhaltens, wird der mittlere Gewinn nur in dem relevanten Frequenzbereich von 3 GHz bis 9 GHz bestimmt. Die gemessenen Werte sind in Abb. 3.35(b) zu sehen. Ein relativ konstantes Niveau des Gewinns in der H-Ebene in der Ko-Polarisation ist zu sehen. In der E-Ebene sind zwei Hauptkeulen zu erkennen, die jeweils senkrecht zur Substratfläche orientiert sind. Das Maximum des mittleren Gewinns liegt bei ca. 0 dBi. Dies liegt zum einen an der Omnidirektionalität der Antenne, was automatisch kleinere maximale Gewinne impliziert und zum anderen an den Verlusten im Leistungsteiler und den Zuführungskabeln. Diese Charakteristiken besitzen eine Dipolähnliche Abstrahlung über eine relative Bandbreite von ca. 100%.

Die Werte des mittleren Gewinns in der Kreuz-Polarisation liegen unterhalb von -20 dB in dem Winkelbereich von $-90°$ bis $90°$. Für die übrigen Winkel (Rückseite der Antenne) weisen sie tendenziell etwas höhere Werte auf. Dies ist auf die Anwesenheit der Zuführungskabel an der Rückseite der Antenne zurückzuführen. Der metallische Aussenmantel der Kabel führt zu einer leichten Veränderung der Richtcharakteristik und einer Störung der Polarisationsreinheit.

Die vorgestellte Antenne kann dort eingesetzt werden, wo eine omnidirektionale Abstrahlung in beiden Polarisationen über eine große Bandbreite benötigt wird.

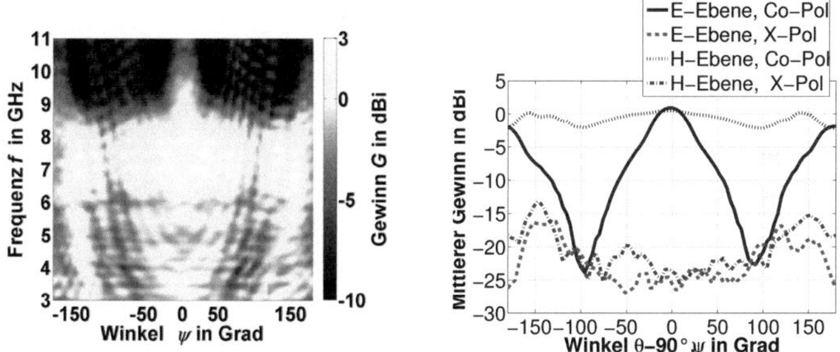

(a) Gewinn in der H-Ebene, Co-Pol (vertikale Metallrauten angeregt)

(b) Mittlerer Gewinn (vertikale Metallrauten angeregt)

Abbildung 3.35: Gemessene Abstrahlcharakteristiken der dual-polarisierten, omnidirektionalen Antenne aus Abb. 3.32(a) [AZBZ10]

4 Dual-polarisierte Antennengruppen für UWB-Sensorsysteme

Für manche Anwendungen ist eine hohe Richtwirkung der Antenne vom Interesse. Eine bekannte Methode zur Erhöhung der Direktivität ist der Einsatz einer Antennengruppe, bei der durch Interferenz mehrerer kohärenter Strahler z.B. eine Verkleinerung der Keulenbreite erzielt werden kann. Diese Möglichkeit wird in diesem Kapitel anhand einer linearen, dual-polarisierten, ultra-breitbandigen Antennengruppe dargestellt. Im zweiten Teil des Kapitels wird eine Antennengruppe für den Einsatz in der Amplituden-Monopuls-Radar-Technik gezeigt. Zu diesem Zweck wird ein 180°-Hybrid-Koppler benötigt. Ein neuartiges Design eines solchen Kopplers wird gezeigt und seine Eigenschaften simulativ und messtechnisch charakterisiert. Die Messungen zeigen eine erfolgreiche Bildung einer Summen- und Differenzkeule, die in ultra-breitbandigen Amplituden-Monopuls-Radar-Systemen Anwendung finden, worauf im nächsten Kapitel näher eingegangen wird.

4.1 Lineare Antennengruppe

Eine lineare Antennengruppe besteht aus mehreren baugleichen Strahlern, die linear angeordnet werden. Werden die Strahler mit Signalen gleicher Amplitude und Phase gespeist, so bilden sich zwei Hauptstrahlrichtungen senkrecht zu der Apertur der Antennengruppe. Je größer die Apertur des Arrays, desto höher wird die erzielte Richtwirkung der Antennengruppe [Bal82, Zwi10].

Zur Verifikation der Realisierbarkeit einer dual-polarisierten, ultra-breitbandigen Antennengruppe werden vier Elemente der modifizierten 4-Ellipsen-Antennne aus Abschnitt 3.5 verwendet. Der Prototyp solch einer Antennengruppe ist in Abb. 4.1 [AJWZ09, AHWZ09] gezeigt. Auf dem Foto sind vier nebeneinander platzierte Strahler zu sehen. Der Abstand zwischen den Elementen ist gleich der maximalen transversalen Dimension der einzelnen Antenne und beträgt 40 mm. Dieser Abstand ist gleich der Wellenlänge bei $7,5$ GHz. Aus dem Grund ist für die Frequenzen oberhalb von $7,5$ GHz mit dem Auftreten von ausgebildeten *Grating Lobes* in der Richtcharakteristik zu rechnen. Die Nebenkeulen werden teilweise durch die Richtwirkung der einzelnen Antenne unterdrückt, worauf im kommenden Abschnitt eingegangen wird.

Die einzelnen Elemente der Antennengruppe werden mit Signalen gleicher Amplitude und Phase gespeist. Dazu wird ein 6 dB-Leistungsteiler benötigt, der in Abb. 4.1 links zu sehen ist. Der Leistungsteiler besteht aus einer zweistufigen T-Verzweigung, ähnlich wie in [Sör07].

Um eine Abstrahlung aus dem Leistungsteiler zu vermeiden, die besonders bei der Vermessung der Kreuz-Polarisation sichtbar wird, wird er mit einem Absorber verkleidet. Die Gesamtstruktur wird zudem mit einer Kupferfolie geschirmt. Die Ausgänge des Leistungsteilers werden mit den Eingängen der Antennen verbunden. Um die Phasengleichheit der Signale an den Eingängen der Antennen zu gewährleisten, müssen die Kabel exakt die gleiche Länge besitzen. Die Konfiguration aus Abb. 4.1 erlaubt den Betrieb einer Polarisation zur gleichen Zeit. Um beide Polarisationen gleichzeitig betreiben zu können, muss ein zweites, baugleiches Speisenetzwerk verwendet werden.

Die Länge der Zuführungskabel kann gezielt variiert werden, um eine breitbandige Schwenkung der Hauptstrahlrichtung zu erzielen. Dieses Prinzip heißt *True-Time-Delay* (TTD)-*Beamforming* und wird z.B. in [Sör07, Lam10] beschrieben. Eine weitere Möglichkeit der frequenzinvarianten Strahlschwenkung einer ultra-breitbandigen Antennengruppe mit FIR-Filtern, die gleichzeitig eine Kompensation der Pulsverzerrung ermöglichen, kann der Arbeit [Nei08] entnommen werden. Die Strahlschwenkung wird jedoch in dieser Arbeit nicht behandelt.

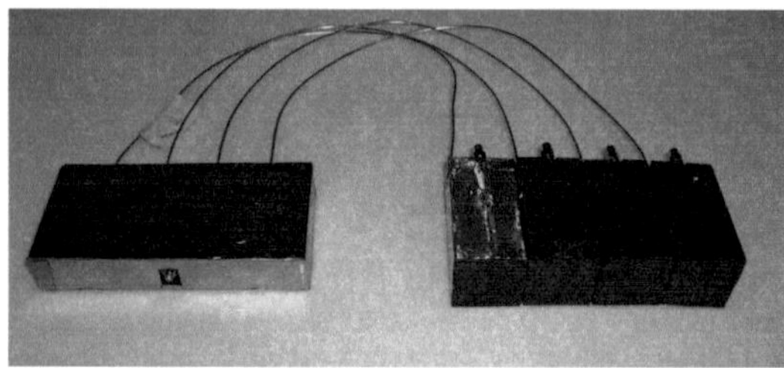

Abbildung 4.1: Foto eines Prototyps der dual-polarisierten UWB Antennengruppe mit dem Leistungsteiler und den Zuführungskabeln [AJWZ09]

Die Bezeichnung der einzelnen Antennen der Antennengruppe, sowie deren Ports kann Abb. 4.2(a) entnommen werden. Die Orientierung der Gruppe in Bezug auf das Koordinatensystem ist in Abb. 4.2(b) dargestellt.

Eine Abstrahlcharakteristik kann nur in der Ebene beeinflusst werden, in der die Apertur des Strahlers verändert wird. Aufgrund des linearen Aufbaus des Arrays wird die Abstrahlcharakteristik grundsätzlich nur in einer Ebene verformt. Aus diesem Grund werden im Folgenden nur die Charakteristika in der Ebene des Antennenarrays gezeigt. Aufgrund der Ähnlichkeit der Ergebnisse beider Polarisationen werden nur die Messergebnisse von Port 2 gezeigt.

Abb. 4.3 zeigt die gemessenen S-Parameter von Ports 1 und 2 der Antennen 2 und 3 (vgl Abb. 4.2(a)). Die Ports werden nach dem Muster $a.b$ benannt, wobei a die Nummer der Antenne und b die Nummer des Ports bezeichnet. Es lässt sich festhalten, dass eine hohe Entkopplung zwischen allen Ports besteht. Die Werte der Kopplung sind unter -25 dB für den Großteil

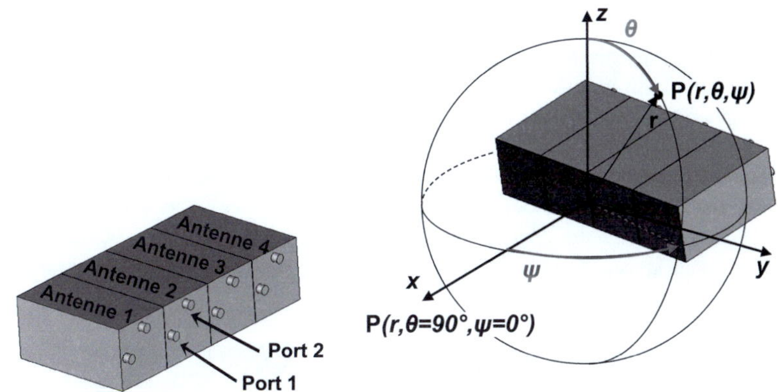

(a) Bezeichnung der Antennen und deren Ports in der Antennengruppe

(b) Antennengruppe im Koordinatensystem

Abbildung 4.2: Modellierung der Antennengruppe aus Abb. 4.1

der Frequenzen zwischen 3 GHz und 11 GHz. Die entsprechenden S-Parameter der anderen Antennen und Ports weisen vergleichbare Werte auf. Aufgrund der hohen Entkopplung zwischen den Ports können bei der Modellierung der Arrayabstrahlung die Verkopplungseffekte zwischen den einzelnen Antennen vernachlässigt werden.

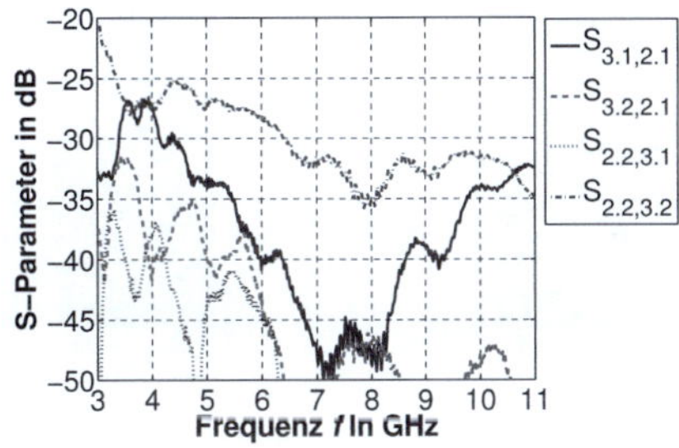

Abbildung 4.3: Gemessene Kopplung zwischen den Ports 1 und 2 an der Antenne 2 und 3 aus Abb. 4.2(a)

4.1.1 Abstrahlcharakteristik im Frequenzbereich

Aufgrund der Interferenz der elektromagnetischen Wellen, die von den einzelnen Strahlern abgestrahlt werden, wird die Abstrahlcharakteristik verformt. Die resultierende Richtcharakteristik C_{Array} wird u.A. durch den Elementfaktor $\underline{EF}$ und den Gruppenfaktor $\underline{AF}$ beeinflusst. Der Gruppenfaktor der Antennengruppe, bestehend aus vier Elementen im Abstand von 40 mm, ist in Abb. 4.4(a) gezeigt. Aufgrund der linearen Anordnung der Antennen und gleichphasiger Speisung aller Elemente ist der Gruppenfaktor symmetrisch zu $\psi = 0°$ und $\psi = 180°$. Es bilden sich zwei Hauptkeulen in Richtung $0°$ und $180°$. Die Richtung der Hauptkeulen bleibt konstant über der Frequenz. Die Breite der Keule verschmälert sich mit steigender Frequenz, da die Gesamtapertur der Antennengruppe größer in Bezug auf die Wellenlänge wird. Durch die Verringerung bzw. Vergrößerung des Abstandes zwischen den Einzelelementen können die Hauptkeulen entsprechend verbreitert bzw. verschmälert werden.

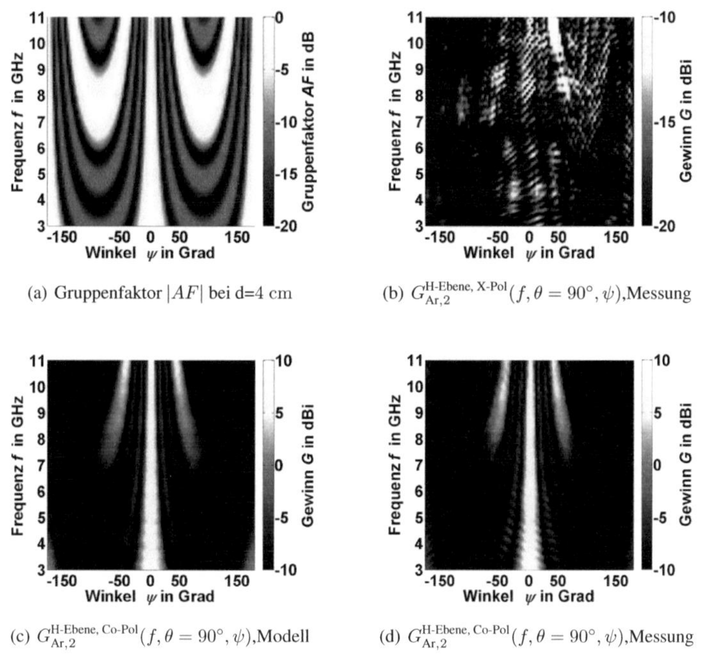

(a) Gruppenfaktor $|AF|$ bei d=4 cm

(b) $G_{\text{Ar},2}^{\text{H-Ebene, X-Pol}}(f, \theta = 90°, \psi)$,Messung

(c) $G_{\text{Ar},2}^{\text{H-Ebene, Co-Pol}}(f, \theta = 90°, \psi)$,Modell

(d) $G_{\text{Ar},2}^{\text{H-Ebene, Co-Pol}}(f, \theta = 90°, \psi)$,Messung

Abbildung 4.4: Abstrahlcharakteristiken der 4x1 Antennengruppe aus Abb. 4.1 [AJWZ09]

Bei Frequenzen größer als ca. 7 GHz treten *Grating Lobes* auf. Sie entstehen bei den Winkeln von $\pm 90°$ und spalten sich bei steigender Frequenz jeweils auf zwei Nebenkeulen auf. Die Bildung der Nebenkeulen und entsprechend auch ihre Aufspaltung kann durch Verkleinerung des Abstandes zwischen den Einzelelementen in Richtung hoher Frequenzen verschoben werden.

Zwischen den Hauptkeulen und den *Grating Lobes* sind noch weitere schwächere Neben-keulen (engl. *Side Lobes*) zu beobachten. Bei der Anregung der Antennen mit Signalen glei-cher Amplitude liegt das Niveau dieser Nebenkeulen ca. 13 dB unter dem der Hauptkeulen. Das Niveau kann durch den Einsatz einer sog. Taperung reduziert werden, was gleichzeitig eine Verbreiterung der Hauptkeulen impliziert. In dieser Arbeit wird keine Taperung der Si-gnalamplituden verwendet.

Durch die Richtwirkung der Einzelstrahler können sowohl eine der Hauptkeulen als auch die Nebenkeulen unterdrückt werden. Die Abstrahlcharakteristik der Gesamtanordnung wird mit dem folgenden Ansatz modelliert.

$$\underline{H}_{\mathrm{Ar}}(f, \theta = 90°, \psi) = \underline{H}_{\mathrm{Ant}}(f, \theta = 90°, \psi) \cdot \underline{AF}(f, \theta = 90°, \psi) \cdot \underline{H}_{\mathrm{Sp}}(f), \qquad (4.1)$$

$\underline{H}_{\mathrm{Ar}}$ bezeichnet die Übertragungsfunktion des Arrays, $\underline{H}_{\mathrm{Ant}}$ die Übertragungsfunktion der ein-zelnen Antenne im Array, $\underline{H}_{\mathrm{Sp}}$ die Übertragungsfunktion des Speisenetzwerks.

Die Übertragungsfunktionen $\underline{H}_{\mathrm{Ant}}$ und $\underline{H}_{\mathrm{Sp}}$ werden mittels eines vektoriellen Netzwerkana-lysators VNWA germessen. Der Gruppenfaktor $\underline{AF}$ berechnet man aus der folgenden Formel [Bal82] (vgl. Abb. 2.3(b)).

$$\underline{AF}(f, \theta, \psi) = \sum_{i=-\frac{N-1}{2}}^{\frac{N-1}{2}} \frac{1}{\sqrt{N}} \cdot e^{-j\beta_0(r_i - r_0)} = \sum_{i=-\frac{N-1}{2}}^{\frac{N-1}{2}} \frac{1}{\sqrt{N}} \cdot e^{-j\beta_0 i d \sin(\theta) \sin(\psi)}, \qquad (4.2)$$

$N{=}4$ ist die Anzahl der Antennen im Array, $d{=}4$ cm ist der Abstand zwischen den Antennen, β_0 ist die Ausbreitungskonstante im Freiraum.

Den modellierten Gewinn der Antennengruppe bei der Speisung an Port 2 in der H-Ebene für die Ko-Polarisation stellt Abb. 4.4(c) dar. Der Gewinn resultiert aus dem berechneten Gruppenfaktor $\underline{AF}$ und dem Gewinn des Einzelstrahlers in der H-Ebene der Ko-Polarisation $G_2^{\text{H-Ebene, Co-Pol}}(f, \theta = 90°, \psi)$ aus Abb. 3.25(b). Die Hauptkeule bei $180°$ wird durch die Richt-charakteristik der einzelnen Antenne weitgehend unterdrückt.

Die Hauptkeule besitzt eine 10 dB-Halbwertsbreite von ca. $50°$ bei der Frequenz 3 GHz. Mit steigender Frequenz wird die Breite schmäler und erreicht einen Wert von ca. $15°$ bei der Frequenz 11 GHz. Die Hauptstrahlrichtung bleibt jedoch konstant. Der Gewinn in Haupt-strahlrichtung erreicht einen maximalen Wert von ca. 10 dBi bei der Frequenz $8, 7$ GHz. Bei den Frequenzen oberhalb von ca. 7 GHz sind Nebenkeulen in dem Bereich zwischen ca. $\pm 80°$ und $\pm 30°$ vorhanden. Sie können durch den Elementfaktor nicht vollständig unterdrückt wer-den. Zwischen der Hauptkeule und den *Grating Lobes* sind *Side Lobes* zu beobachten, deren Maxima etwa 13 dB unter dem der Hauptstrahlrichtung liegen.

Den gemessenen Gewinn der Antennengruppe zeigt Abb. 4.4(d). Es ist zu erkennen, dass die Messung mit dem Modell sehr gut übereinstimmt. Dies deutet auf eine hohe Genauigkeit des verwendeten Modellierungsansatzes hin. In den gemessenen Charakteristiken sind Oszil-lationen der Werte zu beobachten, die in dem Modell nicht vorkommen. Das Muster entsteht durch Interferenz der zwischen den Ausgängen des Leistungsteilers und den Eingängen der Antennen pendelnden Energie. Da die Fehlanpassung zwischen den Elementen in dem Modell nicht berücksichtigt wird, werden die Oszillationen in den modellierten Daten nicht erfasst.

Der gemessene Gewinn der Antennengruppe in der H-Ebene bei Kreuz-Polarisation $G_{\mathrm{Ar},2}^{\mathrm{H\text{-}Ebene,X\text{-}Pol}}(f, \theta = 90°, \psi)$ ist in Abb. 4.4(b) gezeigt. Die Werte des Gewinns für den Winkel von $\psi = 0°$ nehmen Werte zwischen -20 dBi und -12 dBi an, was auf eine hohe Polarisationsreinheit des abgestrahlten Signals hindeutet. In dem Frequenzbereich zwischen ca. $9,5$ GHz und 11 GHz bei 50° tritt eine Erhöhung des Gewinns auf. Dies ist aufgrund des erhöhten Gewinns des Einzelstrahlers in diesem Bereich (vgl. Abb. 3.25(d)). Anhand der Verformung dieses Bereichs lässt sich der Einfluss des Gruppenfaktors $\underline{AF}$ auf die Kreuz-Polarisationscharakteristik feststellen. In der Hauptstrahlrichtung wird eine Polarisationsentkopplung von ca. 20 dB gemessen.

Der modellierte und gemessene mittlere Gewinn in der E- und H-Ebene, in Ko-und Kreuz-Polarisation ist in Abb. 4.5 zu sehen. Das Maximum des Gewinns in der Ko-Polarisation erreicht einen Wert von 7,5 dBi für den Winkel 0°. Die Abstrahlung ist nahezu symmetrisch zur Hauptstrahlrichtung. In der H-Ebene wird eine deutlich höhere Richtwirkung erzielt, was durch die 10 dB-Halbwertsbreite der Keule von ca. 120° in der E-Ebene und ca. 20° in der H-Ebene bestätigt wird. Die Nebenkeulen des mittleren Gewinns in der H-Ebene sind um ca. 17 dB unterdrückt und treten bei ca. ±50° auf. Der mittlere Gewinn in der Kreuz-Polarisation erreicht einen Wert zwischen -20 dBi bis -15 dBi im Bereich der Hauptstrahlrichtung. Dies resultiert in einer mittleren Entkopplung der Polarisationen von über 20 dB.

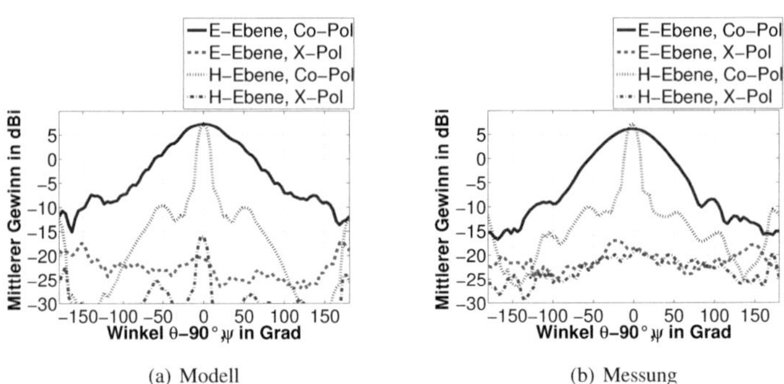

(a) Modell (b) Messung

Abbildung 4.5: Mittlerer Gewinn $G_{\mathrm{Ar,m},2}^{\mathrm{E\text{-},\,H\text{-}Ebene;\,Co\text{-},\,X\text{-}Pol)}}(f, \theta, \psi)$ der Antennengruppe aus Abb. 4.1 [AJWZ09]

Die dargestellten Charakteristiken zeigen, dass eine Verbesserung der Richtwirkung durch den Einsatz der Antennengruppe erreicht werden kann. Zwischen Antennen im Array findet eine sehr geringe Kopplung statt, was einen Einsatz der bekannten Methoden zur Berechnung der Abstrahlcharakteristik der Antennengruppe erlaubt. Beim Betrieb der Antennengruppe werden die guten Polarisationseigenschaften der Strahler nicht beeiträchtigt. Der dargestellte Prototyp kann erfolgreich in UWB-Systemen eingesetzt werden, in denen eine hohe Richtwirkung des Strahlers und Polarisationsdiversität gefordert ist. Im Folgenden wird mittels der Zeitbereichseigenschaften des Strahlers eine Eignung der Antennengruppe zur pulsbasierten Abstrahlung gezeigt.

4.1.2 Abstrahlcharakteristik im Zeitbereich

Die Modellierung der Impulsantwort erfolgt hier im Frequenzbereich mit anschließender Transformation der komplexen Übertragungsfunktion der Antennengruppe in den Zeitbereich mit Hilfe der Fourier-Transformation. Dabei werden die Einflüsse des Speisenetzwerks sowie die Dimensionen des Arrays berücksichtigt.

Die modellierte und gemessene Impulsantwort der Antennengruppe in der H-Ebene in Ko-Polarisation (Port 2) ist in Abb. 4.6 dargestellt. Bei der der Impulsantwort macht sich der Einfluss des Speisenetzwerks deutlich bemerkbar, indem es nicht nur die Amplitude der Impulsantwort beeinflusst, sondern diese auch um ca. 3 ns verzögert (vgl. Abb. 3.27(b)).

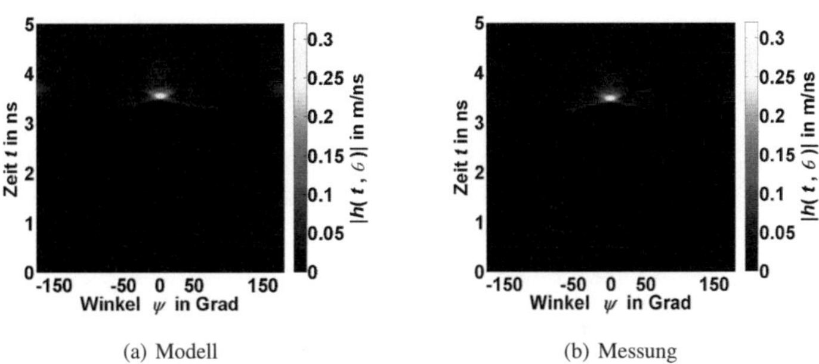

(a) Modell   (b) Messung

Abbildung 4.6: Impulsantwort $|h_{\mathrm{Ar},2}^{\text{H-Ebene, Co-Pol}}(t, \theta = 90°, \psi)|$ der Antennengruppe aus Abb. 4.1 [AJWZ09]

Das Maximum der Impulsantwort $|h_{\mathrm{Ar},2}^{\text{H-Ebene, Co-Pol}}(t, \theta, \psi)|$ liegt bei $\psi = 0°$ und beträgt 0,32 m/ns. Die Winkelbreite der Impulsantwort ist schmal. Abseits des Hauptmaximums ist eine Reihe von Maxima zu beobachten, die eine kleinere Amplitude als das Hauptmaximum besitzen und zeitlich aufgelöst sind. Sie entstehen durch Gangunterschiede zwischen den einzelnen Strahlern bezogen auf den Beobachtungspunkt. Die zeitliche Länge der Gesamtimpulsantwort soll möglichst kurz gehalten werden, was einen möglichst kleinen Abstand zwischen den Elementen impliziert. Durch die zeitliche Verschiebung der einzelnen Pulse ausserhalb der Hauptstrahlrichtung entstehen *Grating Lobes* im Frequenzbereich.

Die Halbwertsbreite des Pulses τ_{FWHM} beträgt für die Hauptstrahlrichtung 130 ps, was kaum eine Änderung zu dem entsprechenden Wert für die modifizierte 4-Ellipsen-Antenne darstellt. Die Länge des Ringings τ_{r} beträgt ca. 210 ps, was ebenfalls mit dem Wert für die einzelne Antenne vergleichbar ist.

Die modellierte Impulsantwort bildet die gemessene Impulsantwort sehr gut ab. Dies zeigt die Eignung des Ansatzes zur Modellierung der Abstrahleigenschaften der Antennengruppe auch im Zeitbereich.

Die modellierten und gemessenen Daten zeigen, dass die Erweiterung der Antennen zu einer Antennengruppe keinen negativen Einfluss auf das Zeitbereichsverhalten aufweist. Die Länge des Pulses sowie das Ringing bleiben nahezu unbeeinflusst im Vergleich zum Einzelstrahler. Die Amplitude der Impulsantwort steigt und die Winkelbreite der Impulsantwort wird deutlich verkleinert. Der Prototyp kann damit erfolgreich in ultra-breitbandigen, pulsbasierten Systemen eingesetzt werden wo eine hohe Richtwirkung und Polarisationsdiversität gefragt wird.

4.2 Antennengruppe für Amplituden-Monopuls-Verfahren

Eine Haupteigenschaft der Antennengruppe für Amplituden-Monopuls-Verfahren besteht in der Fähigkeit zur Erzeugung einer Summen- und einer Differenzkeule. Eine Summenkeule resultiert aus einer kohärenter Abstrahlung aus zwei Antennen und weist generell ein einzelnes Maximum auf. Die Differenzkeule dagegen besitzt zwei Maxima, die durch einen starken Amplitudeneinbruch getrennt werden. Die in unterschiedlichen Keulen abgestrahlte Signale sind gegenphasig zueinander. Die Summen- und Differenzkeulen können nur unter der Voraussetzung erzeugt werden, dass die Richtdiagramme der Einzelelemente der Antennengruppe sich überlappen. Um sie in einer zwei-dimensionalen Ebene zu erzeugen, werden mindestens zwei Antennen gebraucht. Das Prinzip der Antennengruppe ist in Abb. 4.7 gezeigt. Zwei direktive, gleich ausgerichtete Antennen werden nebeneinander platziert. Die Richtcharakteristiken der Antennen überlappen sich teilweise, wie schematisch in Abb. 4.7(a) gezeigt. Werden die Antennen mit einem klassischen 3 dB-Leistungsteiler verschaltet, so wird eine Summenkeule erzeugt (siehe Abb. 4.7(b)). Die Summenkeule besitzt in der Regel einen höheren Gewinn und eine kleinere Halbwertsbreite als die Einzelelemente. Bei Speisung der Antenne über einen differenziellen Leistungsteiler, werden die Antennen mit gegenphasigen Signalen gespeist. Dies resultiert in der Bildung von zwei Keulen (siehe Abb. 4.7(c)), die mit einem stark ausgeprägtem Einbruch in der Richtcharakteristik separiert werden. Das Minimum zwischen den Keulen befindet sich im Idealfall an der Stelle des Maximums der Summenkeule. Bei differenziellem Betrieb der beiden Antennen sind die Signale, die in beiden Keulen abgestrahlt werden, gegenphasig zueinander.

Die Abstrahlung in der Summen- bzw. Differenzkeule kann mit einem Gruppenfaktor $\underline{AF}_{\Sigma}(f,\psi)$ bzw. $\underline{AF}_{\Delta}(f,\psi)$ beschrieben werden. Es wird angenommen, dass die Anten-

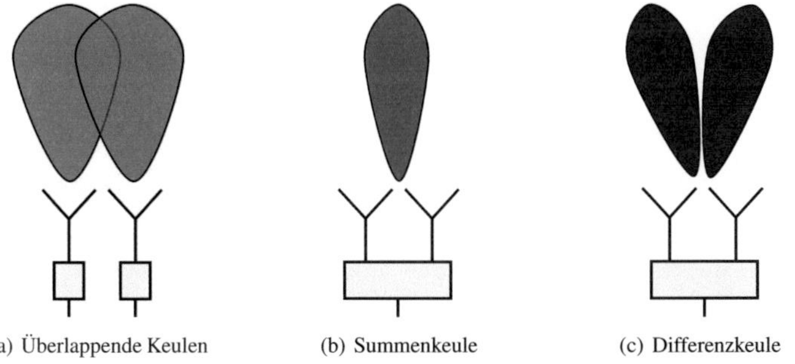

Abbildung 4.7: Das Amplituden-Monopuls-Prinzip: Erzeugung einer Summen- und Differenzkeule

nengruppe aus zwei Elementen besteht, die entlang der y-Achse, symmetrisch zum Koordinatenursprung ausgerichtet sind und dessen Hauptstrahlrichtungen in Richtung der x-Achse orientiert sind (vgl. 4.2(b)). Die entsprechenden Gruppenfaktoren lassen sich somit durch die folgenden Formeln ausdrücken:

$$\underline{AF}_{\Sigma}(\theta, \psi) = \frac{1}{\sqrt{2}}e^{-j\frac{1}{2}\cdot 0°} \cdot e^{j\frac{1}{2}\beta_0 d\sin(\psi)\sin(\theta)} + \frac{1}{\sqrt{2}}e^{j\frac{1}{2}\cdot 0°} \cdot e^{-j\frac{1}{2}\beta_0 d\sin(\psi)\sin(\theta)} \tag{4.3}$$

$$\underline{AF}_{\Delta}(\theta, \psi) = \frac{1}{\sqrt{2}}e^{-j\frac{1}{2}\cdot \pi} \cdot e^{j\frac{1}{2}\beta_0 d\sin(\psi)\sin(\theta)} + \frac{1}{\sqrt{2}}e^{j\frac{1}{2}\cdot \pi} \cdot e^{-j\frac{1}{2}\beta_0 d\sin(\psi)\sin(\theta)} \tag{4.4}$$

Wie aus den Formeln festzustellen ist, besteht eine Abhängigkeit der Arrayfaktoren von der Freiraumausbreitungskonstante β_0 (d.h. von der Frequenz f bzw. Freiraumwellenlänge λ_0), dem Abstand zwischen den Antennen d und den Beobachtungswinkeln θ und ψ.

Die Zerlegung der Gruppenfaktoren $AF_{\Sigma}(\theta, \psi)$, $AF_{\Delta}(\theta, \psi)$ in cos- bzw. sin-Komponenten mit Hilfe der eulerschen Formel ergibt

$$\begin{aligned}
\underline{AF}_{\Sigma}(\theta, \psi) = {} & \frac{1}{\sqrt{2}}\cos\left(\frac{1}{2}\beta_0 d\sin(\psi)\sin(\theta)\right) \\
& + \frac{1}{\sqrt{2}}\cdot j\sin\left(\frac{1}{2}\beta_0 d\sin(\psi)\sin(\theta)\right) \\
& + \frac{1}{\sqrt{2}}\cos\left(\frac{1}{2}\beta_0 d\sin(\psi)\sin(\theta)\right) \\
& - \frac{1}{\sqrt{2}}\cdot j\sin\left(\frac{1}{2}\beta_0 d\sin(\psi)\sin(\theta)\right),
\end{aligned} \tag{4.5}$$

$$\underline{AF}_\Delta(\theta, \psi) = -\frac{1}{\sqrt{2}} \cdot j \cos\left(\frac{1}{2}\beta_0 d \sin(\psi)\sin(\theta)\right)$$

$$+ \frac{1}{\sqrt{2}} \sin\left(\frac{1}{2}\beta_0 d \sin(\psi)\sin(\theta)\right)$$

$$+ \frac{1}{\sqrt{2}} \cdot j \cos\left(\frac{1}{2}\beta_0 d \sin(\psi)\sin(\theta)\right)$$

$$+ \frac{1}{\sqrt{2}} \sin\left(\frac{1}{2}\beta_0 d \sin(\psi)\sin(\theta)\right).$$

$$(4.6)$$

Bei der Reduktion der sin-Komponenten in $AF_\Sigma(\theta, \psi)$ bzw. cos-Komponenten in $AF_\Delta(\theta, \psi)$ ergeben sich die vereinfachten Gruppenfaktoren zu:

$$\left|\underline{AF}_\Sigma(\theta, \psi)\right| = \left|\sqrt{2}\cos\left(\frac{1}{2}\beta_0 d \sin(\psi)\sin(\theta)\right)\right| \qquad (4.7)$$

$$\left|\underline{AF}_\Delta(\theta, \psi)\right| = \left|\sqrt{2}\sin\left(\frac{1}{2}\beta_0 d \sin(\psi)\sin(\theta)\right)\right|. \qquad (4.8)$$

Wie aus den Formeln zu erkennen ist, sind die Gruppenfaktoren $\underline{AF}_\Sigma(\theta, \psi)$ bzw. $\underline{AF}_\Delta(\theta, \psi)$ proportional zu den cos- bzw. sin-Funktionen. Es impliziert ein orthogonales Verhalten der Summen- und Differenzkeule, d.h. das Maximum der Summenkeule befindet sich an der Stelle des Minimums der Differenzkeule und vice-versa. Die Hauptstrahlrichtung der Summenkeule und der Einbruch in der Differenzkeule befinden sich in der Richtung $(\theta, \psi)=(90°, 0°)$.

Im einfachsten Fall kann der Phasenversatz von $0°$ bzw. $180°$ durch eine physikalische Drehung einer der Antennen erreicht werden. Eine mechanische Drehung der Antennen zur abwechselnden Erzeugung einer Summen- und Differenzkeule ist jedoch meistens unpraktikabel. Eine Lösung dafür stellt ein $180°$-Hybrid-Koppler dar. Ein Schema eines solchen Kopplers ist in Abb. 4.8 dargestellt.

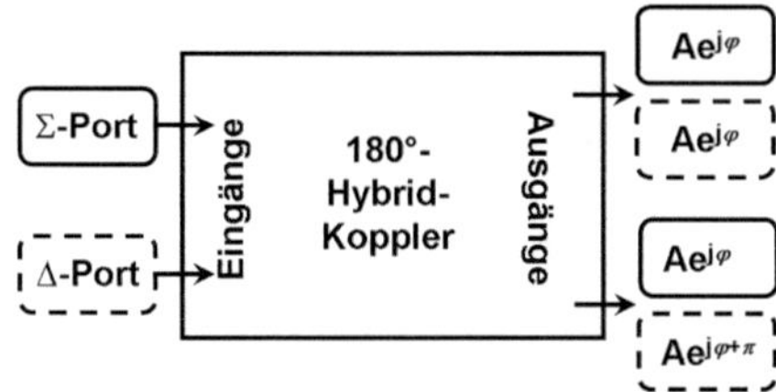

Abbildung 4.8: Funktionsweise eines $180°$-Hybrid-Kopplers

Der Koppler besitzt zwei Eingänge, den sog. Summenport (Σ-Port) und den Differenzport (Δ-Port), sowie zwei Ausgänge. Bei einer Speisung an dem Σ-Port weisen die Ausgangssignale die gleichen Amplituden und Phasen auf. Wird der Koppler an dem Δ-Port gespeist, so bleiben die Amplituden der Signale an den Ausgängen gleich, die Phasen aber um π bzw. 180° versetzt. Der $\sum$-Port und Δ-Port bleiben dabei idealerweise entkoppelt. Ein typisches Beispiel solch eines Kopplers sind *Rat-Race*-Koppler oder sog. *Magic Tee*. Sie stellen jedoch bandbegrenzte Lösungen dar. Damit der Koppler in dem UWB-Frequenzbereich einsetzbar ist, muss die Erzeugung der Summen- bzw. Differenzsignale frequenzunabhängig erfolgen. Im Folgenden wird ein Konzept eines UWB 180°-Hybrid-Kopplers vorgestellt, der im Weiteren zum Aufbau einer Antennengruppe für Amplituden-Monopuls-Verfahren eingesetzt wird.

4.2.1 UWB 180°-Hybrid-Koppler

Das Prinzip des Kopplers wird anhand von Abb. 4.9 beschrieben. Bei der Speisung des Kopplers an dem $\sum$-Port (Port 2) werden die zwei naheliegenden Schlitzen in einem *Coplanar Waveguide* (CPW)-Mode angeregt, der sich entlang der Leitung ausbreitet. Eine schematische E-Feldverteilung ist in Abb. 4.9(a) dargestellt. Die angeregte koplanare Leitungslinie wird im oberen Teil des Kopplers auf zwei eigenständige Schlitzleitungen aufgeteilt. Um das Signal abgreifen zu können, muss die Schlitzleitung in eine Mikrostreifenleitung mittels einer Aperturkopplung transformiert werden. Das Ausgangssignal wird an den Mikrostreifenleitungen mittels SMA-Stecker abgegriffen. Betrachtet man die Feldlinien in den einzelnen Schlitzen bei Port 2 stellt man fest, dass die Vektoren entgegengesetzt orientiert sind. Nach der Aufteilung der koplanaren Leitung wird die Orientierung der E-Feldvektoren gleich und damit die Ausgangssignale gleichphasig.

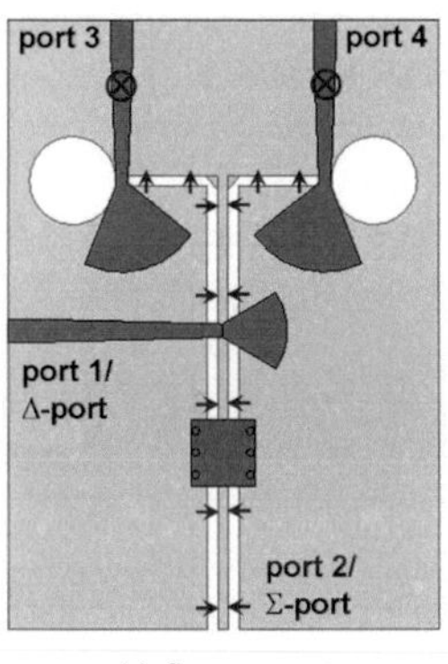

(a) Summenport

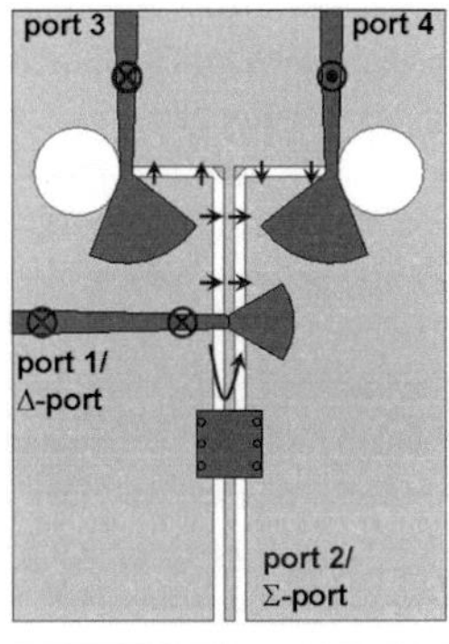

(b) Differenzport

Abbildung 4.9: Schematische Darstellung der E-Feldvektoren in dem 180°-Hybrid-Koppler bei der Speisung des Summenports (a) und des Differenzports (b)

Um die differenziellen Signale bei Port 3 und 4 zu bekommen, muss der Koppler an Port 1 (Δ-Port) gespeist werden. Die schematische Verteilung des elektrischen Feldes auf dem

Koppler bei Anregung von Port 1 ist in Abb. 4.9(b) dargestellt. Das Signal wird von der speisenden Mikrostreifenleitung in die beiden Schlitze in der Mitte der Struktur gekoppelt. Die Aperturkopplung hat eine ähnliche Funktionsweise wie eine Kopplung zu einer einzelnen Schlitzleitung [Sör07]. Die Signale werden jedoch gleichzeitig in beide Schlitzleitungen gekoppelt, was zu einer gleichen Orientierung der E-Feldvektoren führt. Der angeregte Mode wird als CSL-Mode (*Coupled SlotLine*) bezeichnet. In einem gewissen Abstand von der Kopplung wird eine Reihe von Durchkontaktierungen (sog. Vias) eingesetzt, die einen Kurzschluss für den angeregten CSL-Mode darstellen. Dies ist unabdingbar, um einen unidirektionalen Leistungfluss in dem Koppler zu erzeugen. Die Via-Paare dienen dabei als ein Mode-Filter, indem sie eine Ausbreitung des CSL-Modes in Richtung von Port 2 verhindern. Die Modenunterdrückung des CSL-Modes ist proportional zu der Anzahl der Via-Paare [AWZ09c, AZW08c]. Eine dreistufige Anordnung realisiert eine ausreichende Entkopplung zwischen dem $\sum$- und dem Δ-Port.

Bei dem Entwurf des Kopplers ist darauf zu achten, dass bei der Anregung des CSL-Modes die beiden Schlitze mit gleicher Amplitude angeregt werden. Dies kann durch die relative Positionierung des Patches quer zur Schlitzleitung am Ende der speisenden Mikrostreifenleitung erzielt werden.

Die Signale in den benachbarten Schlitzleitungen werden, ähnlich wie bei dem CPW-Mode, auf zwei unabhängige Schlitzleitungen aufgeteilt. Die Orientierungen der Vektoren in den jeweiligen Schlitzleitungen ist entgegengesetzt, was differenzielle Signale an Port 3 und Port 4 impliziert (vgl. Abb. 4.9(b)).

Das Funktionsprinzip des Kopplers ist weitgehend frequenzunabhängig und kann daher im UWB-Frequenzbereich von 3 GHz bis 11 GHz eingesetzt werden.

Der Prototyp des Kopplers wird auf einem Substrat *Duroid 5880* mit einer Dicke von $0,79$ mm geätzt. Die Bemaßung des Kopplers für das oben genannte Substrat und Portimpedanzen von 50 Ω ist in Abb. 4.10 gezeigt und die Werte in der Tabelle 4.1 angegeben. Das Photo des Prototyps ist in Abb. 4.11 zu sehen.

Die simulativen und messtechnischen Untersuchungen zeigen, dass der Koppler Abstrahlungsverluste besitzt. Um den Einfluss der Abstrahlung des Kopplers auf die Richtcharakteristik der Antennengruppe zu vermindern, wird er mit einem Absorber verkleidet und zusätzlich mit einer Kupferfolie geschirmt. Die Vorgehensweise ist analog zu der im Abschnitt 3.5.

Die simulierten und gemessenen S-Parameter des Kopplers sind in Abb. 4.12 präsentiert. Die simulierte Anpassung von Port 1 bzw. Port 2 (S_{11} bzw. S_{22}) liegt fast im ganzem Frequenzbereich zwischen 3 GHz und 11 GHz unterhalb -10 dB. Die Anpassung an Port 2 besitzt, aufgrund der einfacheren Transformationsschritte zu den Ports 3 und 4, kleinere Werte als an Port 1. Die Kopplung zwischen Ports 1 und 2 (S_{21}) ist kleiner als -25 dB im ganzen Frequenzbereich.

Die Kopplung zwischen Port 1 und Port 3 (S_{31}) liegt bei ca. -3,5 dB für tiefe Frequenzen und sinkt mit steigenden Frequenzen. Die Simulationen zeigen, dass die Übertragungsverluste auf die bereits erwähnten Abstrahlungsverluste zurückzuführen sind.

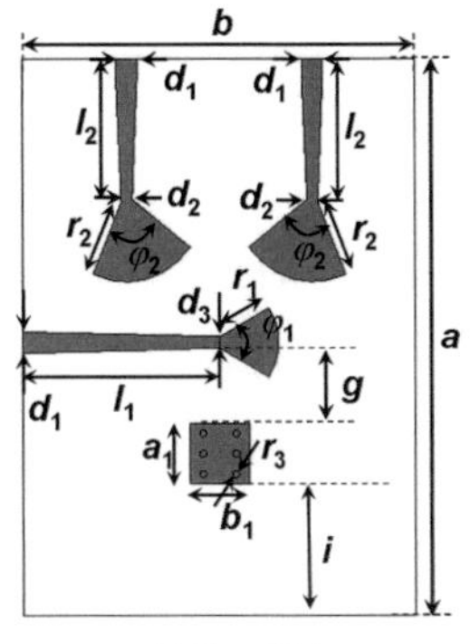

(a) Draufsicht

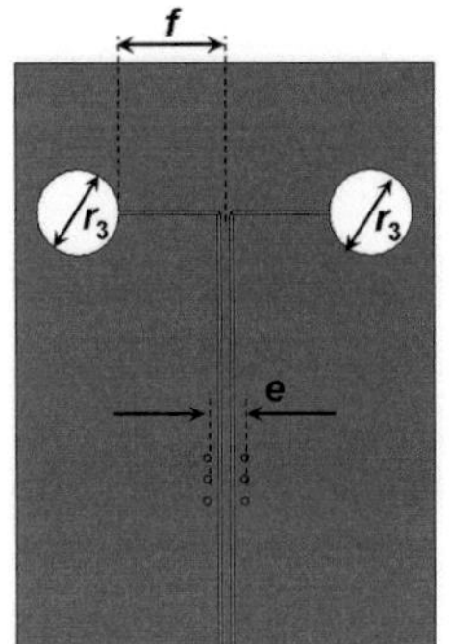

(b) Unteransicht

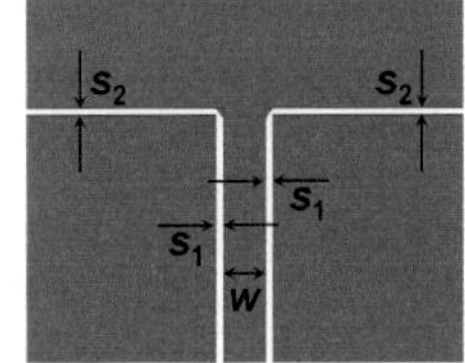

(c) Teilung der Schlitzleitungen

Abbildung 4.10: Dimensionierung des 180°-Hybrid-Kopplers

(a) Draufsicht

(b) Unteransicht

Abbildung 4.11: Foto des Prototyps des 180°-Hybrid-Kopplers

Tabelle 4.1: Werte der Bemaßung zu Abb. 4.10

Parameter	Wert in mm	Parameter	Wert in mm
a	40	f	10,5
a_1	6	l_1	20
b	55	l_2	13,9
b_1	6	r_1	5,7
d_1	2,1	r_2	7,65
d_2	1,1	r_3	8,15
d_3	1,2	s_1	0,1
e	3,3	s_2	0,12
w	1	i	13
g	7,4		

Die Übertragung zwischen Port 3 und Port 2 (S_{32}) zeigt deutlich kleinere Verluste, besonders bei höheren Frequenzen. Die Kurve befindet sich im ganzen Frequenzbereich zwischen -3,5 dB und -4 dB.

Die Messkurven bilden tendenziell die simulierten Werte gut nach. Die Messungen zeigen jedoch etwas höhere Übertragungsverluste, die auf die dielektrischen Verluste im Material zurückzuführen sind. In der Simulation werden alle verwendeten Materialien als verlustfrei angenommen.

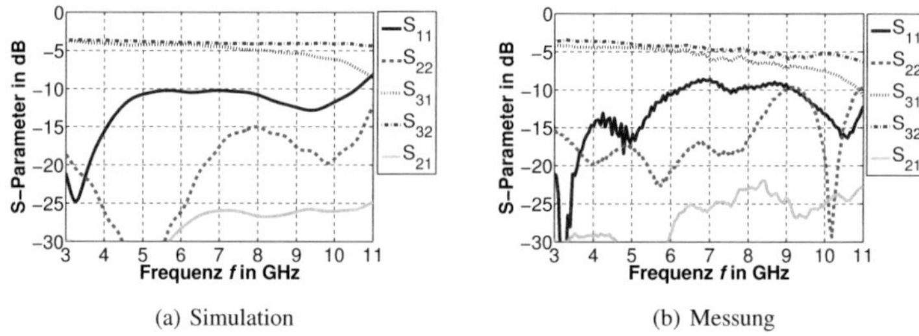

(a) Simulation　　　　　　　　　　(b) Messung

Abbildung 4.12: Simulierte und gemessene S-Parameter des 180°-Hybrid-Kopplers

Die Aufgabe des Kopplers ist die Leistung des Eingangssignals gleichmässig auf die beiden Ausgangsports zu verteilen, was in der Praxis schwer realisierbar ist. Um die Abweichung vom Idealzustand zu charakterisieren wird eine Amplitudenbalance Δa angewendet:

$$\Delta a_\Delta = S_{31}|_{\text{dB}} - |S_{41}|_{\text{dB}}, \quad \Delta a_\Sigma = S_{32}|_{\text{dB}} - |S_{42}|_{\text{dB}} \tag{4.9}$$

Die Amplitudenbalance Δa_Δ bzw. Δa_Σ zwischen Port 3 und Port 4 bei einer Speisung entsprechend an Port 1 bzw. Port 2 wird in Abb. 4.13 abgebildet. Bei einer Speisung an Port 1 unterscheiden sich die Signale maximal um 0,85 dB in dem Frequenzbereich von $3,1$ GHz bis $10,6$ GHz. Die größte Abweichung wird am oberen Rand des FCC-Frequenzbereichs beobachtet. Die Amplitudenbalance bei einer Speisung an Port 2 zeigt etwas kleinere Werte mit einer maximalen Abweichung der Amplitude von 0,5 dB in dem betrachteten Frequenzbereich. Die Abweichung der Amplituden verursacht eine unterschiedliche Leistungsverteilung auf die Antennen, die wiederum unsymmetrische Gewinne in Bezug auf die Symmetrieebene der Antennengruppe hervorruft.

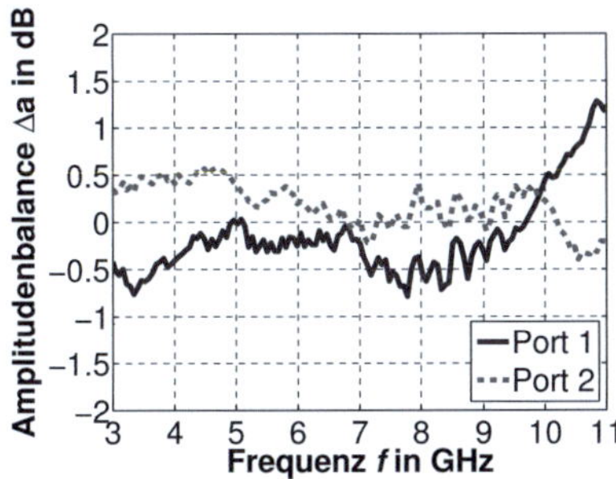

Abbildung 4.13: Amplitudenbalance der Ausgangssignale bei einer Speisung an Port 1 (Δ) und Port 2 ($\sum$)

Bei der Beurteilung der Übertragungseigenschaften des Kopplers ist nicht nur die Amplitude sondern auch die Phase von großer Bedeutung. Die gemessenen Phasengänge bei der Speisung an dem Summenport sind in Abb. 4.14(a) zu sehen. Es lässt sich feststellen, dass der Phasenunterschied zwischen den beiden Ports nahezu $0°$ im ganzen Frequenzbereich beträgt. Die maximale Phasenbalance (für die Definition vgl. Abschnitt 2.5) zwischen Port 3 und 4, bei Speisung an Port 2, beträgt $5°$. Wird der Differenzport angeregt, so werden die Signale an Ports 3 und 4 gegenphasig, was durch Messung verifiziert wird (Abb. 4.14(b)). Die Abweichung von dem ideal differenziellen Zustand steigt nahezu linear mit zunehmender Frequenz. Die lineare Steigung der Phasenbalance ist auf die Aperturkopplung von der Mikrostreifenleitung auf die Schlitzleitungen zurückzuführen. Der Versatz der Linien verursacht eine von der Frequenz linear abhängige Phasenverschiebung der Signale. Die Phasenbalance der Signale bei einer Speisung an Port 1 beträgt ca. $3°$ bei 3 GHz und erreicht einen Wert von ca. $19°$ bei 11 GHz. Aufgrund dieser Phasenverschiebung ist bei dem Einsatz des Kopplers in der Amplituden-Monopuls-Antennengruppe eine Verschiebung des Maximums in der Summenkeule und eine gleiche Verschiebung des Minimums in der Differenzkeule zu erwarten.

Ein linearer Phasengang zwischen Port 1 bzw. Port 2 und den Ausgangsports deutet auf verzerrungsarme Übertragungseigenschaften hin. Dies impliziert die Möglichkeit der Verwendung des Konzepts in pulsbasierten UWB Systemen.

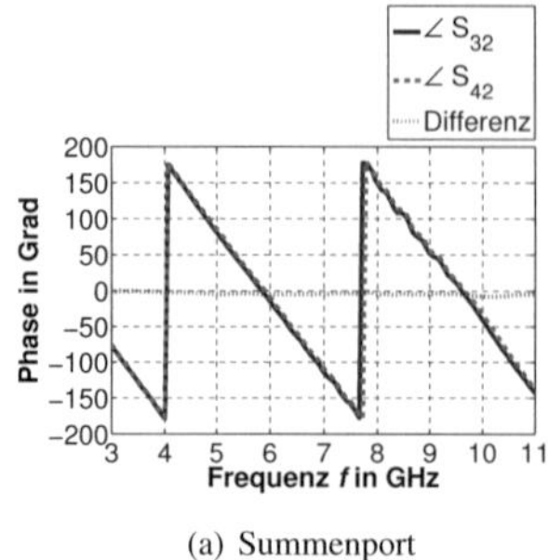

(a) Summenport

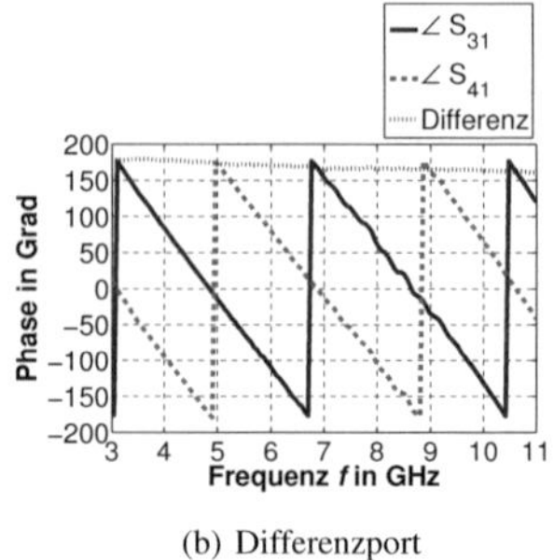

(b) Differenzport

Abbildung 4.14: Gemessene Phasengänge an Port 3 und Port 4 bei einer Speisung am Summen- bzw. Differenzport

Die Simulationen und Messungen zeigen, dass der vorgestellte Prototyp zum Aufbau einer Antennengruppe für Amplituden-Monopuls-Verfahren angewendet werden kann. Die Summen- bzw. Differenzkeulen werden durch eine abwechselnde Speisung an den entsprechenden Ports gebildet.

Der Prototyp der Antennengruppe für Amplituden-Monopuls-Verfahren ist in Abb. 4.15 dargestellt. Im unteren Bereich befindet sich der mit Absorber und schirmender Kupferfolie ausgestattete Koppler. Die Ausgänge des Kopplers (Port 3 und Port 4) sind über baugleiche Kabel mit den jeweiligen Eingängen von zwei modifizierten 4-Ellipsen-Antennen (s. Abschnitt 3.5) verbunden. Im Folgenden wird die Antennengruppe für Amplituden-Monopuls-Verfahren simulativ und messtechnisch charakterisiert.

(a) Seitenansicht

(b) Rückansicht

Abbildung 4.15: Foto des Prototyps der Antennengruppe für Amplituden-Monopuls-Verfahren [AHWZ10a]

4.2.2 Abstrahlcharakteristiken im Frequenzbereich

Die Antennengruppe wird entlang der z-Achse in der E-Ebene des Ports 2 aufgeweitet (vgl. Abschnitt 3.5). Die Hauptstrahlrichtung der Antennengruppe befindet sich somit bei $(\theta, \psi)=(90°, 0°)$.

Das Modell berücksichtigt die gemessene Abstrahlcharakteristik der Einzelantenne für den entsprechenden Port und die Ebene (Port 2 und E-Ebene, vgl. Abschnitt 3.5), sowie die Einfügungsdämpfung des verwendeten Kopplers und der Kabel.

Das Ergebnis der Modellierung und der Messung bei einer Speisung am Summenport ist entsprechend in Abb. 4.16(a) und Abb. 4.16(b) dargestellt. Die Abstrahlcharakteristik weist eine über die Frequenz konstante Hauptstrahlrichtung bei $\theta=90°$ auf. Die Breite der Keule sinkt erwartungsgemäß mit steigender Frequenz. Der maximale Gewinn beträgt ca. 5 dBi im mittleren Frequenzbereich. Eine Erhöhung des Gewinns bei höheren Frequenzen wird durch die ansteigende Einfügungsdämpfung des Kopplers verhindert. Bei Frequenzen oberhalb 4 GHz findet eine Bildung von Nebenkeulen statt, die nicht vollständig durch die Abstrahlcharakteristik des Einzelelements unterdrückt werden können. Der Maximalwert des Gewinns der Nebenkeulen liegt je nach Frequenz bei -9 dBi bis -6 dBi. Bei der Verwendung der Antennengruppe in pulsbasierten Systemen spielt jedoch die Bildung der Nebenkeulen, aufgrund des zeitlichen Versatzes der Abstrahlung von den Einzelelementen, eine untergeordnete Rolle (vgl. Abschnitt 4.1.2).

Die simulierte und gemessene Abstrahlcharakteristiken der Antennengruppe für Amplituden-Monopuls-Verfahren im differenziellen Betrieb sind entsprechend in Abb. 4.16(c) und Abb. 4.16(d) zu sehen. Eine Bildung von zwei Hauptkeulen ist zu beobachten. Die Keulen sind in den modellierten Daten symmetrisch zu $\theta = 90°$. Die Breite der Keulen sinkt mit steigender Frequenz und der maximale Gewinn beträgt ca. 2 dBi bei einer Frequenz von 6 GHz. Der Gewinn ist etwa 3 dB unter der Summenkeule, da die Leistung der Summenkeule gleichmäßig auf zwei Keulen verteilt wird.

Die Hauptstrahlrichtung der jeweiligen Keule ändert ihre Lage mit der Frequenz und erstreckt sich von einem Winkel $\theta = \pm 50°$ bei 3 GHz zu $\theta = \pm 20°$ bei 11 GHz. Dies ist jedoch in pulsbasierten Systemen von untergeordneter Bedeutung, solange die Pulse unverzerrt abgestrahlt werden. Der entworfene Prototyp gewährleistet eine Abstrahlung der Pulse, worauf im nächsten Abschnitt näher eingegangen wird. Die Winkellage des Gewinneinbruchs zwischen den zwei Hauptkeulen ist in dem gemessenen Datensatz nahezu konstant über der Frequenz und deckt sich tendenziell mit der Richtung des Maximums der Summenkeule. Sie neigt sich etwas in Richtung der positiven θ-Winkel, was auf eine nicht ideale Phasenbalance des Kopplers bei der Speisung am Differenzport zurückzuführen ist (siehe Abschnitt 4.2.1).

Die Dynamik des Einbruchs ist entscheidend für die Dynamik des Amplituden-Monopuls-Systems [She84]. Sie beträgt über 25 dB zwischen den Winkel $\theta = -20°$ und $\theta = 20°$, was in Abb. 4.17 anhand des mittleren Gewinns zu sehen ist. Der modellierte mittlere Gewinn (Abb. 4.17(a)) bildet die Beträge der gemessenen Werte (Abb. 4.17(b)) sehr gut nach. Der

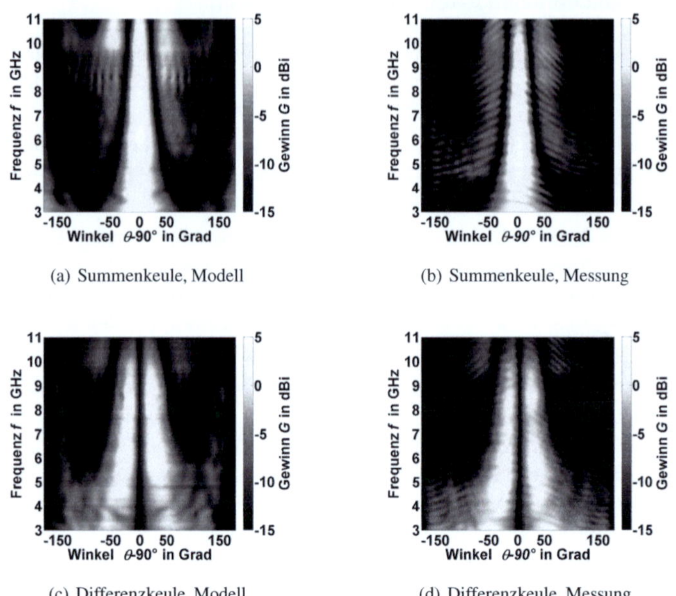

Abbildung 4.16: Gewinn der Antennengruppe für Amplituden-Monopuls-Verfahren in der E-Ebene bei einer Speisung des Ports 2 für die Ko-Polarisation [AHWZ10a]

Einbruch des Gewinns im differenziellen Betrieb ist, aufgrund der erwähnten nicht-idealen Phasenbalance des Kopplers, leicht in Richtung positiver θ-Winkel verschoben. Die Verschiebung des Einbruchs des mittleren Gewinns im differenziellen Betrieb beträgt ca. $4°$.

Das Maximum des gemessenen mittleren Gewinns bei der Speisung am Summenport liegt bei ca. $\theta = 3°$ und erreicht einen Wert von ca. 3 dBi. Die Maxima der Differenzkeulen liegen bei ca. $\theta = -24°$ bzw. $\theta = 28°$ und nehmen einen Wert von ca. -0,5 dBi an.

Die Breite der Summenkeule sowie der Winkelabstand zwischen den Maxima im differenziellen Betrieb können durch den Abstand zwischen den Antennenelementen variiert werden. Diese Keulenbreiten definieren den Winkelbereich, in dem ein Objekt von einem Radar mit Amplituden-Monopuls-Antennengruppe eindeutig detektiert werden kann. Auf den Eindeutigkeitsbereich bei dem Amplituden-Monopuls-Radar wird in Abschnitt 5.2 näher eingegangen. Um den Bereich zu erweitern soll der Abstand zwischen den Elementen verkleinert werden. In dem Prototyp beträgt der Antennenabstand 4 cm und ist damit gleich der transversalen Abmessung der einzelnen Antenne in der Antennengruppe. Eine Erhöhung des Abstandes verursacht eine Verschmälerung der Summenkeule und einen kleineren Winkelabstand der

Maxima im differenziellen Betrieb, d.h. eine Verkleinerung des Eindeutigkeitsbereichs.

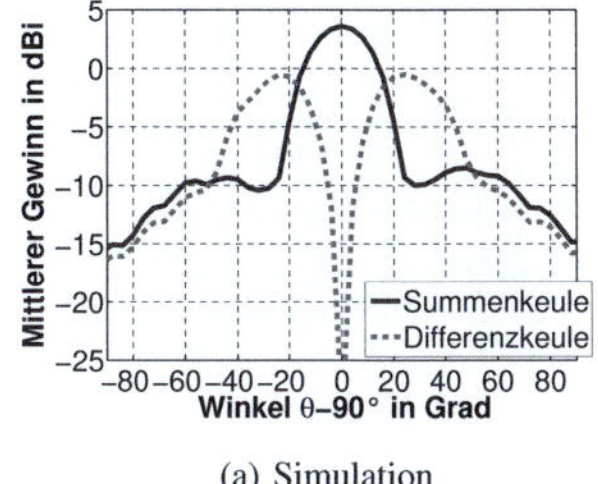

(a) Simulation

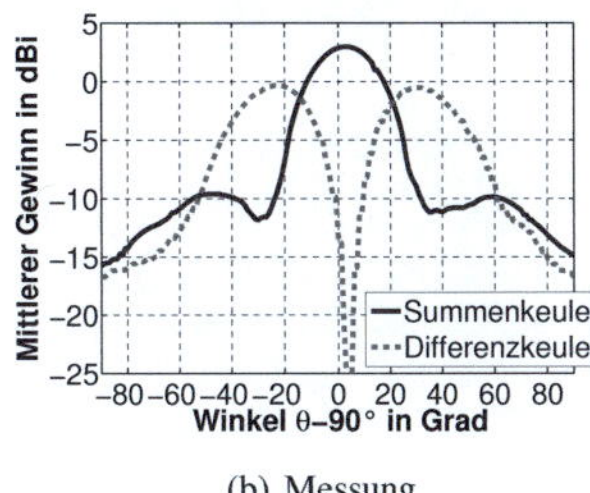

(b) Messung

Abbildung 4.17: Mittlerer Gewinn der Antennengruppe für Amplituden-Monopuls-Verfahren in der E-Ebene bei der Speisung des Ports 2 für Ko-Polarisation [AHWZ10a]

4.2.3 Abstrahlcharakteristiken im Zeitbereich

Die Impulsantworten für die Summen- und Differenzkeule sind entsprechend in Abb. 4.18(a) und Abb. 4.18(b) dargestellt. In den Daten sind ähnliche Tendenzen, wie im vorherigen Abschnitt zu beobachten. Die Impulsantwort bei der Speisung an dem Summenport besitzt ein Maximum, das bei $\theta = 3°$ liegt. Der Spitzenwert der Einhüllenden der Impulsantwort $h_{\Sigma}(t, \theta)$ beträgt ca. 0,15 m/ns. Die Impulsantwort der Amplituden-Monopuls-Antennengruppe im differenziellen Betrieb besitzt zwei Maxima, die durch einen Einbruch der Amplitude der Impulsantwort separiert werden. Das Minimum des Einbruchs befindet sich bei $\theta = 4°$. Der Spitzenwert der Impulsantwort im Differenzbetrieb beträgt ca. 0,1 m/ns und liegt bei ca. $\theta = -24°$ bzw. $\theta = 28°$.

Die Verzögerung des Maximums der Impulsantwort beträgt ca. 3, 7 ns, was durch die Laufzeit des Pulses durch den Koppler, durch die Kabellänge von 50 cm und durch die Antennen selbst verursacht wird. Diese Verzögerung führt, z.B. bei der Berechnung der Pulslaufzeit in der Radarmessung, einen systematischen Fehler ein, der aus dem Endergebnis der Entfernungsmessung herauskalibriert werden muss.

Die Signale, die im Differenzbetrieb in den zwei unterschiedlichen Keulen abgestrahlt werden, sind im Idealfall differenziell zueinander. Dies bedeutet eine gleiche Amplitude und entgegengesetzte Phase der Signale, was im Fall der pulsbasierten Systeme eine gleiche Form aber Invertierung der Amplitude des differenziellen Pulses bedeutet. Die Realteile der Impulsantworten der Antennengruppe im Differenzbetrieb sind für die Richtungen $\theta = \pm 25°$ in Abb. 4.19(a) und Abb. 4.19(b) dargestellt. Es wird beobachtet, dass der Puls bei $\theta = 25°$ eine etwas größere Amplitude aufweist, was auf die Verschiebung der Gesamtcharakteristik in Richtung positiver θ-Winkel zurückzuführen ist. Die Formen der beiden Pulse sind ähnlich, wobei die Pulse invertiert sind. Da im Fall der Pulse die Phase nicht direkt gemessen werden

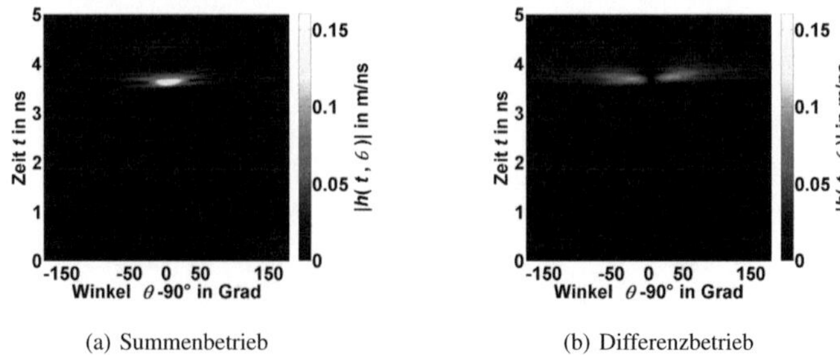

<table>
<tr><td>(a) Summenbetrieb</td><td>(b) Differenzbetrieb</td></tr>
</table>

Abbildung 4.18: Impulsantwort $|h(t,\theta)|$ der Antennengruppe für Amplituden-Monopuls-Verfahren in der E-Ebene bei der Speisung von Port 2 für die Ko-Polarisation [AHWZ10a]

kann, kann die Gleich- bzw. Gegenphasigkeit der Pulse durch das Vorzeichen des Korrelationsfaktors erkannt werden. Der Realteil der Impulsantwort in der Hauptstrahlrichtung der Summenkeule ist in Abb. 4.19(c) gezeigt. Er besitzt eine größere Amplitude als die Pulse im Differenzbetrieb und seine Form ähnelt den Pulsen im Differenzbetrieb. Dabei ist die Phase gleich dem Puls im Differenzbetrieb für negative θ-Winkel (Abb. 4.19(b)). Dies führt zu einem positiven Vorzeichen des Korrelationskoeffizienten zwischen den beiden Pulsen. Das Vorzeichen wird entsprechend negativ bei dem Korrelationskoeffizient zwischen den Pulsen aus Abb. 4.19(c) und Abb. 4.19(a). Die Phase des Pulses im Summenbetrieb bleibt konstant über die ganze Winkelbreite.

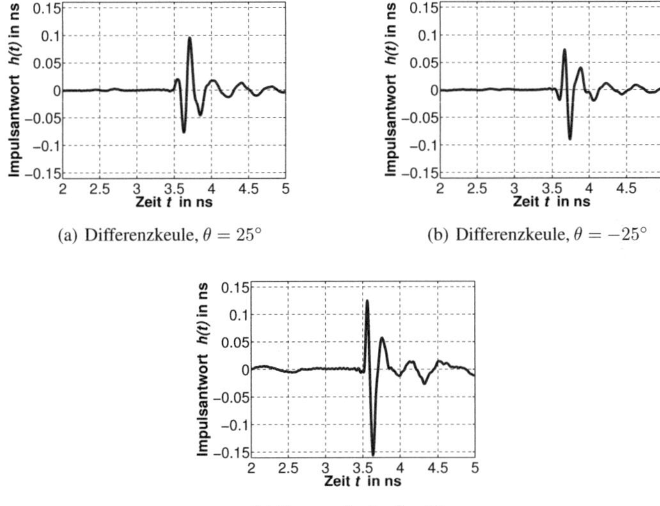

(a) Differenzkeule, $\theta = 25°$

(b) Differenzkeule, $\theta = -25°$

(c) Summenkeule, $\theta = 0°$

Abbildung 4.19: Impulsantwort $h_{\Delta,\sum}(t,\theta)$ der Antennengruppe für Amplituden-Monopuls-Verfahren für die Differenzkeule in zwei Richtungen und für die Summenkeule in Hauptstrahlrichtung

5 Anwendungsbeispiele von vollpolarimetrischen UWB Antennen in der Sensorik

In diesem Abschnitt werden Beispielanwendungen für die in den vorherigen Kapiteln beschriebenen Antennen und Antennengruppen gezeigt. Die Anwendungen werden auf die Radartechnik begrenzt und zeigen die Vorteile der beschriebenen Antennen auf, wie z.B. hohe Polarisationsreinheit, gleiches Phasenzentrum für beide Polarisationen, ähnliche Abstrahlcharakteristik in beiden E- und H-Ebenen der Antenne.

Im ersten Teil des Kapitels wird ein Radar-Imaging-System beschrieben. Ein Algorithmus zur Auswertung der Daten sowie das Messsystem werden vorgestellt. Die Ergebnisse einer ein- und zweidimensionalen Abtastung werden in Form von entsprechend zwei- und dreidimensionalen Bildern gezeigt.

Im zweiten Teil des Kapitels wird ein UWB-Amplituden-Monopuls-Radar-System vorgestellt, das auf der Antennengruppe aus Abschnitt 4.2 basiert. Ein Vorteil solch eines Systems ist, dass man die genauen Positionen verschiedener Objekte in einen gewissen Winkelbereich mit Hilfe von nur zwei Messungen bestimmen kann. Im Gegensatz zu dem Imaging-System, ist im Fall des Amplituden-Monopuls-Prinzips keine Bewegung des Antennensystems notwendig.

5.1 Bildgebendes Radar

Ein bildgebendes Verfahren mit Hilfe eines Radar-Systems findet eine Anwendung in mehreren Bereichen der Hochfrequenztechnik. Zur Erstellung der Abbildung der Erdoberfläche wird z.B. ein Radar mit synthetischer Apertur (engl. Synthetic Aperture Radar, SAR) verwendet [BSM95, Har70, You04]. Dieses System wird z.B. auch zur Berechnung der Biomasse angewendet, bei dem die penetrierenden Eigenschaften der Mikrowellen ausgenutzt werden. Andere Forschungsbereiche nutzen bildgebende Verfahren zur Bodenerkundung, bei dem die Mikrowelle den Boden durchdringt und durch Reflexion an einem Ziel z.B. eine Mine gefunden werden kann [PDS03].

Die UWB-Technik gewährleistet einem Radar-Systemen eine Auflösung in der Entfernungsrichtung im Bereich von einigen cm. Um die Auflösung in der Querrichtung zu bekommen muss eine Apertur ebenfalls in der Querrichtung ausgebaut werden. Eine hohe Auflösung wird durch eine sog. synthetische Apertur erreicht. Das Grundprinzip der synthetischen Apertur ist eine Bewegung eines Radar-Systems entlang einer gewissen, bekannten Strecke und gleichzeitige Aufnahme der Daten. Diese Daten werden benutzt um ein Bild des Messszenarios zu erzeugen. Die Auflösung der Abbildung hängt dabei von der Länge der abgefahrenen Strecke ab und ist um so besser, je größer die synthetische Apertur wird. Dies erlaubt, wenn kombiniert mit UWB-Technik, eine drei-dimensionale Abbildung von Objekten, deren Größe sogar im cm-Bereich liegt. Eine Anwendung dafür wäre z.B. eine Abbildung von Innenräumen, was sicherheitsrelevant im Fall einer begrenzten optischen Sicht sein kann (z.B. brennende Wohnung) [THSZ07]. Eine andere Anwednung kann in der Medizin liegen, bei der versucht wird die UWB-Imaging-Technik zur Lokalisierung von Tumoren einzusetzen [HHSS08].

In dieser Arbeit werden verschiedene Ziele aufgebaut, positioniert und mit einem Imingalgorithmus abgebildet. Als Ziele werden typische Radarziele eingesetzt, wie z.B. Kugel, Winkelreflektor mit zwei orthogonalen Flächen (im Weiteren Dihedral genannt) oder ein metallischer Quader. In jedem Szenario wird ein um $45°$ zur Polarisationsebene gedrehtes Dihedral als Ziel benutzt. Solch ein Dihedral dreht bei der Reflexion eine linear polarisierte Welle um $90°$ (d.h. in die orthogonale Polarisation). Ein so orientiertes Dihedral kann bei Verwendung der mono-linear-polarisierten Antennen nicht lokalisiert werden und wird aus dem Grund zum Testen der Polarisationseigenschaften des Radar-Systems verwendet.

Zur Erstellung des Radarbilds wird ein so genannter Kirchhoff - Migrationsalgorithmus verwendet. Er setzt voraus, dass das Radar-System entlang einer bekannten Strecke Messdaten aufnimmt. Aus diesem Grund muss ein Positionierungssystem eingesetzt werden, das das Radar-System mit hoher Genauigkeit bewegt. Im Folgenden wird dieser Imaging-Algorithmus in Kürze beschrieben und das Messsystem vorgestellt.

5.1.1 Imaging Algorithmus

Eine Voraussetzung für die Verwendung der kirchhoffschen Migration ist, dass das Radar-Signal sich in einem Medium mit konstanter Geschwindigkeit ausbreitet. Dies impliziert die Anforderung an ein homogenes Ausbreitungsmedium. In den verwendeten Szenarien dient Luft als Ausbreitungsmedium, was in dem verwendeten Frequenzbereich als homogen angenommen werden kann. Die Objekte werden teilweise hinter einem dünnen Hindernis, das eine größere relative Dielektrizitätszahl als Luft besitzt, platziert. Der Effekt der Verformung der Abbildung durch die abweichende Ausbreitungsgeschwindigkeit im Hindernis wird hier nicht berücksichtigt. Aufgrund der geringen Dicke der Hindernisse (maximal 2 cm) ist der Einfluss jedoch zu vernachlässigen.

Der Algorithmus der Bildfokussierung basiert auf der Bewegung eines Sensors entlang einer bekannten Strecke bei gleichzeitiger Aufnahme der Messdaten. In dieser Arbeit wird das System entweder entlang einer Linie oder auf einer Fläche bewegt. In dem System wird eine Antenne als Sender und die Zweite als Empfänger benutzt. Dadurch, dass die Antennen nah beieinander platziert werden, wird das System quasi-monostatisch. Der Pfad „Sender-Ziel" und „Empfänger-Ziel" kann somit als gleich angenommen werden.

Das Prinzip des Algorithmus wird anhand von Abb. 5.1 erklärt. Das Radar-System wird entlang der x-Achse bewegt, dessen Position jeweils durch ein Dreieck in Abb. 5.1(a) und Abb. 5.1(b) gekennzeichnet wird. Die Position des Ziels wird in den Abbildungen durch einen Kreis markiert. An jeder Position der Antenne wird eine Impulsantwort des Szenarios berechnet, aus der die Laufzeit des Pulses und damit die Entfernung des Objekts wie folgt berechnet werden kann [Li09]:

$$d_{Ziel} = \frac{1}{2}c_0 \cdot \Delta t. \tag{5.1}$$

Anhand einer einzelnen Messung lässt sich die Richtung des Ziels nicht feststellen. Aus diesem Grund wird die Impulsantwort auf alle möglichen Winkel projiziert, in denen sich das Objekt befinden kann. Es entsteht dadurch für jede Aufnahme ein Kreis mit einem Radius gleich der Entfernung zwischen Radar und Ziel. Der Mittelpunkt des Kreises befindet sich am Ort des Radars zum Zeitpunkt der Datenaufnahme. Diese Situation ist in Abb. 5.1(a) dargestellt. Wird das Radar entlang der x-Achse bewegt, ändert sich der relative Abstand zu dem Objekt und somit der Radius des Kreises und der Mittelpunkt (siehe Abb. 5.1(b).

Wird gewährleistet (z.B. durch den Einsatz von direktiven Antennen), dass die Daten nur positive y-Werte annehmen, entsteht nur ein einzelner möglicher Schnittpunkt der Kreise. Dies gilt für beliebige Positionen des Radars auf der x-Achse. Im nächsten Schritt werden die Impulsantworten für jede Position des Sensors im Szenario summiert und auf ein einen maximalen Wert normiert. Ein Beispiel für drei verschiedene Positionen des Radars ist in Abb. 5.1(c) gezeigt. Die Kreise schneiden sich an einem Ort und legen damit die Position des Ziels fest. Dies wird durch ein Maximum der Intensität in dem Bild an dem entsprechenden Ort gekennzeichnet. Das Vorhandensein der Intensität der einzelnen Kreise an den übrigen Stellen ist bei der Verwendung dieses Ansatzes erkennbar. Diese Stellen führen zu einer Fehlabbildung und werden Artefakte genannt. Die Intensität der Artefakte im Bezug auf die Intensität des Ziels wird durch die Erhöhung der Anzahl der Messdaten, die an verschiedenen Radarpositionen aufgenommen werden, reduziert. In Abb. 5.1(d) wird ein Bild erzeugt, das aus der Aufnahme von Daten an zehn unterschiedlichen Positionen erfolgt. Eine Abschwächung der Artefaktintensität ist erkennbar. Um ein möglichst artefaktfreies Bild zu erzeugen, müssen Daten von möglichst vielen Positionen aufgenommen werden. Aufgrund der Verwendung direktionaler Antennen in dem Verfahren, gibt es jedoch nur einen begrenzten Bereich auf der x-Achse, wo die Daten relevant zu der Bilderstellung beitragen. Um eine bessere Fokussierung des Bildes zu bekommen, sollten daher Antennen mit möglichst breiter Richtcharakteristik angewendet werden [JZW09, Li09, LJA⁺09].

Eine praktische Implementierung des Algorithmus erfordert eine Unterteilung der Szenarioabbildung auf ein Raster. Dabei wird jede Zelle eindeutig im Koordinatensystem gekennzeichnet. Im Fall der eindimensionalen Abtastung ergibt es eine zweidimensionale Zellenanordnung $o(x, y)$. Jeder Zelle wird ein gewisser Betrag der Intensität zugeschrieben. Er besteht aus der Summe der Impulsantworten an den Stellen, die proportional zu der Entfernung zwischen der Zelle $o(x, y)$ und der jeweiligen Antennenposition sind. Befindet sich das Ziel am

Ort (x_0, y_0) und es werden Daten an M verschiedenen Positionen des Radars (x_n, y_n) aufgenommen, lässt sich die Intensität einer Zelle $o(x, y)$ mit folgender Formel berechnen

$$o(x, y) = \sum_{n=1}^{M} h_n(t_n) = \sum_{n=1}^{M} h_n \left(\frac{2 \cdot r_n}{c_0} \right), \tag{5.2}$$

wobei

$$r_n = \sqrt{(x - x_n)^2 + (y - y_n)^2}. \tag{5.3}$$

Die Auflösung des Bildes hängt von dem gewählten Raster ab. Um eine pixelfreie Abbildung zu bekommen muss die Zellengröße des Rasters deutlich kleiner als die Systemauflösung sein. In dieser Arbeit beträgt die Zellengröße $0, 2$ mm.

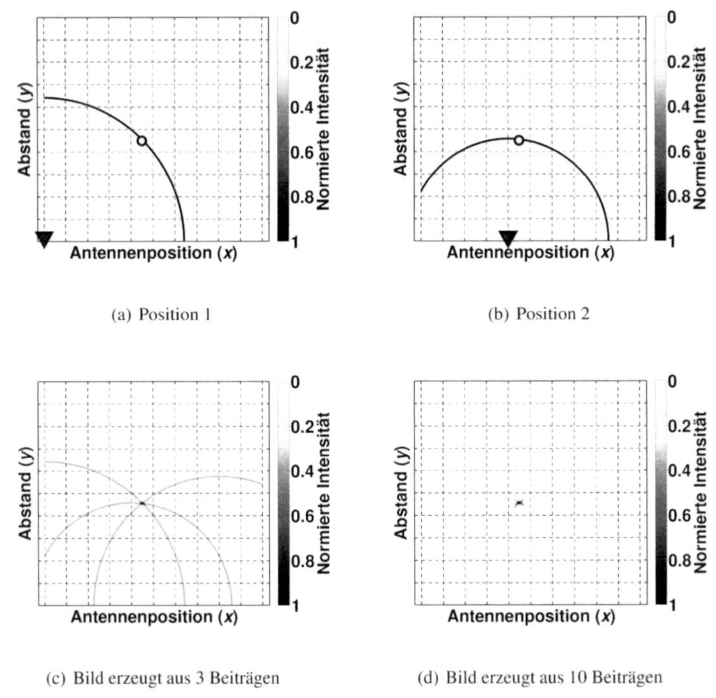

(a) Position 1

(b) Position 2

(c) Bild erzeugt aus 3 Beiträgen

(d) Bild erzeugt aus 10 Beiträgen

Abbildung 5.1: Prinzip des Imaging-Algorithmuses

5.1.2 Aufbau des Messsystems

Der Radar-Sensor besteht aus einem Netzwerkanalysator, einer Sende- und Empfangsantenne, HF-Schaltern und einem Positionierer, der die Antennen bewegt. Ein Schema des Messsystems ist in Abb. 5.2 dargestellt.

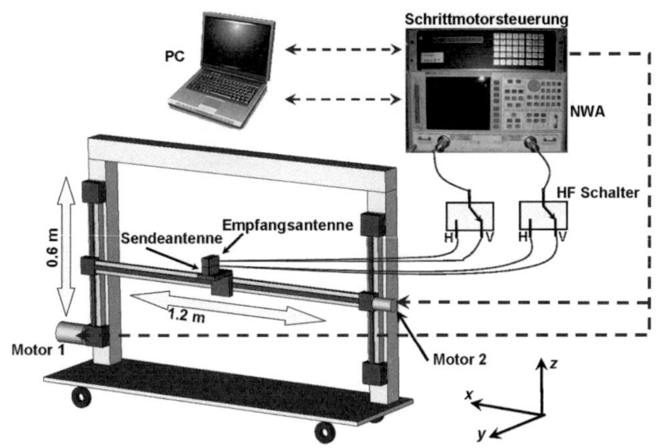

Abbildung 5.2: Schema des Messsystems zur Erstellung der Abbildung eines Ziels

Die Genauigkeit der Radarabbildung hängt von der Genauigkeit der Positionierung des Radar-Systems ab. Um eine präzise Ausrichtung des Sensors zu gewährleisten, werden zwei Schrittmotoren angewendet, die eine zweidimensionale Bewegung der Antennenhalterung ermöglichen. Die Achse für die horizontale Bewegung der Halterung wird auf den vertikal ausgerichteten Pfosten befestigt. Die Schienen werden so positioniert, dass die Bewegungsebene senkrecht zum Boden ausgerichtet ist. Durch eine solche Anordnung des Radarsystems wird die Auflösung in der Querrichtung durch den Imaging-Algorithmus und in der Entfernungsrichtung durch die Auflösung des UWB-Systems bestimmt. Die Schrittmotoren werden über eine Steuereinheit von dem Rechner aus gesteuert. Die Daten werden an den Messpunkten im Abstand von 2 cm in x- und z-Richtung aufgenommen. Um den Positionierer frei bewegen zu können, werden die Achsen auf einer Plattform mit Rädern befestigt.

Die Aufnahme der Daten erfolgt im Frequenzbereich, da die Dynamik der Messgeräte im Frequenzbereich höher ist als im Zeitbereich. Es wird dazu ein Netzwerkanalysator HP 8722D der Firma *Hewlett Packard* verwendet. Die Daten werden anschließend mit Hilfe einer Fourier-Transformation in den Zeitbereich konvertiert. Die Ports des NWA werden über HF-Schalter und Mikrowellenkabel mit der Sende- und Empfangsantenne verbunden. Die Schalter dienen zur automatischen Umschaltung zwischen den Polarisationen an den Antennen. Als Antennen werden die modifizierten 4-Ellipsen-Antennen aus Abschnitt 3.5 verwendet.

Die Antennen werden in einer quasi-monostatischen Konfiguration übereinander angeordnet. Der Einfluss der Kabel und der Schalter wird vor einer Datenauswertung herauskalibriert, sowie der Einfluss der Verzögerung der Antenne auf die Entfernungsmessung.

Die Daten werden im Frequenzbereich von $2,5$ GHz bis $12,5$ GHz mit 1601 Frequenzpunkten aufgenommen. Die Wahl des Frequenzbereichs, der größer ist als der von FCC definiert, wird aufgrund der implementierten Fensterung im Frequenzbereich verwendet. Die Daten werden mit einem Hanning-Fenster multipliziert, um die Nebenmaxima in der Impulsantwort zu minimieren.

Die Ansteuerung von allen Komponenten (NWA, Schalter, Schrittmotoren) und die Aufnahme der Daten werden mittels eines Rechners durchgeführt.

5.1.3 2D-Abbildung

Die Leistungsfähigkeit des UWB-Imaging-Systems und somit die Performance der benutzten Antennen, wird anhand der zweidimensionalen Abbildung gezeigt. Zu diesem Zweck werden vier Ziele mit unterschiedlichen Höhen in unterschiedlichen Abständen auf einer Gerade angeordnet. Die Ziele bestehen aus Styroporblöcken, die mit einer Aluminiumfolie vollständig bedeckt werden und entlang der x-Achse auf einer Halterung befestigt werden (siehe Abb. 5.3). Die transversalen Dimensionen der Quader betragen 6 cm x 8 cm entsprechend in x- und z-Richtung. Die Höhen der Objekte sind in Abb. 5.3(a) und die Abstände zwischen diesen sind in Abb. 5.3(b) gekennzeichnet.

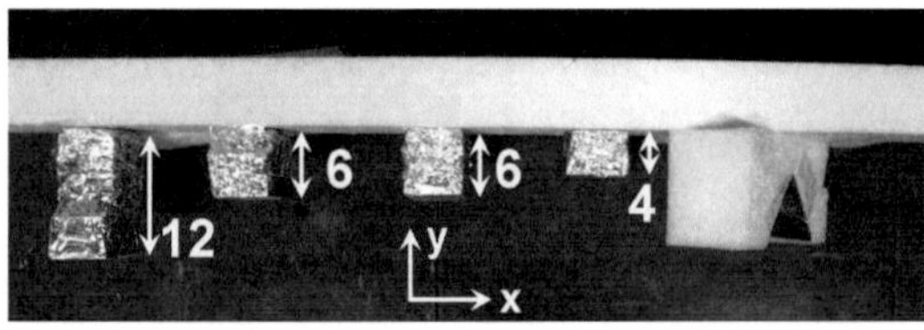

(a) Draufsicht

(b) Vorderansicht

Abbildung 5.3: Foto der Ziele und ihre Konfiguration für die zweidimensionale Abbildung (alle Werte in cm)

Als zusätzliches Messobjekt wird ein um $45°$ gedrehter Dihedral verwendet. In einer solchen Konfiguration wird die Polarisation bei einer Reflexion um $90°$ gedreht (Kreuz-Polarisation). Im Extremfall ist die Detektion eines solchen Objekts bei der Verwendung eines mono-polarisierten Systems nicht möglich. Der Dihedral wird ebenfalls aus einem entsprechend geformten Styropor und Aluminiumfolie gebaut (siehe Abb. 5.3).

Alle Ziele werden auf einem Styroporblock befestigt, dessen vordere Wand in einer Distanz von 2,1 m von den Antennen platziert wird. Da das Styropor in dem verwendeten Frequenzbereich luftähnliche Eigenschaften besitzt, hat er kaum einen Einfluss auf die Messergebnisse und dient nur als Halterung für die Ziele.

Die Antennen werden entlang der x-Achse auf einer Strecke von 1 m bewegt. Damit wird sichergestellt, dass alle fünf Ziele direkt beleuchtet werden. Die Daten werden mit einer örtlichen Auflösung von 2 cm aufgenommen, was insgesamt 51 Messwerte ergibt. Dies sichert eine genügend hohe Unterdrückung von Artefakten.

Für jede Aufnahme wird die Polarisation zwischen horizontaler (x-Achse) und vertikaler (z-Achse) an der Sende- und Empfangsantenne umgeschaltet. Dies ergibt für jede Messposition vier Datenreihen die entsprechend mit HH, HV, VH und VV bezeichnet werden (H - horizontal bzw. x-Richtung, V - vertikal bzw. z-Richtung). Der zweite Buchstabe kennzeichnet die gesendete und der erste die empfangene Polarisation. Aus den Messdaten werden vier Abbildungen erzeugt (jeweils eine für jede Polarisationskonfiguration), die in Abb. 5.4 dargestellt sind.

Die Genauigkeit der Abbildung wird zuerst anhand der Abb. 5.4(a) (HH-Konfiguration) beschrieben. Die Abbildung zeigt deutlich vier Positionen mit hoher Intensität. Sie entsprechen den vorderen Flächen der mit Aluminiumfolie bedeckten vier Styroporblöcke. Die tatsächlichen Abstände zwischen den Mitten der Ziele betragen, von links nach rechts, entsprechend 16 cm, 18 cm und 15 cm. Um die Abstände zwischen den Objekten aus der Abbildung abzulesen, müssen als Referenzpunkte die Mitten der Intensitätsmaxima betrachtet werden. Sie betragen entsprechend etwa 16 cm, 18 cm und 15 cm. Man erkennt, dass die horizontalen Abstände zwischen den Objekten sehr gut abgebildet werden und die Tendenzen der Abstandsunterschiede eindeutig wiedergegeben werden.

Alle vier Objekte können in dem beschriebenen System eindeutig aufgelöst werden. Die Auflösung in horizontaler Richtung hängt u.A. mit folgenden Systemparameter zusammen: verwendete Bandbreite, räumliche Abtastlänge und -intervall, sowie die Breite der Richtcharakteristik der Antennen. Aus diesem Grund kann kein einfacher Zusammenhang für die Berechnung der horizontalen Aufösung hergeleitet werden. Es lässt sich jedoch aus den Messdaten feststellen, dass die erreichbare horizontale Auflösung im cm-Bereich liegt.

Im Folgenden wird die Abbildungsqualität in Entfernungsrichtung (y-Richtung) betrachtet. Die Rückseiten aller Ziele befinden sich in der gleichen Entfernung von ca. $y =2,1$ m. Die Höhen der Objekte betragen entsprechend, von links nach rechts, 12 cm, 6 cm, 6 cm und 4 cm. Aus der Abbildung lässt sich ablesen, dass alle Werte um ca. 2 cm größer sind. Dies impliziert einen systematischen Fehler in dem System, der z.B. durch eine zusätzliche Kali-

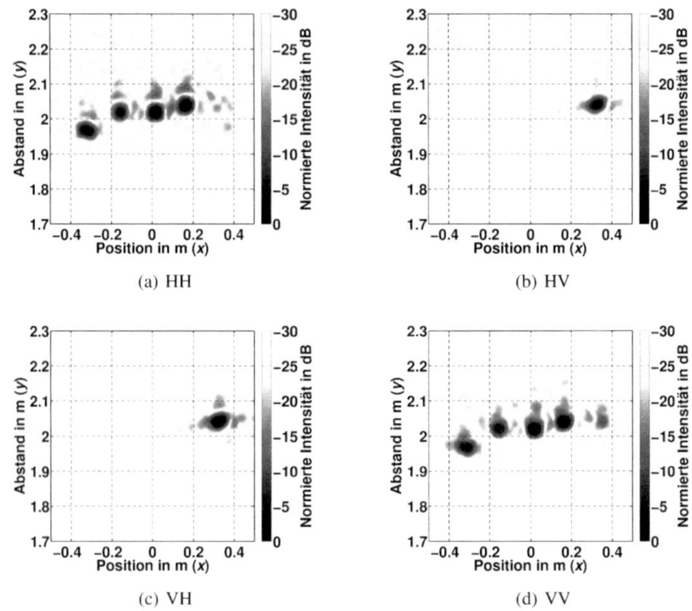

Abbildung 5.4: Zweidimensionale Abbildungen der Ziele aus Abb. 5.3 in verschiedenen
Polarisationskonfigurationen

brationsmessung beseitigt werden kann. Die relativen Höhen der Objekte werden jedoch sehr gut abgebildet. Ein Höhenunterschied von 2 cm zwischen Objekt 3 und 4 (von links) lässt sich eindeutig erkennen. Die Auflösung in der Entfernungsrichtung wird durch die 3 dB-Länge der Intensitätsmaxima gekennzeichnet. Sie liegt, wie im Fall der horizontalen Auflösung, im cm-Bereich.

In der HH-Konfiguration ist das fünfte Ziel (um $45°$-gedrehter Dihedral) kaum erkennbar. Aufgrund der Drehung der Polarisation wird es durch eine Kreuz-Polarisationsmessung abgebildet. Die Ergebnisse der Messung in der HV- und VH-Konfiguration sind entsprechend in Abb. 5.4(b) und Abb. 5.4(c) dargestellt. Der Dihedral wird eindeutig durch ein starkes Maximum der Intensität an der entsprechenden Stelle abgebildet. Die Lage des Dihedrals in der Entfernungsrichtung ist vergleichbar mit der von dem Quader mit der Höhe von 4 cm (Ziel links vom Dihedral). Dies geschieht durch entsprechend längeren Weg des Signals bei der Reflexion am Dihedral, was sich in der Lage widerspiegelt. Die Ergebnisse in der HV-und VH-Konfiguration stellen nahezu identische Abbildungen dar, was die erwartete Gleichheit der Systemperformance in beiden Polarisationskonfigurationen bestätigt. Die andere Objekte werden in den Kreuz-Polarisationsmessungen nicht abgebildet. Dies verifiziert die Fähigkeit des Systems zum vollpolarimetrischen Betrieb und bestätigt die hohe Polarisationsreinheit der Antennen, die gleichen Lagen der Phasenzentren für beide Polarisationen und ähnliche Charakteristika in der E- und H-Ebene.

Die Abbildung des Szenarions bei Verwendung der vertikalen Polarisation (VV) ist in Abb. 5.4(d) dargestellt. Das Ergebnis ähnelt dem aus Abb. 5.4(a) (HH). Dies ist auch zu erwarten, da die Ziele sehr ähnliche Reflexionseigenschaften in beiden Ebenen besitzen. Eine gleiche Abbildung des Szenarios in beiden Polarisationen (HH und VV) deutet darauf hin, dass die Antennen in beiden Ebenen nahezu gleiche Abstrahlcharakteristiken besitzen. Eine abweichende Keulenbreite der Antennen in beiden Ebenen und Polarisationen führt zu Verformung der Abbildung in Imaging-Systemen. Weiterhin lässt sich feststellen, dass die Ziele für beide Polarisationen an genau den gleichen Positionen abgebildet werden. Dies bestätigt, dass die Lagen der Phasenzentren der Antennen für beide Polarisationen an der gleichen Stelle liegen. Eine abweichende Lage der Phasenzentren würde das Szenario unterschiedlich abbilden, was sich nicht immer durch eine Datenprozessierung kompensieren lässt.

5.1.4 3D-Abbildung

Um eine dreidimensionale Abbildung eines Szenarios zu realisieren, muss eine Abtastung durch das Radar zweidimensional erfolgen. Die dritte Dimension wird durch die Entfernungsmessung mit dem Radar ermittelt. Dazu wird das Messsystem aus Abb. 5.2 verwendet. Die Antennen werden in der xy-Ebene auf einer Länge von 1 m in horizontaler und 0,6 m in vertikaler Richtung bewegt. Es wird die gleiche Antennenkonfiguration wie bei der eindimensionalen Abtastung benutzt und ebenfalls eine vollpolarimetrische Messung (HH, HV, VH, VV) durchgeführt. Zur Erstellung der Abbildung muss der Imaging-Algortithmus auf eine zweidimensionale Ebene erweitert werden.

Da die quantitative Leistungsfähigkeit des Imaging-Systems bereits im vorherigen Abschnitt gezeigt wurde, wird hier nur eine qualitative Diskussion der Ergebnisse gegeben.

Das Szenario bilden fünf Ziele die in einem Schrank platziert werden. Die Objekte und der Schrank sind in Abb. 5.5(a) zu sehen. Drei von den Zielen werden in einem Fach platziert - links ein metallischer Quader, in der Mitte ein um $45°$-gedrehter Dihedral und rechts eine Flasche mit Flüssigseife. Unter dem Fach werden auf Halterungen aus Styropor zwei weitere Ziele aufgebaut - ein Dihedral (links) und eine metallische Kugel (rechts). Der Dihedral, der metallische Quader und die metallische Kugel sind typische Radarziele, die keine Polarisationsdrehung bei der Reflexion realisieren. In dem Szenario wird eine Polarisationsdrehung an dem um $45°$-gedrehten Dihedral stattfinden. Die Flüssigseife wird eingesetzt um die Abbildungsmöglichkeit eines nicht-metallischen Objekts zu untersuchen. Die Ziele werden in unterschiedlichen Entfernungen vom Radar positioniert: metallischer Quader, metallische Kugel und Flasche im vorderen und die beiden Dihedrals in dem hinteren Bereich.

Die Abbildung wird in einem Non-Line-of-Sight (NLoS) Szenario realisiert. Zu diesem

Zweck ist die Tür der Schrank aus einer Sperrholzplatte, deren Dicke ca. 2 cm beträgt, während der Messung geschlossen. Zusätzlich wird vor den Schrank ein weiteres Hindernis in Form von zwei Gipskartonplatten in einer Entfernung von ca. 30 cm vor die Schranktür gestellt. Die Platten werden in einem Abstand von ca. 8 cm voneinander angeordnet. Eine einzelne Platte besitzt eine Dicke von 1 cm und ist in Abb. 5.5(b) zu sehen.

(a) Ziele im Schrank

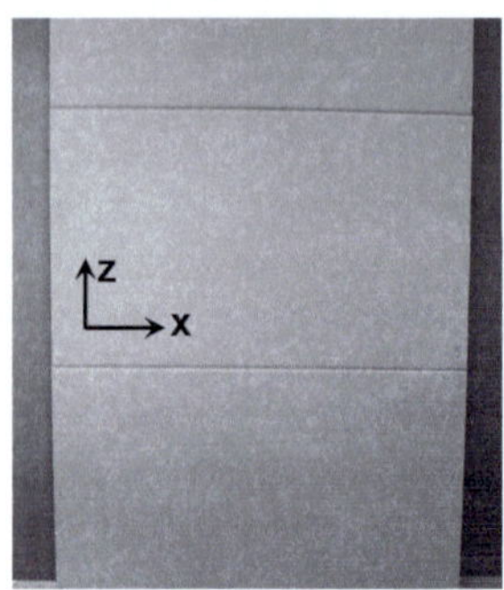

(b) Gipskartonplatte vor dem Schrank

Abbildung 5.5: Foto des Szenarios für die dreidimensionale Abbildung mit dem Messsystem aus Abb.5.2

Ein schematisches Modell von dem Szenario ist in Abb. 5.6(a) und dessen dreidimensionale Abbildung in Abb. 5.6(b) dargestellt. Der gemessene Datensatz ist eine Zusammensetzung von den Messdaten in der HH- und VH-Polarisation und zeigt die Flächen konstanter Intensität. Die Abbildungen in den einzelnen Polarisationskonfigurationen (HH,HV,VH,VV) sind in den Abb. 5.7 - 5.10 gezeigt.

Durch die Verwendung von Polarisationsdiversität können alle Objekte vollständig lokalisiert werden. Bei den VH- und HV-Konfigurationen wird nur der um 45°-gedrehte Dihedral lokalisiert. Alle anderen Objekte werden, aufgrund ihrer Reflexionseigenschaften in diesen Konfigurationen, nicht erkannt. Der um 45°-gedrehte Dihedral wird dagegen bei der Auswertung der HH- und VV-Konfiguration nicht abgebildet, was wiederum auf eine hohe Polarisationsreinheit des abgestrahlten Signals hindeutet.

In der HH- und VV-Konfiguration werden die beiden Gipskartonplatten, sowie die Schranktür, aufgelöst und abgebildet. Trotz der dreifachen Transmission, können alle weiteren Ziele an den richtigen Stellen abgebildet werden. Die metallische Kugel wird, aufgrund des niedrigen Radarstreuquerschnitt mit einer schwächeren Intensität abgebildet. Das nicht metallische Ziel, die Flasche mit Flüssigseife, wird von dem System eindeutig erkannt, was auf die Möglichkeit zur Abbildung auch von dielektrischen Objekten hindeutet. Die Mehrfachreflexionen and den Platten werden, aufgrund geringer Amplitude, nicht abgebildet.

Für höhere positive x-Werte wird die Schranktür nicht mehr richtig abgebildet. In diesem Bereich können zudem die beiden Gipskartonplatten nicht richtig aufgelöst werden. Dieser Bereich stellt einen Rand des Bewegungsbereichs des Radars dar. Aufgrund dessen werden die Objekte, die sich in diesem Bereich befinden, weniger Abtastwerte besitzen, was sich in einer schwächeren Intensität der Abbildung widerspiegelt.

Zusammenfassend wurde mit dem vorgestellten System gezeigt, dass sowohl eine zwei- als auch eine dreidimensionale Abbildung verschiedener Ziele in einem NLoS-Szenario mit einer Auflösung im cm-Bereich möglich ist. Eine Erzeugung ähnlicher Abbildungen in Konfigurationen HH und VV bzw. VH und HV zeigt, dass die Antennen sehr gute Polarisationseigenschaften, ähnliche Abstrahlcharakteristiken in beiden Ebenen und das gleiche Phasenzentrum für beide Polarisationen besitzen.

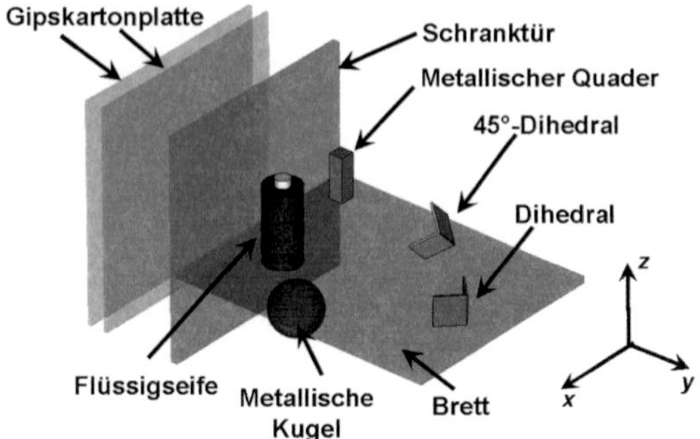

(a) Schema des Szenarios

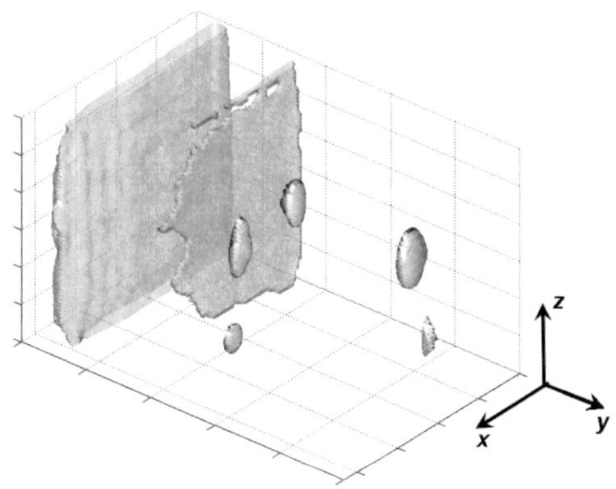

(b) Radar-Abbildung (Summe aller Polarisationskonfigurationen)

Abbildung 5.6: Qualitative, gemessene Abbildung des dreidimensionalen Szenarios (Sicht aus dem gleichen Beobachtungspunkt)

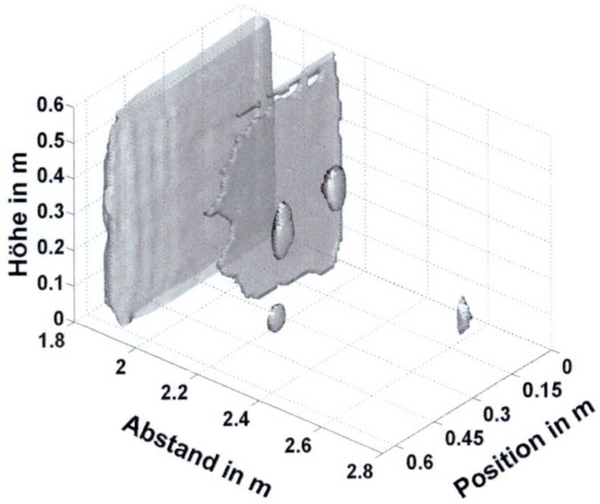

Abbildung 5.7: Gemessene Abbildung des dreidimensionalen Szenarios aus Abb. 5.6(a) in der HH-Konfiguration

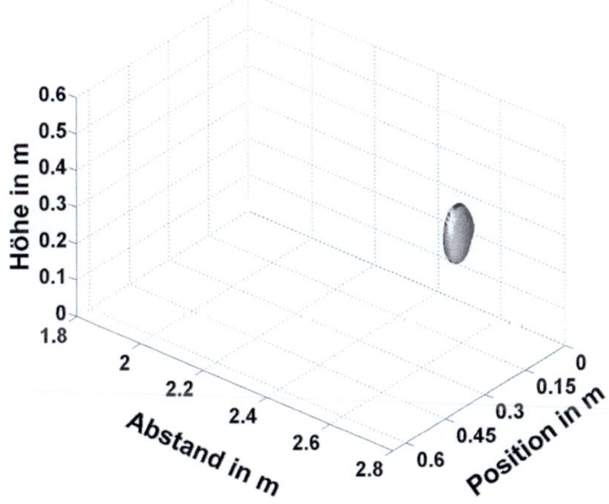

Abbildung 5.8: Gemessene Abbildung des dreidimensionalen Szenarios aus Abb. 5.6(a) in der VH-Konfiguration

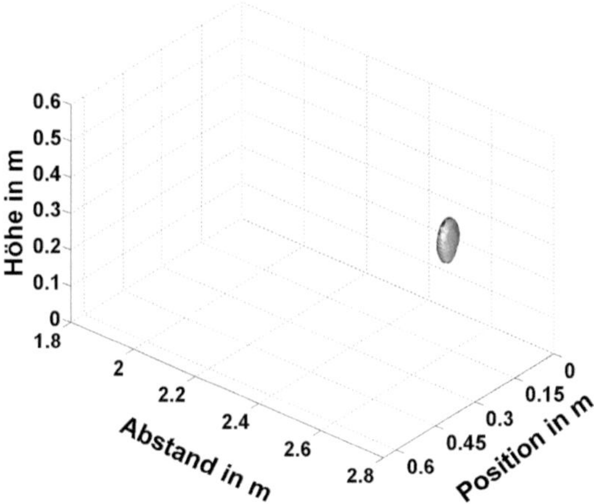

Abbildung 5.9: Gemessene Abbildung des dreidimensionalen Szenarios aus Abb. 5.6(a) in der HV-Konfiguration

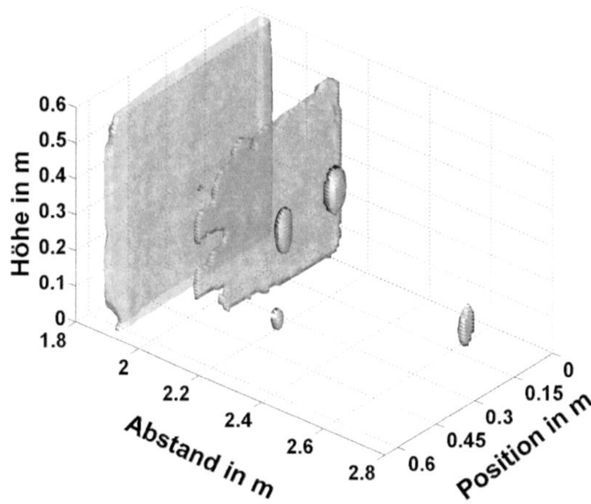

Abbildung 5.10: Gemessene Abbildung des dreidimensionalen Szenarios aus Abb. 5.6(a) in der VV-Konfiguration

5.2 UWB Amplituden-Monopuls-Radar

Ein Amplituden-Monopuls-Radar [She84, Hel60, Rho59] ist in der Lage, durch eine Auswertung der Amplituden der empfangenen Signale, auf die zum Radar relative Richtung des Ziels zu schließen. Dazu wird die Amplituden-Monopuls-Antennengruppe, wie z.B. aus Abschnitt 4.2, eingesetzt. Das vom Ziel reflektierte Signal wird von der Amplituden-Monopuls-Antennengruppe in dem Summen- und Differenzbetrieb aufgenommen. Daraus ergibt sich ein Unterschied in der empfangenen Leistung in beiden Modi. Vergleicht man den Unterschied mit einer sog. *Look-up Table*, die aus den gemessenen Abstrahlcharakteristiken der verwendeten Antennengruppe entsteht, so lässt sich die relative Richtung des Ziels bestimmen. Der Winkel in dem die Richtung des Objekts bestimmt werden kann ist generell begrenzt und hängt von den Abstrahleigenschaften der Strahler ab [Sko80]. Die Bestimmungsgenauigkeit der Zielrichtung hängt von der Auflösung des Radarempfängers in der Aufzeichnung der Amplitude der Signale ab. Je genauer die Amplitude des Signals aufgenommen werden kann, desto genauer kann die Richtungsbestimmung erfolgen. Das Besondere an dem Amplituden-Monopuls-Prinzip ist, dass keine Radarbewegung, Strahlschwenkung oder Modulation vorgenommen werden muss, um die Richtung des Ziels zu ermitteln. Das Prinzip wird z.B. zur Verfolgung (engl. *tracking*) von Radar-Zielen angewendet.

Das Amplituden-Monopuls-Prinzip benötigt generell keine Bandbreite um die Richtung eines diskreten Ziels zu bestimmen. In typischen Systemen werden daher schmalbandige 180°-Hybrid-Koppler verwendet, um die Summen- und Differenzsignale aus den Empfangsdaten zu erzeugen. Dies resultiert in einer entsprechend kleinen Auflösung in der Entfernungsrichtung. Kombiniert man das Amplituden-Monopuls-Prinzip mit der UWB-Technik, bekommt man ein Radarsystem, das eine hohe Auflösung in der Entfernungsrichtung, aufgrund der großen Bandbreite der UWB-Technik, und eine hohe Genauigkeit in der Winkelrichtung durch das Amplituden-Monopuls-Prinzip gewährleistet. Mit einem solchen System ist es möglich, die Position eines Ziels mit einer relativ einfachen Auswertung sehr genau zu bestimmen.

Sind mehrere Objekte in unterschiedlichen Entfernungen zum Radar vorhanden, werden sie mit dem UWB-Amplituden-Monopuls-Radar-Prinzip einzeln aufgelost. Die Auflösungsfähigkeit ist in solchem Fall durch die UWB-Bandbreite gegeben. Beim Vorhandensein von zwei Objekten in gleicher Entfernung zum Radar müssen zusätzliche Massnahmen vorgenommen werden, um die Position der Objekte einzeln bestimmen zu können. Im Folgenden wird eine Erweiterung des Amplituden-Monopuls-Radarprinzips zur pulsbasierten UWB-Technik beschrieben.

Eine durch das UWB-Radar-System empfangene Spannung lässt sich, bei einer Polarisationsanpassung, mit der Formel (5.4) berechnen.

$$\frac{\underline{V}_{\mathrm{Rx}}(f,\theta_{\mathrm{Rx}},\psi_{\mathrm{Rx}})}{\sqrt{Z_{\mathrm{Rx}}}} = \underline{H}_{\mathrm{Rx}}(f,\theta_{\mathrm{Rx}},\psi_{\mathrm{Rx}}) \cdot \underline{H}_{\mathrm{Rx,Ziel}}(f,\theta_{\mathrm{Rx}},\psi_{\mathrm{Rx}}) \cdot \underline{\Gamma}_{\mathrm{Ziel}}(f,\theta,\psi) \cdot$$
$$\underline{H}_{\mathrm{Ziel,Tx}}(f,\theta_{\mathrm{Rx}},\psi_{\mathrm{Tx}}) \cdot \underline{H}_{\mathrm{Tx}}(f,\theta_{\mathrm{Tx}},\psi_{\mathrm{Tx}}) \cdot j\omega\frac{\underline{V}_{\mathrm{Tx}}(f)}{\sqrt{Z_{\mathrm{Tx}}}} \tag{5.4}$$

Dabei sind $\underline{V}_{\mathrm{Rx}}$ die Empfangsspannung, Z_{Rx} die Systemimpedanz der Empfangseinheit, $\underline{H}_{\mathrm{Rx}}(f,\theta_{\mathrm{Rx}},\psi_{\mathrm{Rx}})$ die Übertragungsfunktion der Empfangsantenne, $\underline{H}_{\mathrm{Rx,Ziel}}(f,\theta_{\mathrm{Rx}},\psi_{\mathrm{Rx}})$ die Kanalübertragungsfunktion der Strecke Ziel-Empfänger, $\underline{\Gamma}_{\mathrm{Ziel}}(f,\theta,\psi)$ die Übertragungsfunktion des Ziels (bei Reflexion) [PZW09], $\underline{H}_{\mathrm{Ziel,Tx}}(f,\theta_{\mathrm{Rx}},\psi_{\mathrm{Tx}})$ die Kanalübertragungsfunktion der Strecke Sender-Ziel, $\underline{V}_{\mathrm{Tx}}(f)$ die Sendespannung und Z_{Tx} die Systemimpedanz der Sendeeinheit.

Verwendet man am Empfänger die Amplituden-Monopuls-Antennengruppe geht die Gleichung (5.4) in die Gl. (5.5) und (5.6) entsprechend für den Summen- und Differenzbetrieb, über.

$$\frac{\underline{V}_{\mathrm{Rx},\Sigma}(f,\theta_{\mathrm{Rx}},\psi_{\mathrm{Rx}})}{\sqrt{Z_{\mathrm{Rx}}}} = \underline{H}_{\mathrm{Rx},\Sigma}(f,\theta_{\mathrm{Rx}},\psi_{\mathrm{Rx}}) \cdot \underline{H}_{\mathrm{Rx,Ziel}}(f,\theta_{\mathrm{Rx}},\psi_{\mathrm{Rx}}) \cdot \underline{\Gamma}_{\mathrm{Ziel}}(f,\theta,\psi) \cdot$$
$$\underline{H}_{\mathrm{Ziel,Tx}}(f,\theta_{\mathrm{Rx}},\psi_{\mathrm{Tx}}) \cdot \underline{H}_{\mathrm{Tx}}(f,\theta_{\mathrm{Tx}},\psi_{\mathrm{Tx}}) \cdot j\omega\frac{\underline{V}_{\mathrm{Tx}}(f)}{\sqrt{Z_{\mathrm{Tx}}}} \tag{5.5}$$

$$\frac{\underline{V}_{\mathrm{Rx},\Delta}(f,\theta_{\mathrm{Rx}},\psi_{\mathrm{Rx}})}{\sqrt{Z_{\mathrm{Rx}}}} = \underline{H}_{\mathrm{Rx},\Delta}(f,\theta_{\mathrm{Rx}},\psi_{\mathrm{Rx}}) \cdot \underline{H}_{\mathrm{Rx,Ziel}}(f,\theta_{\mathrm{Rx}},\psi_{\mathrm{Rx}}) \cdot \underline{\Gamma}_{\mathrm{Ziel}}(f,\theta,\psi) \cdot$$
$$\underline{H}_{\mathrm{Ziel,Tx}}(f,\theta_{\mathrm{Rx}},\psi_{\mathrm{Tx}}) \cdot \underline{H}_{\mathrm{Tx}}(f,\theta_{\mathrm{Tx}},\psi_{\mathrm{Tx}}) \cdot j\omega\frac{\underline{V}_{\mathrm{Tx}}(f)}{\sqrt{Z_{\mathrm{Tx}}}} \tag{5.6}$$

Nimmt man ein statisches Szenario für die Aufnahme der Daten im Summen- und Differenzbetrieb und gleiche Systemimpedanzen für den Sender und Empfänger an, so berechnet sich das Verhältnis des Summen- und Differenzsignals zu

$$\frac{\underline{V}_{\mathrm{Rx},\Delta}(f,\theta_{\mathrm{Rx}},\psi_{\mathrm{Rx}})}{\underline{V}_{\mathrm{Rx},\Sigma}(f,\theta_{\mathrm{Rx}},\psi_{\mathrm{Rx}})} = \frac{\underline{H}_{\mathrm{Rx},\Delta}(f,\theta_{\mathrm{Rx}},\psi_{\mathrm{Rx}})}{\underline{H}_{\mathrm{Rx},\Sigma}(f,\theta_{\mathrm{Rx}},\psi_{\mathrm{Rx}})}. \tag{5.7}$$

Es lässt sich feststellen, dass das Verhältnis unabhängig von dem Szenario bleibt und proportional zu dem Verhältnis zwischen den Übertragungsfunktionen der Empfangsantennengruppe im Summen- und Differenzbetrieb ist. Sind die Antennenübertragungsfunktionen in der Abhängigkeit von dem Betrachtungswinkel bekannt, so lässt sich anhand des Verhältnisses der Empfangssignale auf die Richtung des Ziels schließen.

In der pulsbasierten Technik müssen jedoch entsprechende Zeitbereichsgrößen zur Auswertung benutzt werden. Analog zu Gl. (5.7) bekommt man

$$\frac{\underline{v}_{\mathrm{Rx},\Delta}(t, \theta_{\mathrm{Rx}}, \psi_{\mathrm{Rx}})}{\underline{v}_{\mathrm{Rx},\sum}(t, \theta_{\mathrm{Rx}}, \psi_{\mathrm{Rx}})} = \frac{\underline{h}_{\mathrm{Rx},\Delta}(t, \theta_{\mathrm{Rx}}, \psi_{\mathrm{Rx}})}{\underline{h}_{\mathrm{Rx},\sum}(t, \theta_{\mathrm{Rx}}, \psi_{\mathrm{Rx}})}. \tag{5.8}$$

Analog zu der Frequenzbereichsanalyse besagt Gl. (5.8), dass, anhand des über der Zeit aufgenommenen Amplitudenverhältnisses der Summen- und Differenzsignale, sich die relative Richtung des Ziels bestimmen lässt. Zu diesem Zweck werden die Zeitbereichsabstrahlcharakteristiken der Antennengruppe im Summen- und Differenzbetrieb benötigt. Diese bilden sog. *Look-up Table*, die eindeutig einen Wert einem Winkel in einem gewissen Winkelbereich zuordnet. Im Folgenden wird die Vorgehensweise zur Erstellung einer solchen *Look-up Table*, sowie die Möglichkeit zur Datenauswertung der empfangenen Signale für das pulsbasierte System beschrieben.

5.2.1 Erstellung der *Look-up Table*

Die Beschreibung sowie die messtechnische Verifikation des UWB-Amplituden-Monopuls-Radar-Systems erfolgt in dieser Arbeit für den zweidimensionalen Fall. Dadurch wird die Abhängigkeit der Abstrahlcharakteristik in der Azimut-Richtung (ψ-Winkel) vernachlässigt. In solch einem Fall wird eine Antennengruppe benötigt, die mindestens aus zwei Elementen besteht. Im Weiteren wird der Gruppenstrahler aus Abschnitt 4.2 sowie die dort präsentierten gemessenen Zeitbereichsabstrahlcharakteristiken verwendet. Die Lagen der Objekte können dadurch nur entlang der Elevationsebene (θ-Winkel) detektiert werden. Das Prinzip kann, analog zu schmalbandigen Systemen, auf einen dreidimensionalen Fall erweitert werden [Sko80, Wie10].

Zur Erstellung der *Look-up Table* im Zeitbereich werden die Zeitbereichscharakteristiken der Antennengruppe verwendet. Dazu werden die Messwerte des Summen- und Differenzbetriebs im Zeitbereich entsprechend aus Abb. 4.18(a) und Abb. 4.18(b) benutzt [AHWZ10b]. Zuerst wird die Zeitabhängigkeit der Abstrahlcharakteristiken beseitigt, indem für jeden Winkel genau ein Amplitudenwert zugewiesen wird. Der Zeitpunkt in dem Amplitude genommen wird mit t_0 bezeichnet

Als Amplitudenwert des empfangenen Pulses wird das Maximum des Betrags eines analytischen Signals [Sör07, KJ08] genommen. Der Betrag des analytischen Signals stellt die Einhüllende der reellen Impulsantwort dar, die mit $|\cdot|$ bezeichnet wird.

$$p(\theta) = \max_t |h(t_0, \theta)| \tag{5.9}$$

Die Größe $p(\theta)$ beschreibt somit nur das Amplitudenverhalten der Impulsantwort $h(t, \theta)$. Um das Amplituden-Monopuls-Prinzip anwenden zu können muss zusätzlich die Phaseninformation ausgewertet werden. Wie bereits im Abschnitt 4.2 erwähnt, besitzen die Signale, die in unterschiedlichen Keulen im Differenzbetrieb abgestrahlt werden, eine Gegenphasigkeit. Diese Eigenschaft wird benutzt um die Richtung des Zielobjekts zu bestimmen. Die Phase des Signals im Differenzbetrieb wird durch das Vorzeichen des Korrelationsfaktors des empfangenen Pulses mit einem Referenzsignal festgelegt. Da innerhalb der Summenkeule keine Phasenänderung über dem Winkel stattfindet, kann ein in der Summenkeule empfangener Puls als Referenz benutzt werden. Der Phasenfaktor $\xi(\theta, \psi)$ ist somit definiert als Vorzeichen des Korrelationsfaktors ρ zwischen den Pulsen, die im Summen- und Differenzbetrieb empfangen werden. Die Korrelation muss in dem Zeitintervall stattfinden, in dem die entsprechenden Pulse ihre Hauptanteile besitzen (von t_a bis t_e).

$$\xi(\theta) = \mathrm{sgn}\left(\rho\left(h_\Sigma(t,\theta), h_\Delta(t,\theta)\right)\big|_{t_a \leq t \leq t_e}\right) \tag{5.10}$$

Zur Bildung der *Look-up Table* werden somit die Spitzenwerte der Einhüllenden der Impulsantworten $|h_{\Sigma,\Delta}(\theta)|$ im Summen- und Differenzbetrieb benutzt, bei denen ein Phasenbezug zwischen den Pulsen in beiden Modi durch $\xi(\theta)$ berücksichtigt wird. Die Größe wird mit $p_{C,\Sigma,\Delta}(\theta)$ bezeichnet und wird im Folgenden komplexer Spitzenwert der Impulsantwort genannt. Die mathematische Beschreibung dieser Größen im Summen- und Differenzbetrieb sind entsprechend in Gl. (5.11) und Gl. (5.12) dargestellt.

$$p_{C,\Sigma}(\theta) = \max_t |h_\Sigma(t,\theta)| \tag{5.11}$$

$$p_{C,\Delta}(\theta) = \xi(\theta) \cdot \max_t |h_\Delta(t,\theta)| \tag{5.12}$$

Die komplexen Spitzenwerte $p_{C,\Sigma}(\theta)$ und $p_{C,\Delta}(\theta)$ berechnet aus den Impulsantworten aus Abb. 4.18 sind in Abb. 5.11 dargestellt. Die Werte von $p_{C,\Sigma}(\theta)$ sind stets positiv, da im Summenbetrieb keine Phasenänderung über dem Winkel stattfindet. In der Differenzkeule sind die Werte positiv für die Winkel $\theta - 90° < \theta_{\Delta,\mathrm{min}} = 3°$ und negativ für $\theta - 90° > \theta_{\Delta,\mathrm{min}} = 3°$, was auf eine Auswirkung der früher beschriebenen Phasenänderung über dem Winkel im Differenzbetrieb hindeutet.

$$\xi(\theta) = \begin{cases} -1 & \text{, für } \theta - 90° > \theta_{\Delta,\mathrm{min}} \\ 1 & \text{, für } \theta - 90° < \theta_{\Delta,\mathrm{min}} \end{cases} \tag{5.13}$$

Um das Amplituden-Monopuls-Prinzip effektiv nutzen zu können, wird ein einzelner Wert, der die Abstrahleigenschaften der Amplituden-Monopuls-Antennengruppe in beiden Modi eindeutig mit einem Winkel verknüpft, benötigt. Aus diesem Grund wird das Verhältnis zwischen dem komplexen Spitzenwert im Differenz- und Summenbetrieb gebildet (Gl. (5.14)) [AHWZ10c]. Das Ergebnis wird *Look-up Table* $\Xi(\theta)$ genannt, die als Muster bei der Bestimmung der relativen Winkellage dient.

$$\frac{p_{C,\Delta}(\theta)}{p_{C,\Sigma}(\theta)} = \Xi(\theta) \tag{5.14}$$

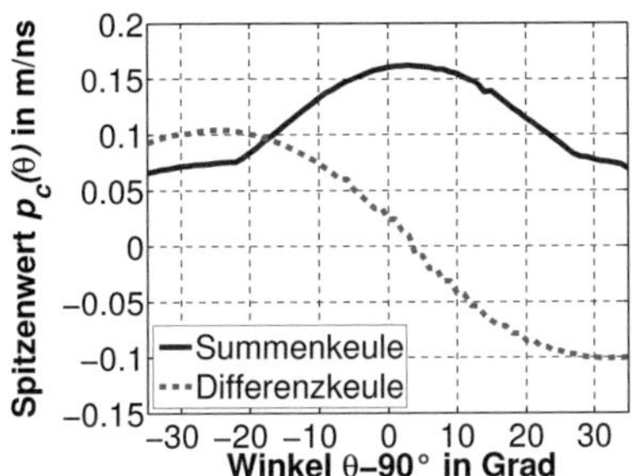

Abbildung 5.11: Komplexe Spitzenwerte $p_\mathrm{C}(\theta)$ der Impulsantworten im Summen- und Differenzbetrieb

Die Werte der *Look-up Table* sind in Abb. 5.12 zu sehen. Die Nullstelle liegt bei $\theta - 90° =$
$3°$, was mit dem leichten Schielen der Abstrahlcharakteristiken zusammenhängt (siehe Abschnitt 4.18). Dieser Effekt ist ein systematischer Fehler, der bei der Signalauswertung berücksichtigt werden muss. Die Abhängigkeit der *Look-up Table* $\Xi(\theta)$ von dem Winkel θ ist
nahezu linear in dem Winkelbereich $-20° < \theta < 30°$. Eine Linearität des Verlaufs wird dann
verlangt, wenn das Amplituden-Monopuls-Radar ohne *Look-up Table* betrieben werden soll.
Bei einer schlechten Amplitudenauflösung des Systems kann eine nicht-lineare *Look-up Table*
zur schlechten Winkelauflösung führen. Bei einer linearen Abhängigkeit wird, nach entsprechenden Kalibration, die Amplitude der Empfangsleistung direkt mit einem Winkel verknüpft.
Bei einer nicht-linearen Abhängigkeit wird die Empfangsleistung mit der zuvor aufgezeichne-
ter *Look-up Table* verglichen, was keine Anforderung an die Linearität der Charakteristik darstellt. Voraussetzung für eine eindeutige Winkelzuordnung ist jedoch eine Eindeutigkeit der
Zuordnung von $\Xi(\theta)$ zu θ. Aus der Abb. 5.12 wird deutlich, dass der Eindeutigkeitsbereich des
dargestellten Systems zwischen ca. $-20°$ und $30°$ liegt. Der Bereich kann erweitert werden,
indem die Breiten der Abstrahlcharakteristiken vergrößert werden (siehe Abschnitt 4.18).

Um die relative Richtung des Zielobjekts gegenüber dem Radar zu bestimmen, muss das
empfangene Signal einer analogen Datenprozessierung, wie bei der Herstellung der *Look-up
Table*, unterzogen werden. Dadurch, dass die von den Zielen reflektierten Signale nur in einem bestimmten Zeitintervall eintreffen, muss bei der Zielsuche auch nur dieses Zeitintervall
berücksichtigt werden. Die Grenzen des Zeitintervalls sind mit t_a (Anfang) und t_e (Ende)
bezeichnet.

Zunächst muss aus dem empfangenen Puls $v(t)$ ein analytisches Signal $\underline{v}(t)$ und seine Ein-
hüllende $|\underline{v}(t)|$ gebildet werden.. Aus den Spitzenwerten der Einhüllenden wird ein Verhältnis
des Werts im Differenzbetrieb zu dem Wert im Summenbetrieb gebildet, das mit dem Vorzei-
chen des Korrelationsfaktors $\xi(\theta) = \mathrm{sgn}\left(\rho\left(v_\Sigma(t, \theta), v_\Delta(t, \theta)\right)|_{t_a \leq t \leq t_e}\right)$ zwischen den Pulsen
$v_\Sigma(t, \theta)$ und $v_\Delta(t, \theta)$ multipliziert wird. Der daraus resultierende Wert wird mit den Werten

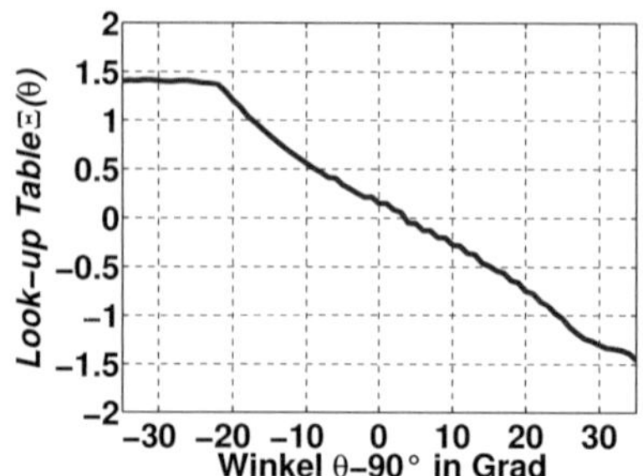

Abbildung 5.12: *Look-up Table* $\Xi(\theta)$ des UWB Amplituden-Monopuls-Radars

aus der *Look-up Table* verglichen (Abb. 5.12), woraus sich der jeweilige Zielwinkel ergibt. Die mathematische Beschreibung der Datenprozessierung ist in Gl. (5.15) ausgedrückt.

$$u(\theta) = \left. \frac{\mathrm{sgn}\left(\rho\left(v_\Sigma(t,\theta), v_\Delta(t,\theta)\right)\right) \cdot \max|\underline{v}_\Delta(t,\theta)|}{\max|\underline{v}_\Sigma(t,\theta)|} \right|_{t_a \leq t \leq t_e} \equiv \Xi(\theta) \qquad (5.15)$$

Im Folgendem wird eine Messtechnische Verifikation des Konzepts vorgestellt.

5.2.2 Messeinrichtung und Szenario

Bei der messtechnischen Verifikation des Konzepts wird die Amplituden-Monopuls-Antennengruppe aus dem Abschnitt 4.18 und die *Look-up Table* aus Abb. 5.12 benutzt. Da der Eindeutigkeitsbereich der verwendeten Strahler begrenzt ist, wird als Sender eine direktive Antennengruppe bestehend aus vier modifizierten 4-Ellipsen-Antennen benutzt, die in einer 2x2-Konfiguration angeordnet werden. Die direktive Strahlung vermeidet die Reflexion von Objekten, die sich ausserhalb des Eindeutigkeitsbereiches des Amplituden-Monopuls-Radars befinden. Die Polarisation bei der 2x2-Antennengruppe wird mittels eines HF-Schalter geschaltet, so dass die Signale entweder in Ko- oder Kreuz-Polarisation aufgenommen werden. Die Polarisationsdiversität erweitert die Funktionsweise des Systems, indem bestimmte Objekte aufgrund ihrer polarisationsabhängigen Reflexionseigenschaften effektiver lokalisiert werden können.

Die Signale aus dem Summen- und Differenzport des $180°$-Hybrid-Kopplers werden ebenfalls mittels eines HF-Schalters an den VNWA übermittelt. Die Daten werden in dem Frequenzbereich von $0,4$ GHz bis 20 GHz mit 1601 Frequenzpunkten aufgenommmen. Die Ansteuerung des VNWA und der Schalter sowie die Datenaufnahme und -prozessierung erfolgt über einen PC mit Matlab [Mat10]. Die schematische Darstellung des Messsystems ist in Abb. 5.13 dargestellt.

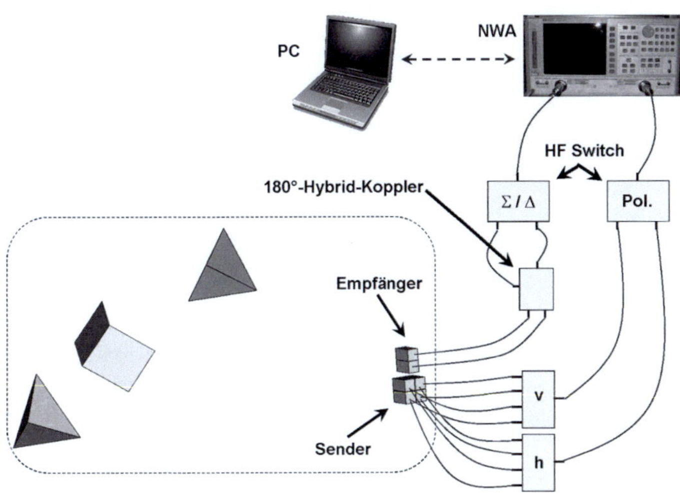

Abbildung 5.13: Schematische Darstellung des Messsystems zur Verifikation des zweidimensionalen UWB-Amplituden-Monopuls-Radar-Konzepts

In der Messung werden drei Ziele in unterschiedlichen Entfernungen mit verschiedenen relativen Winkeln zum Radar verwendet. Die Orientierung der Amplituden-Monopuls-Antennengruppe in der vertikalen Richtung erlaubt eine Winkelbestimmung in der vertikalen Ebene. Daher werden die Objekte auch in einer vertikalen Ebene platziert. Die zum Radar relative Orientierung der Objekte ist in Abb. 5.14 gezeigt. Es werden zwei triangulare Winkelreflektoren (Trihedral) mit einer Kantenlänge von 28 cm in den Entfernungen $d_1 = 133$ cm und $d_3 = 271$ cm platziert. Die Abweichung der Richtung der Ziele von der 0°-Richtung beträgt entsprechend $\theta_1 = -10°$ und $\theta_3 = 9°$. Da die Objekte die Polarisation bei der Reflexion nicht drehen, werden sie durch die ko-polarisierte Messung des Radars detektiert. Als zusätzliches Ziel wird ein um 45°-gedrehter Dihedral (Kantenlänge 25 cm, Höhe 20 cm) in einer Entfernung von $d_2 = 215$ cm bei einem Winkel von $\theta_2 = 5°$ verwendet. Bei der Reflexion an diesem Reflektor wird die Polarisation um 90° gedreht. Dieses Ziel kann nur durch die Messung in Kreuz-Polarisation detektiert werden.

Die Radarmessungen werden in einer mit Absorber verkleideten Messkammer durchgeführt, um Reflexionen an störenden Objekten zu vermeiden und um so die Eigenschaften des Systems besser untersuchen zu können. Der Einfluss der Verkopplung zwischen den Antennen sowie die Verzögerung des Signals, verursacht durch das System selbst (Mikrowellenkabel, Antennen etc.), werden aus den Messungen stets herauskalibriert.

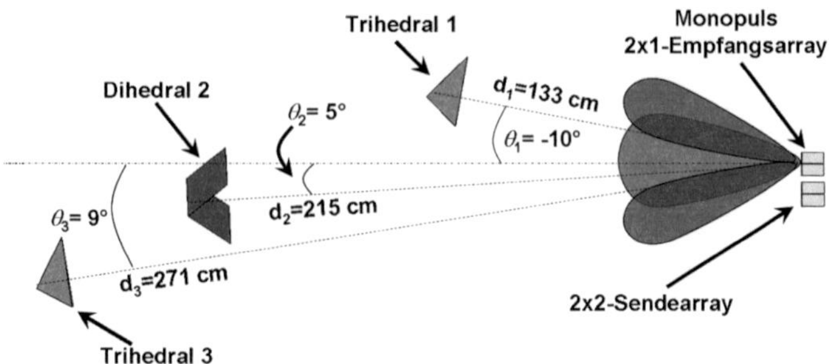

Abbildung 5.14: Messszenario für die Verifizierung des UWB-Amplituden-Monopuls-Radars

5.2.3 Messergebnisse

Die Messungen werden für zwei Polarisationskonfigurationen durchgeführt: Ko- und Kreuz-Polarisation. Dabei wird die Polarisation an der Amplituden-Monopuls-Antennengruppe vertikal ausgerichtet und bei der sendenden 2x2-Antennengruppe zwischen vertikal und horizontal umgeschaltet. Dadurch werden die Polarisationseigenschaften der reflektierenden Objekte erfasst.

Die Messungen im Summen- und Differenzbetrieb werden für die jeweilige Polarisationskonfiguration auf einen gemeinsamen Maximalwert normiert.

Ko-Polarisation

Die normierte Amplitude der Impulsantwort des Szenarios ist für den Summen- und Differenzbetrieb entsprechend in den Abb. 5.15(a) und 5.15(b) zu sehen. In beiden Diagrammen werden jeweils zwei, zeitlich aufgelöste Maxima erkannt, die auf Objekte hindeuten, die keine Polarisationsdrehung bei der Reflexion aufweisen. Die Lage der Maxima bei $8, 92$ ns und $18, 02$ ns ist sowohl im Summen- als auch im Differenzbetrieb gleich. Mit einer Berücksichtigung der Ausbreitungsgeschwindigkeit c_0 im Freiraum entsprechen die Pulslaufzeiten den Abständen 1,34 m und 2,7 m. Damit werden die Objekte 1 und 3 (Trihedrals) detektiert. Die Entfernungsmessung mit hoher Auflösung ist durch die große verwendete Bandbreite ermöglicht worden.

Aus der Abbildung 5.15(a) ist deutlich zu erkennen, dass die beiden Maxima unterschiedliche Amplituden besitzen, die aufgrund der wegabhängigen Freiraumdämpfung zwischen Radar und den beiden Zielen auftreten. Es wird jedoch auch sichtbar, dass das dritte Objekt (der Dihedral) nicht deutlich in der Messung zu erkennen ist. Dies liegt, wie vorher schon beschrieben, an der hohen Polarisationsreinheit der verwendeten Antennen, die das vom Dihedral reflektierte Signal nicht wahrnehmen können.

Werden die Werte aus Abb. 5.15(b) mit denen aus Abb. 5.15(a) verglichen, lässt sich feststellen, dass die empfangenen Amplituden, trotz gleicher Freiraumdämpfung, für das jeweilige Objekt unterschiedlich sind. Die Amplitudenunterschiede entstehen durch den Einfluss der Abstrahlcharakteristik der Amplituden-Monopuls-Antennengruppe und werden zur Bestimmung der Winkellage benutzt.

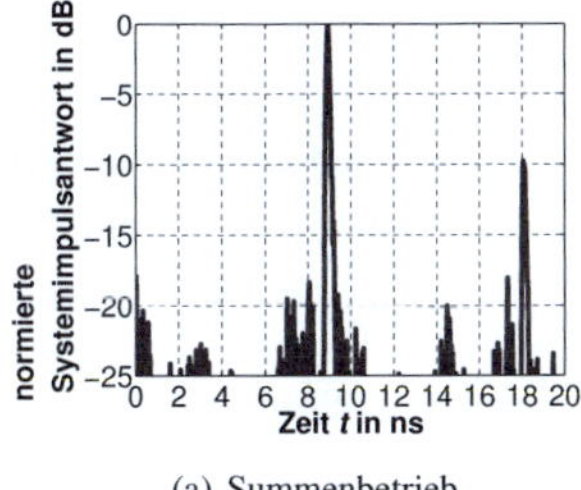

(a) Summenbetrieb

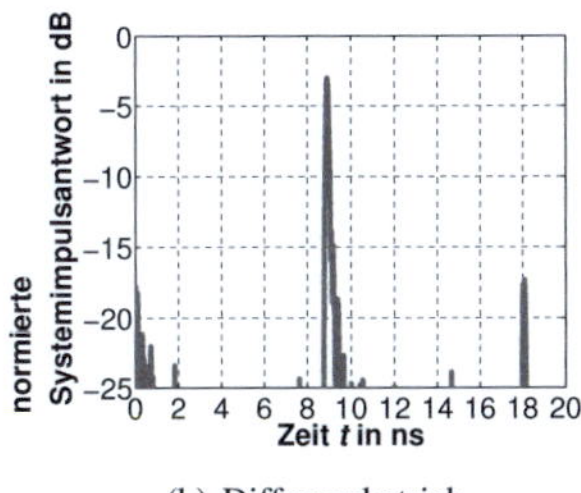

(b) Differenzbetrieb

Abbildung 5.15: Gemessene Systemimpulsantworten des UWB-Amplituden-Monopuls-Radars für die Ko-Polarisation

Um die empfangenen Pulse besser vergleichen zu können, sind die realteile der Pulse mit jeweils Einhüllenden für den Summen- und Differenzbetrieb für Trihedral 1 und 3 in den Abb. 5.16(a) und Abb. 5.16(b) gezeigt. Aufgrund der Normierung liegt der Wert der Einhüllenden des Pulses im Summenbetrieb für den ersten Trihedral $v_{1,\sum}(\theta)$ bei 1. Der entsprechende Wert im Differenzbetrieb $v_{1,\Delta}(\theta)$ beträgt 0,707 und entspricht damit dem Verhältnis der Amplituden $(\Delta/\sum)$. Im nächsten Schritt muss die Phase der Pulse ausgewertet werden, die durch den Korrelationsfaktor der reellen Pulse bestimmt wird. Der Wert von $\rho(v_{1,\sum}(t,\theta), v_{1,\Delta}(t,\theta))$ für das Zeitintervall von $t_a = 8,7$ ns bis $t_e = 9,2$ ns (relevantes Zeitintervall) beträgt 0,924. Aufgrund des positiven Vorzeichens des Korrelationsfaktors wird ermittelt, dass das Signal im Differenzbetrieb gleichphasig mit dem Signal im Summenbetrieb ist. Nach der Verwendung von Gl. (5.15) erhält man

$$p_{C,1}(\theta) = \frac{\mathrm{sgn}\left(\rho\left(v_{\sum,1}(t,\theta), v_{\Delta,1}(t,\theta)\right)\right) \cdot \max|v_{\Lambda,1}(t,\theta)|}{\max|\underline{v}_{\sum,1}(t,\theta)|}\Bigg|_{t_a \leq t \leq t_e} - 0,707 \qquad (5.16)$$

Vergleicht man den Wert mit denen der *Look-up Table* aus Abb. 5.12 ergibt sich ein Winkel von $\theta_{1,m} = -13°$.

Eine analoge Auswertung der Messdaten für das Objekt 3 (siehe Abb. 5.16(b)) ergibt einen Wert $\theta_{3,m} = 13,5°$. Bei der Evaluation der Messdaten fällt auf, dass die Minima des Pulses im Differenzbetrieb an den Stellen der Maxima des Pulses im Summenbetrieb auftreten. Dies deutet auf eine Gegenphasigkeit der beiden Pulse und spiegelt sich im negativen Wert des Korrelationsfaktors zwischen den beiden Pulsen $\rho(v_{3,\sum}(t,\theta), v_{3,\Delta}(t,\theta)) = -0,917$ wider.

Die Werte zur Berechnung von $p_{C,1}(\theta)$ und $p_{C,3}(\theta)$ sind in Tabelle 5.1 zusammengefasst und der Vergleich zwischen den gemessenen und tatsächlichen Entfernungen und Winkeln in Tabelle 5.2 dargestellt. Der relative Fehler bei der Entfernungsmessung ist deutlich kleiner als 1%. Bei der Winkelschätzung beträgt der Fehler über $3°$. Die Winkelschätzung ist ungenauer aufgrund des Aufbaus des Demonstrators. Die Kalibration solch eines Systems ist bei der verwendeten hohen Bandbreite sehr instabil. Während der Messung ist aufgrund dessen eine Veränderung der Amplitude um bis zu 2 dB beobachtet worden. Da bei dem Amplituden-Monopuls-Prinzip die Amplitude der Signale ausgewertet wird, spiegelt sich dieser Effekt direkt in der Winkelschätzung wider. Dieses Problem kann jedoch durch eine kompakte Bauweise des Systems z.B. auf einer einzelnen Platine bzw. in einem Gehäuse behoben werden. In diesem Fall wirken alle mechanischen Einflüsse gleichermaßen auf alle Komponenten des Radars gleichzeitig und vermindern so den Einfluss auf die Messergebnisse. Eine weitere Ursache des Fehlers könnten die Abmessungen der Ziele sein. Selbst bei dem am weitesten entfernten Ziel belegt der Trihedral einen Winkelbereich von über $5°$. Die Messungen zeigen jedoch eindeutig, dass die Erweiterung des Amplituden-Monopuls-Prinzips auf die UWB-Technik erfolgreich realisiert werden kann.

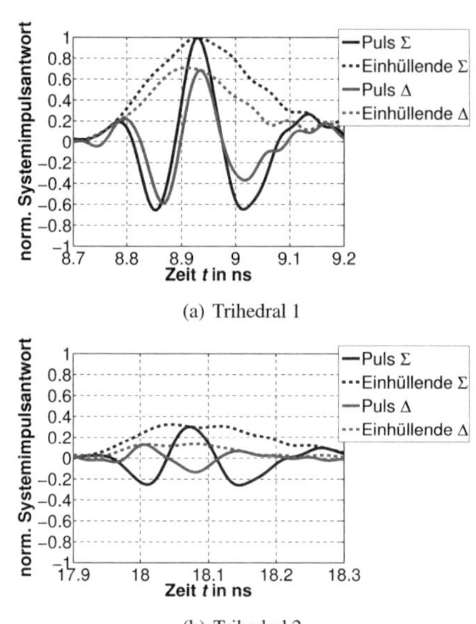

(a) Trihedral 1

(b) Trihedral 2

Abbildung 5.16: Reelle Systemimpulsantworten des UWB-Amplituden-Monopuls-Radars und ihre Einhüllenden in beiden Modi für die Ko-Polarisation

Tabelle 5.1: Werte zur Berechnung der komplexen Spitzenwerte $p_C(\theta)$ in der Ko-Polarisation

	$|\underline{v}_\Sigma(\theta)|$	$|\underline{v}_\Delta(\theta)|$	$\rho(\Sigma, \Delta)$	$\xi(\theta)$	$p_{C,1,3}(\theta)$
Trihedral 1	1	0,707	0,924	+1	0,707
Trihedral 3	0,324	0,136	-0,917	-1	-0,42

Tabelle 5.2: Vergleich der tatsächlichen und der mit dem UWB-Amplituden-Monopuls-Radar gemessenen Lage der Ziele (Ko-Polarisation)

	gemessene Distanz	gemessener Winkel	reale Distanz	realer Winkel
Trihedral 1	1,34 m	$-13°$	1,33 m	$-10°$
Trihedral 3	2,7 m	$13,5°$	2,71 m	$9°$

Kreuz-Polarisation

Die Amplituden der Impulsantworten des UWB-Amplituden-Monopuls-Radars im Summen- und Differenzbetrieb für die Kreuz-Polarisation sind in Abb. 5.17 dargestellt. Aus dem in der Summenkeule empfangenen Signal lässt sich genau ein Objekt detektieren, dessen Maximum bei $14,55$ ns liegt. Aus dem Signal im Differenzbetrieb kann auf keine Anwesenheit eines Ziels geschlossen werden. Dies resultiert daraus, dass der Dihedral sich im Winkelbereich des Gewinneinbruchs der Amplituden-Monopuls-Antennengruppe befindet. Zur Auswertung der Amplitude muss daher ein lokales Maximum der Amplitude des Signals verwendet werden.

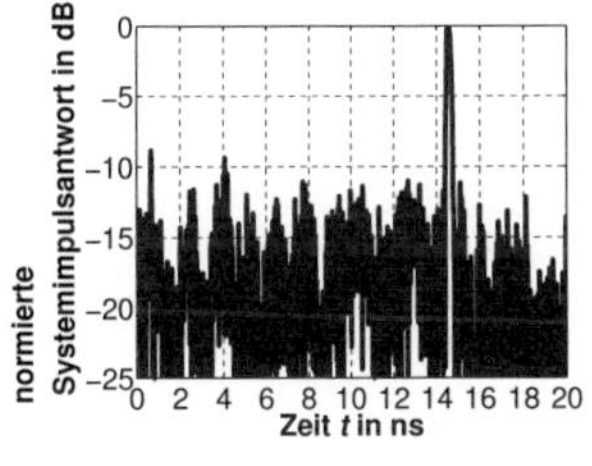

(a) Summenbetrieb

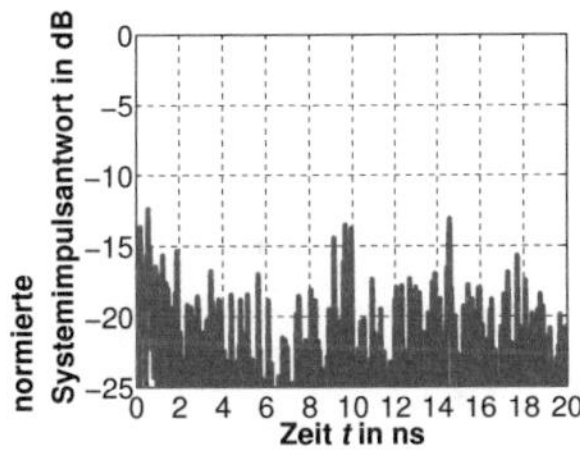

(b) Differenzbetrieb

Abbildung 5.17: Gemessene Systemimpulsantworten des UWB-Amplituden-Monopuls-Radars für die Kreuz-Polarisation

Die reellen Pulse aufgenommen im Summen- und Differenzbetrieb und deren Einhüllenden sind in Abb. 5.18 dargestellt. Die aus dem Diagramm abgelesenen Amplituden der Signale sind in der Tabelle 5.3 aufgelistet. Durch die Bildung des Amplitudenverhältnisses ergibt sich ein kleiner Wert für $p_{C,2}(\theta)$ von -0,222. Bemerkenswert dabei ist der Wert des Korrelationsfaktors $\rho_2 = -0,662$, der trotz großer Amplitudenunterschiede zwischen den Signalen eindeutig auf einen Phasenbezug zwischen den Signalen hindeutet.

Die gemessenen und realen Abstände und relative Winkel sind in Tabelle 5.4 dargestellt. Es ergibt sich, wie im Fall der Ko-Polarisation, ein relativ kleiner Fehler bei der Entfernungsmessung und ein relativ großer bei der Winkelschätzung.

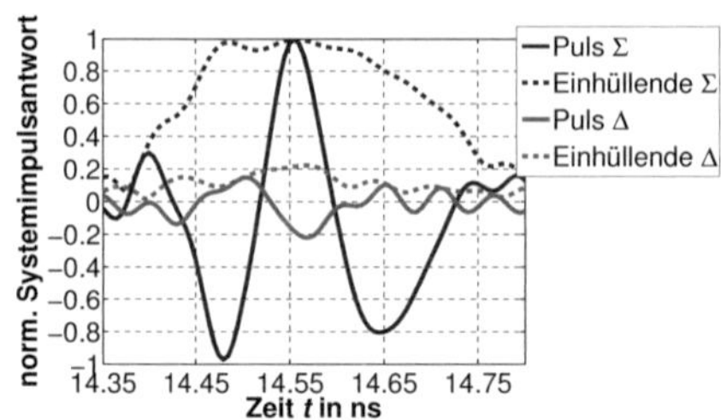

Abbildung 5.18: Reelle Systemimpulsantworten des UWB-Amplituden-Monopuls-Radars und ihre Einhüllende in beiden Modi für Ko-Polarisation

Tabelle 5.3: Werte zur Berechnung des komplexen Spitzenwerts $p_{C,2}(\theta)$ von Dihedral in Kreuz-Polarisation

	$|\underline{v}_\Sigma(\theta)|$	$|\underline{v}_\Delta(\theta)|$	$\rho(\Sigma, \Delta)$	$\xi(\theta)$	$p_{C,1,3}(\theta)$
Dihedral	1	0,222	-0,662	-1	-0,222

Tabelle 5.4: Vergleich der realen und der gemessenen Lage des Dihedrals (Kreuz-Polarisation)

	gemessene Distanz	gemessener Winkel	reale Distanz	realer Winkel
Dihedral	2,18 m	$-9°$	2,15 m	$-5°$

Zusammenfassung

Mit dem vorgestellten Konzept wurde gezeigt, dass es prinzipiell möglich ist, in den pulsbasierten, ultra-breitbandigen Systemen, anhand der Amplitude und Phase der Pulse die Richtung eines Radarziels zu bestimmen. Dadurch wurde verifiziert, dass die Möglichkeit zur ultra-breitbandigen Bildung der Summen- und Differenkeule in der Amplituden-Monopuls-Technik erfolgreich eingesetzt werden kann. Das vorgestellte System stellt somit einen Kandidat für ein anspruchsvolles, feinauflösendes Radar zur Detektion und Verfolgung verschiedener Ziele mit einem einfachen Ansatz und ohne mechanische oder elektronische Bewegung der Antennenkeule, dar. Eine hohe Polarisationsreinheit des Arrays für Amplituden-Monopuls-Verfahren konnte auch hier eine Anwendung finden. Das Merkmal dieses Systems sind die hohe Entfernungsauflösung im Vergleich zur traditionellen, schmallbandigen Amplituden-Monopuls-Technik und ein vollpolarimetrischer Betrieb, der eine Fernerkundung und Ortung komplexer Ziele erlaubt.

6 Zusammenfassung und Schlussfolgerungen

In dieser Arbeit wurde eine Methode zur Realisierung von dual-orthogonal, linear polarisierten, ultra-breitbandigen Antennen vorgestellt. Sie basiert auf einer orthogonalen Anordnung zweier Antennenpaare, welche jeweils aus zwei differenziell gespeisten und symmetrisch angeordneten Antennen bestehen. Die Untersuchungen zeigten, dass eine solche Konfiguration mehrere Vorteile aufweist, die bei dual-polarisierten UWB-Systemen relevant sind.

In erster Linie wird erreicht, dass die abgestrahlte Kreuz-Polarisation deutlich unterdrückt und die Ko-Polarisation verstärkt wird. Dieser Effekt ist wirksam in einem bestimmten Winkelbereich, dessen Größe von der Entfernung zwischen den Elementen abhängt. Es ist aus diesem Grund vorteilhaft, die abstrahlende Antennengruppe kompakt aufzubauen, wofür ebenfalls Konzepte in dieser Arbeit vorgestellt wurden. Die Lage des Bereichs zur Unterdrückung der Kreuz-Polarisation und Verstärkung der Ko-Polarisation ist frequenzunabhängig und kann theoretisch für beliebige Bandbreiten eingesetzt werden. Praktisch wird jedoch, wegen der Abhängigkeit der Performance von dem Beobachtungswinkel in einer Ebene, die erreichbare relative Bandbreite auf über 100% reduziert. Sie ist ausreichend um den gewünschten FCC-Frequenzbereich von 3,1 GHz bis 10,6 GHz abzudecken.

Ein weiterer Vorteil des Prinzips ist ihre eingeschränkte Abhängigkeit von der Art der verwendeten Strahler. Es können beliebige Antennentypen verwendet werden um eine gewünschte Abstrahlcharakteristik zu erreichen. Damit vereinfacht sich der Entwurfsprozess, indem bekannte, leicht zu optimierende Antennen eingesetzt werden können. Die Methode vermindert zusätzlich Probleme mit der Kopplung zwischen den Speisungen für die orthogonalen Polarisationen. Durch eine Auslöschung der Felder an den nicht benutzten Ports wird eine unnötige Übertragung der Energie zurück zu dem System reduziert.

Eine differenzielle Speisung symmetrisch angeordneter Antennen resultiert in einer konstanten Winkellage der Hauptstrahlrichtung über der Frequenz. Dies ist ein großer Vorteil, da die Pulse ohne Veränderung der Amplitudenverhältnisse im Spektrum abgestrahlt werden können. Bei einer rotationssymmetrischen, kompakten Bauweise der Antenne (z.D. 4-Ellipsen-Antenne), wird ein weiterer Vorteil enthüllt: durch ähnliche Aperturgrößen in der E- und H-Ebene der Antenne, wird eine ähnliche, rotationssymmetrische Keulenbreite erreicht. Dies ermöglicht eine Ausleuchtung des gleichen Gebiets in beiden Polarisationen mit ähnlichen Abstrahleigenschaften.

In pulsbasierten Systemen ist eine konstante Lage des Phasenzentrums über der Frequenz relevant. Diese Arbeit zeigt, dass die vorgestellte Konfiguration imstande ist, eine Verschiebung des Phasenzentrums mit der Frequenz teilweise zu kompensieren. Es resultiert in einer Möglichkeit zur Abstrahlung eines Pulses mit nahezu konstanter Pulsform über einem breitem

Winkel. Die messtechnische Verifikation wurde anhand der modifizierten 4-Ellipsen-Antenne gezeigt. Damit wird erreicht, dass alle Pulse, die abgestrahlt werden, eine hohe Korrelation besitzen, was eine einfachere Detektion ermöglicht. Ferner stellt die vorgestellte Methode eine gleiche Lage der Phasenzentren für beide Polarisationen sicher. Diese Eigenschaft ermöglicht eine Gewährleistung gleicher Abstrahlbedingungen unabhängig von der abgestrahlten Polarisation. Dies ist von großem Vorteil besonders in den UWB-Lokalisierungs- und UWB-Radarsystemen, bei denen die Genauigkeit bzw. das Auflösungsvermögen vergleichbar mit den Antennendimensionen ist.

Alle Vorteile der Antennen wurden anhand des bildgebenden Radars praktisch verifiziert. Es wurde bestätigt, dass die Antenne für den Betrieb im Zeitbereich geeignet ist, dass die beiden Polarisationen ähnliche Performance liefern, und dass die Polarisationsreinheit der Antennen ausreichend ist um u.A. voll-polarimetrische UWB-Radarsysteme betreiben zu können.

Um die vorgestellten Eigenschaften zu erreichen wird eine Ausdehnung der Strahlerstruktur in lediglich zwei Dimensionen benötigt. Dies ist ein großer Vorteil im Vergleich zu den meisten dual-polarisierten UWB Antennen, die alle drei Dimensionen zur Abstrahlung benötigen (z.B. Quad-Ridged-Horn-Antenne, dual-polarisierter dielektrischer Stabstrahler). Es ermöglicht eine Realisierung der Antenne in planarer Technologie und damit eine Integration in kompakte Geräte.

In manchen Anwendungen ist es vorteilhaft eine kleine Halbwertsbreite der Keule zu verwenden, welche z.B. mit einer linearen Antennengruppe erreicht werden kann. Es wurde in der Arbeit gezeigt, dass eine Realisierung solcher Strahler ohne auffallende Verschlechterung der Polarisationseigenschaften möglich ist und auch in pulsbasierten Systemen angewendet werden kann. Ferner wurde gezeigt, dass eine dual-polarisierte, ultra-breitbandige Antennengruppe für Amplitudenmonopuls-Verfahren realisierbar ist. Sie ermöglicht eine neuartige Kombination von voll-polarimetrischer UWB-Technik mit Amplitudenmonopuls-Radar-Prinzip. Ein solches Radar bietet ein hohes Auflösungsvermögen mit gleichzeitiger Möglichkeit zur Bestimmung der Winkellage des Objekts mit einem einfachem Algorithmus ohne jegliche mechanische Bewegung des Systems bzw. elektronische Ansteuerung der Antennengruppe.

Eine Erweiterung der Ultra-breitband Technik um die Polarisationsdiversität kann die Systemperformance deutlich steigern. In der Kommunikationstechnik bietet bereits ein monopolarisiertes UWB-System sehr hohe Datenraten an. Ein Einsatz von dual-polarisierten Antennen eröffnet die Möglichkeit einer Fusion von UWB und MIMO, was eine weitere Steigerung der Kanalkapazität mit sich bringen kann. Zusätzlich verbessert die Polarisationsdiversität eine Stabilität der Verbindung indem eine Polarisationsanpassung zwischen Sende- und Empfangsantenne gewährleistet werden kann. In der UWB-Sensorik und -Fernerkundung können mit dem Einsatz der Polarisationsdiversität deutlich mehr Informationen über das Zielobjekt gewonnen werden. Dies führt zu einer robusten und informationsreichen Detektion mit sehr hoher Auflösung in der Entfernungsrichtung, was z.B. in sicherheitsrelevanten Einsätzen bei Rettungsaktionen oder bei Personenbergung von großem Interesse ist. Die in dieser Arbeit vorgestellte Methode zur Realisierung von dual-orthogonal, linear polarisierten, pulsabstrahlenden UWB-Antennen stellt damit einen relevanten Beitrag zur Antennenforschung dar. Eine kreative Ausnutzung dieses Ansatzes kann zu einem Entwurf zukünftiger anspruchsvoller und kompakter UWB-Geräten führen.

Literaturverzeichnis

[ABWZ09] G. Adamiuk, S. Beer, W. Wiesbeck, and T. Zwick. Dual-Orthogonal Polarized Antenna for UWB-IR Technology. *IEEE Antennas and Wireless Propagation Letters*, 8:981–984, 2009.

[AHWZ09] G. Adamiuk, Ch. Heine, W. Wiesbeck, and T. Zwick. Design and Modeling of Dual-Polarized UWB Antenna Array. In *COST2100, TD(09)946*, Wien, September 2009.

[AHWZ10a] G. Adamiuk, Ch. Heine, W. Wiesbeck, and T. Zwick. Antenna Array System for UWB-Monopulse-Radar. In *International Workshop on Antenna Technology, iWAT*, Lissabon, März 2010.

[AHWZ10b] G. Adamiuk, Ch. Heine, W. Wiesbeck, and T. Zwick. Antenna for the Application in UWB-Monopulse-Radar Technique. In *4th European Conference on Antennas and Propagation, EuCAP*, Barcelona, April 2010.

[AHWZ10c] G. Adamiuk, Ch. Heine, W. Wiesbeck, and T. Zwick. Vivaldi-based UWB Monopulse-Antenna. In *International ITG Workshop on Smart Antennas, WSA*, pages 390 –393, Bremen, März 2010.

[AJWZ09] G. Adamiuk, M. Janson, W. Wiesbeck, and T. Zwick. Dual-Polarized UWB Antenna Array. In *IEEE International Conference on Ultra-Wideband, ICUWB*, pages 164 –169, Vancouver, Kanada, September 2009.

[AMA07] M. E. Bialkowski A. M. Abbosh. An UWB Planar out-of-phase Power Divider Employing Parallel Stripline-Microstrip Transitions. *Microwave and Optical Technology Letters*, 49:912–914, Feb. 2007

[Ant08] J.W. Antony. *Aufbau und Optimierung Planarer Dual-Polarisierten UWB-Antennen.* Studienarbeit, Institut für Hochfrequenztechnik und Elektronik, Karlsruher Institut für Technologie, 2008.

[ASA⁺09] G. Adamiuk, S. Sczyslo, S. Arafat, W. Wiesbeck, T. Zwick, T Kaiser, and K. Solbach. Infrastructure-Aided Localization with UWB Antenna Arrays. *Frequenz, Journal of RF-Engineering and Telecommunications*, 63:210–213, September/Oktober 2009.

[ASZW08]   G. Adamiuk, C. Sturm, T. Zwick, and W. Wiesbeck. Dual Polarized Traveling Wave Antenna for Ultra Wideband Radar Application. In *International Radar Symposium, IRS*, pages 1 –4, Wroclaw, Polen, Mai 2008.

[ATWZ09]   G. Adamiuk, J. Timmermann, W. Wiesbeck, and T. Zwick. A Novel Concept of a Dual-Orthogonal Polarized Ultra Wideband Antenna for Medical Applications. In *3rd European Conference on Antennas and Propagation, EuCAP*, pages 1860 –1863, Berlin, März 2009.

[AWZ09a]   G. Adamiuk, W. Wiesbeck, and T. Zwick. A Concept for the Realization of Dual Polarized Antenna for IR-UWB Applications. In *COST2100, TD(09)848*, Valencia, Mai 2009.

[AWZ09b]   G. Adamiuk, W. Wiesbeck, and T. Zwick. Differential Feeding as a Concept for the Realization of Broadband Dual-Polarized Antennas with very high Polarization Purity. In *IEEE Antennas and Propagation Society International Symposium, APSURSI*, pages 1 –4, Charleston, SC, USA, Juni 2009.

[AWZ09c]   G. Adamiuk, W. Wiesbeck, and T. Zwick. Multi-Mode Antenna Feed for Ultra Wideband Technology. In *IEEE Radio and Wireless Symposium, RWS*, pages 578 –581, San Diego, CA, USA, Januar 2009.

[AZBZ10]   G. Adamiuk, L. Zwirello, S. Beer, and T. Zwick. Omnidirectional Dual-Orthogonal Polarized UWB Antenna. In *European Microwave Week, EuMW (akzeptiert zur Publikation)*, Paris, September 2010.

[AZRZ10]   G. Adamiuk, L. Zwirello, L. Reichardt, and T. Zwick. UWB Cross-Polarization Discrimination with Differentially Fed, Mirrored Antenna Elements. In *International Conference on Ultra-Wideband, ICUWB (akzeptiert zur Publikation)*, Nanjing, China, September 2010.

[AZW08a]   G. Adamiuk, T. Zwick, and W. Wiesbeck. Design of Directive Dual-Polarized Antennas for UWB Applications. In *COST2100, TD(08)449*, Wroclaw, Polen, Februar 2008.

[AZW08b]   G. Adamiuk, T. Zwick, and W. Wiesbeck. Dual-Orthogonal Polarized Vivaldi Antenna for Ultra Wideband Applications. In *17th International Conference on Microwaves, Radar and Wireless Communications, MIKON*, pages 1 –4, Mai 2008.

[AZW08c]   G. Adamiuk, T. Zwick, and W. Wiesbeck. UWB Antenna with Reconfigurable Radiation Pattern. In *COST2100, TD(08)662*, Lille, Frankreich, Oktober 2008.

[AZW10]   G. Adamiuk, T. Zwick, and W. Wiesbeck. Compact, Dual-Polarized UWB-Antenna, Embedded in a Dielectric. *IEEE Transactions on Antennas and Propagation*, 58(2):279 –286, Februar 2010.

[Bal82]   C. Balanis. *Antenna Theory: Analysis and Design*, volume 43. John Wiley and Sons, Inc., 1982.

[BBE08]   M.D. Blech, M.O. Benzinge, and T.F. Eibert. 2-Dimensional Ultra-Wideband Monopulse Based Direction Finding. In *IEEE International Microwave Symposium Digest, MTT-S*, pages 1159 –1162, Atlanta, GA, USA, Juni 2008.

[BSM95]   U. Benz, K. Strodl, and A. Moreira. A Comparison of Several Algorithms for sar Raw Data Compression. *IEEE Transactions on Geoscience and Remote Sensing*, 33(5):1266 –1276, sep 1995.

[BSMM97]   I.N. Bronstein, K.A. Semendjajew, G. Musiol, and H. Mühlig. *Taschenbuch der Mathematik*. Harri Deutsch Verlag, 3. überarbeitete und erweierte Auflage der Neubearbeitung edition, 1997.

[CBVH06]   M. Converse, E.J. Bond, B.D. Veen, and C. Hagness. A Computational Study of Ultra-Wideband Versus Narrowband Microwave Hyperthermia for Breast Cancer Treatment. *IEEE Transactions on Microwave Theory and Techniques*, 54(5):2169 – 2180, Mai 2006.

[CC07]   J.-Y. Chung and C.-C. Chen. Ultra-Wide Bandwidth Two-Layer Dielectric Rod Antenna. In *IEEE Antennas and Propagation Society International Symposium*, pages 4889 –4892, Honolulu, USA, Juni 2007.

[CC08]   J.-Y. Chung and C.-C. Chen. Two-Layer Dielectric Rod Antenna. *IEEE Transactions on Antennas and Propagation*, 56(6):1541 –1547, Juni 2008.

[CLSC05]   M.Y.W. Chia, S.W. Leong, C.K. Sim, and K.M. Chan. Through-Wall UWB Radar Operating within FCC's Mask for Sensing Heart Beat and Breathing Rate. In *European Radar Conference, EURAD*, pages 267 –270, Paris, Frankreich, Oktober 2005.

[Cor10a]   Cuming Corporation. www.cumingcorp.com. 2010.

[Cor10b]   Rogers Corporation. www.rogerscorp.com. 2010.

[CSM82]   T. Chiba, Y. Suzuki, and N. Miyano. Suppression of Higher Modes and Cross Polarized Component for Microstrip Antennas. In *Antennas and Propagation International Symposium*, volume 20, pages 285 – 288, Mai 1982.

[CST10]   Computer Simulation Technology CST. www.cst.com. 2010.

[Dys59]   J. Dyson. The Equiangular Spiral Antenna. *IRE Transactions on Antennas and Propagation*, 7(2):181 –187, April 1959.

[ECC07]   Electronic Communications Committee within the European Conference of Postal & Telecommunications Administrations CEPT ECC. *Commission decision of 21 February 2007 on allowing the use of the radio spectrum for equipment using ultra-wideband technology in a harmonised manner in the Community.* Official Journal of the European Union, document number C(2007) 522, Februar 2007.

[Eis06]   M. Eisenacher. *Optimierung von Ultra-Wideband-Signalen (UWB)*. Dissertation, Forschungsberichte aus dem Institut für Nachrichtentechnik der Universiät Karlsruhe (TH), Band 16, 2006.

[EL10]   ETS-Lindgren. www.ets-lindgren.com. 2010.

[Ell81]   R. S. Elliott. *Antenna Theory and Design*. Prentice Hall, Englewood Cliffs, N.J., 1981.

[EZL$^+$07]   A. Elsherbini, Cemin Zhang, Song Lin, M. Kuhn, A. Kamel, A.E. Fathy, and H. Elhennawy. UWB Antipodal Vivaldi Antennas with Protruded Dielectric Rods for Higher Gain, Symmetric Patterns and Minimal Phase Center Variations. In *IEEE Antennas and Propagation Society International Symposium*, pages 1973 –1976, Honolulu, USA, Juni 2007.

[FCC02]   *Revision of Part 15 of the Commission's Rule Regarding Ultra-Wideband Transmission Systems*. First Report and Order, Federal Communications Commision (FCC), Februar 2002.

[Gao09]   F. Gao. *Arraykonfiguration für eine breitbandige Unterdrückung der Kreuzpolarisation*. Diplomarbeit, Institut für Hochfrequenztechnik und Elektronik, Karlsruher Institut für Technologie (KIT), 2009.

[Giu86]   D. Giuli. Polarization Diversity in Radars. *Proceedings of the IEEE*, 74(2):245 – 269, Februar 1986.

[GTG$^+$05]   S. Gezici, Zhi Tian, G.B. Giannakis, H. Kobayashi, A.F. Molisch, H.V. Poor, and Z. Sahinoglu. Localization via Ultra-Wideband Radios: a Look at Positioning Aspects for Future Sensor Networks. *Signal Processing Magazine, IEEE*, 22(4):70 – 84, Juli 2005.

[GW98]   N. Geng and W. Wiesbeck. *Planungsmethoden für die Mobilkommunikation : Funknetzplanung unter realen physikalischen Ausbreitungsbedingungen*. Information und Kommunikation. Springer, Berlin, 1998.

[GW01]   J. Granholm and K. Woelders. Dual Polarization Stacked Microstrip Patch Antenna Array with very low Cross-Polarization. *IEEE Transactions on Antennas and Propagation*, 49(10):1393 –1402, Oktober 2001.

[GW03]   E. Gschwendtner and W. Wiesbeck. Ultra-Broadband Car Antennas for Communications and Navigation Applications. *IEEE Transactions on Antennas and Propagation*, 51(8):2020 – 2027, August 2003.

[Hal92]   P.S. Hall. Dual Polarisation Antenna Arrays with Sequentially Rotated Feeding. *IEE Proceedings Microwaves, Antennas and Propagation*, 139(5):465 –471, Oktober 1992.

[Har70]   Robert O. Harger. *Synthetic Aperture Radar Systems*. Electrical Science Series. Academic Press, New York, 1970.

[Hei01]   K. Heidary. Ultra-Wideband Antenna Arrays. In *IEEE Antennas and Propagation Society International Symposium*, volume 2, pages 472 –475, Boston, USA, Juli 2001.

[Hel60]   G. Hellgren. *On the Theory of Monopulse Radar*. Doktorsavhandlingar vid Chalmers Tekniska Högskola (Dissertation); 28. 1960.

[HHSS08]   M. Helbig, M.A. Hein, U. Schwarz, and J. Sachs. Preliminary Investigations of Chest Surface Identification Algorithms for Breast Cancer Detection. In *IEEE International Conference on Ultra-Wideband, ICUWB*, volume 2, pages 195 –198, Hannover, September 2008.

[JS87]   R. Janaswamy and D. Schaubert. Analysis of the Tapered Slot Antenna. *IEEE Transactions on Antennas and Propagation*, 35(9):1058 – 1065, September 1987.

[JZW09]   M. Janson, T. Zwick, and W. Wiesbeck. Performance of Time Domain Migration Influenced by Non-Ideal UWB Antennas. *IEEE Transactions on Antennas and Propagation*, 57(11):3549 –3557, November 2009.

[KFDRM05] M. P. A. Karim, Reza F.-D., and Jalil R.-M. The Sinuous Antenna - A Dual Polarized Feed for Reflector-Based Searching Systems. *AEU - International Journal of Electronics and Communications*, 59(7):392 – 400, 2005.

[KHS04]   K. Kiminami, A. Hirata, and T. Shiozawa. Double-Sided Printed Bow-Tie Antenna for UWB Communications. *IEEE Antennas and Wireless Propagation Letters*, 3:152 – 153, 2004.

[KJ08]   U. Kiencke and H. Jäkel. *Signale und Systeme*. Oldenbourg-Verlag, München, 4. korrigierte Auflage edition, 2008.

[Kol07]   O. Kolesnyk. *Entwicklung Dual-Orthogonal Polarisierter Travelling-Wave Antennen für UWB-Systeme*. Diplomarbeit, Institut für Höchstfrequenztechnik und Elektronik, Universität Karlsruhe (TH), 2007.

[Kra08]   S. Kraetz. *Radar Anwendungen basierend auf dual-orthogonal polarisierten UWB Antennen-Arrays*. Diplomarbeit, Institut für Hochfrequenztechnik und Elektronik, Universität Karlsruhe (TH), 2008.

[Lam10]   A. Lambrecht. *True-Time-Delay Beamforming für ultrabreitbandige Systeme hoher Leistung*. Dissertation, Forschungsberichte aus dem Institut für Hochfrequenztechnik und Elektronik, Karlsruher Institut für Technologie(KIT), Band 59, 2010.

[LHN93]   J.D.S. Langley, P.S. Hall, and P. Newham. Novel Ultrawide-Bandwidth Vivaldi Antenna with Low Crosspolarisation. *Electronics Letters*, 29(23):2004 –2005, November 1993.

[LHTR08]   C.-H. Lai, T.-Y. Han, and Chen T.-R. Broadband Aperture-Coupled Microstrip Antennas with Low Cross Polrization and Back Radiation. *Progress In Electromagnetics Research Letters*, 5:187–197, 2008.

[Li09]   X. Li. *Anwendung von dual-orthogonal polarisierten Antennen in UWB-Imaging-Systemen*. Diplomarbeit, Institut für Hochfrequenztechnik und Elektronik, Universität Karlsruhe (TH), 2009.

[LJA$^+$09]   X. Li, M. Janson, G. Adamiuk, Ch. Heine, and T. Zwick. A 2D Ultra-Wideband Indoor System with Dual-Orthogonal Polarized Antenna Array. In *COST2100, TD(09)9101*, Wien, September 2009.

[LLC05]   P. Li, J. Liang, and X. Chen. Ultra-Wideband Printed Elliptical Slot Antenna. In *IEEE Antennas and Propagation Society International Symposium*, volume 3A, pages 508 – 511, Washington, USA, Juli 2005.

[LP09]   J.-S. Lee and E. Pottier. *Polarimetric Radar Imaging : from Basics to Applications*. Optical science and engineering, 142. CRC Press, Boca Raton, FL, USA, 2009.

[LS91]   Y. Lin and L. Shafai. Characteristics of Biconical Microstrip Antennas. In *Antennas and Propagation Society International Symposium*, volume 2, pages 836 –839, Juni 1991.

[LS09]   S. Loizeau and A. Sibille. A Novel Reconfigurable Antenna with Low Frequency Tuning and Switchable UWB Band. In *3rd European Conference on Antennas and Propagation, EuCAP*, pages 1627 –1631, Berlin, März 2009.

[Ma74]   Mark T. Ma. *Theory and Application of Antenna Arrays*. A Wiley-Interscience publication. Wiley, New York, 1974.

[Mat10]   The MathWorks Matlab. www.mathworks.de. 2010.

[Mot86]   H. Mott. *Polarization in Antennas and Radar*. A Wiley Interscience publication. Wiley, New York [u.a.], 1986.

[Nar07]   A. Narbudowicz. *Untersuchung der Dualpolarisierbarkeit planarer UWB Antennen*. Studienarbeit, Institut für Hochfrequenztechnik und Elektronik, Karlsruher Institut für Technologie, 2007.

[NAZ09]   A. Narbudowicz, G. Adamiuk, and W. Zieniutycz. Clover Array — Polarisation Diversity Solution for Ultra Wideband Systems. *Progress In Electromagnetics Research Letters*, 10:163–170, 2009.

[Nei08]   M. Neinhüs. *FIR-Filter basierte Steuerung von ultrabreitbandigen Gruppenantennen*. Dissertation, Forschungsberichte aus dem Fachgebiet Hochfrequenztechnik der Universiät Duisburg-Essen, 2008.

[OTC09]   I.A. Osaretin, A. Torres, and Chi-Chih Chen. A Novel Compact Dual-Linear Polarized UWB Antenna for VHF/UHF applications. *IEEE Antennas and Wireless Propagation Letters*, 8:145 –148, 2009.

[PAYYL08]   J.A. Park A, Hyung Kuk Yoon, Young Joong Yoon, and Cheon-Hee Lee. A Compact Polarization Diversity Antenna for UWB Systems. In *Asia-Pacific Microwave Conference, APMC*, pages 1 –4, Hong-Kong, Dezember 2008.

[PAZW08]   E. Pancera, G. Adamiuk, T. Zwick, and W. Wiesbeck. UWB out-of-phase Network Feeding a 2 Element Impulse Radiating Array. In *IEEE Antennas and Propagation Society International Symposium, AP-S*, pages 1 –4, San Diego, CA, USA, Juli 2008.

[PC04]   J. Powell and A. Chandrakasan. Differential and Single Ended Elliptical Antennas for 3.1-10.6 GHz Ultra Wideband Communication. In *IEEE Antennas and Propagation Society International Symposium*, volume 3, pages 2935 – 2938, Monterey, USA, Juni 2004.

[PDS03]   M. Peichl, S. Dill, and H. Suss. Application of Microwave Radiometry for Buried Landmine Detection. In *Proceedings of the 2nd International Workshop on Advanced Ground Penetrating Radar*, pages 172 – 176, Delft, Holland, Mai 2003.

[PZW09]   E. Pancera, T. Zwick, and W. Wiesbeck. Full Polarimetric Time Domain Calibration for UWB Radar Systems. In *European Radar Conference, EuRAD*, pages 105 –108, Rom, September 2009.

[Ree05]   Jeffrey Reed. *An Introduction to Ultra Wideband Communication Systems*. Prentice Hall Press, Upper Saddle River, NJ, USA, 2005.

[Rho59]   D. R. Rhodes. *Introduction to Monopulse*. McGraw-Hill, New York, 1959.

[Rum66]   V. H. Rumsey. *Frequency Independent Antennas*. Academic Press (New York), 1966.

[SAC$^+$08]   J. Sachs, M. Aftanas, S. Crabbe, M. Drutarovsky, R. Klukas, D. Kocur, T.T. Nguyen, P. Peyerl, J. Rovnakova, and E. Zaikov. Detection and Tracking of Moving or Trapped People Hidden by Obstacles Using Ultra-Wideband Pseudo-Noise Radar. In *European Radar Conference, EuRAD*, pages 408 –411, Amsterdam, Oktober 2008.

[Sch05]   H. Schantz. *The Art and Science of Ultrawideband Antennas*. Artech House Antennas and Propagation Library. Artech House, Boston, USA, 2005.

[Sch09]   S. Scherr. *Design eines 180°-Hybrid-Kopplers für UWB-Monopulsradar-Anwendungen*. Studienarbeit, Institut für Hochfrequenztechnik und Elektronik, Universität Karlsruhe (TH), 2009.

[SDL$^+$08]   B. Schleicher, J. Dederer, M. Leib, I. Nasr, A. Trasser, W. Menzel, and H. Schumacher. Highly Compact Impulse UWB Transmitter for High-Resolution Movement Detection. In *IEEE International Conference on Ultra-Wideband, ICUWB*, volume 1, pages 89 –92, Hannover, Oktober 2008.

[SDS09]   B. Schleicher, J. Dederer, and H. Schumacher. Si/SiGe HBT UWB Impulse Generators with Sleep-Mode Targeting the FCC Masks. In *IEEE International Conference on Ultra-Wideband, ICUWB*, pages 674 –678, Vancouver, Kanada, September 2009.

[Sha49]   C.E. Shannon. Communication in the Presence of Noise. *Proceedings of the IRE*, 37(1):10 – 21, Januar 1949.

[She84]   S. M. Sherman. *Monopulse Principles and Techniques*. The Artech house radar library. Artech House, Dedham, USA, 1984.

[SHK97]   A. Shlivinski, E. Heyman, and R. Kastner. Antenna Characterization in the Time Domain. *IEEE Transactions on Antennas and Propagation,*, 45(7):1140 –1149, Juli 1997.

[SKK$^+$85]   D. Schaubert, E. Kollberg, T. Korzeniowski, T. Thungren, J. Johansson, and K. Yngvesson. Endfire Tapered Slot Antennas on Dielectric Substrates. *IEEE Transactions on Antennas and Propagation*, 33(12):1392 – 1400, Dezember 1985.

[Sko80]   M. I. Skolnik. *Introduction to Radar Systems*. McGraw-Hill, New York, 1980.

[SPL$^+$09]   J. Schmid, E. Pancera, X. Li, L. Niestoruk, S. Lamparth, W. Stork, and T. Zwick. Ultra-Wideband Detection System for Water Accumulations in the Human Body. In *11 th International Congress of the IUPESM-Medical Physics and Biomedical Engineering World Congress*, München, September 2009.

[Sör07]   W. Sörgel. *Charakterisierung von Antennen für die Ultra-Wideband-Technik.* Dissertation, Forschungsberichte aus dem Institut für Hochfrequenztechnik und Elektronik der Universiät Karlsruhe (TH), Band 51, 2007.

[SSD03]   S.-Y. Suh, W.L. Stutzman, and W.A. Davis. Low-Profile, Dual-Polarized Broadband Antennas. In *IEEE Antennas and Propagation Society International Symposium*, volume 2, pages 256 – 259, Columbus, USA, Juni 2003.

[SSW05]   W. Sörgel, C. Sturm, and W. Wiesbeck. Impulse Responses of Linear UWB Antenna Arrays and the Application to Beam Steering. In *IEEE International Conference on Ultra-Wideband, ICU*, pages 275 – 280, 5-8 2005.

[Suh]   S.-Y. Suh. *A Comprehensive Investigation of New Planar Wideband Antennas.* Dissertation, Virginia Polytechnic Institute and State University, Blacksburg, VA, USA.

[Suh09]   Huber & Suhner. www.hubersuhner.de. 2009.

[SW05]   W. Sörgel and W. Wiesbeck. Influence of the Antennas on the Ultra-Wideband Transmission. *EURASIP Journal on Applied Signal Processing*, 2005:296–305, 2005.

[SWN$^+$06]   S.-Y. Suh, A.E. Waltho, V.K. Nair, W.L. Stutzman, and W.A. Davis. Evolution of Broadband Antennas from Monopole Disc to Dual-Polarized Antenna. In *IEEE Antennas and Propagation Society International Symposium*, pages 1631 –1634, Albuquerque, USA, Juli 2006.

[THSZ07]   R.S. Thoma, O. Hirsch, J. Sachs, and R. Zetik. UWB Sensor Networks for Position Location and Imaging of Objects and Environments. In *The Second European Conference on Antennas and Propagation, EuCAP*, pages 1 –9, Edinburgh, Großbritanien, November 2007.

[TL06]   N. Telzhensky and Y. Leviatan. Planar Differential Elliptical UWB Antenna Optimization. *IEEE Transactions on Antennas and Propagation*, 54(11):3400 –3406, November 2006.

[TOL05a]   J.-Y. Tham, B. L. Ooi, and M.S. Leong. Diamond-Shaped Broadband Slot Antenna. In *IEEE International Workshop on Antenna Technology: Small Antennas and Novel Metamaterials, IWAT*, pages 431 – 434, Singapur, März 2005.

[TOL05b]   Jing-Yao Tham, Ban Leong Ooi, and Mook Seng Leong. Novel Design of Broadband Volcano-Smoke Antenna. In *IEEE Antennas and Propagation Society International Symposium*, volume 1A, pages 573 – 576, Washington, USA, Juli 2005.

[vNP00]   R. van Nee and R. Prasad. *OFDM for Wireless Multimedia Communications*. Artech House, Inc., Norwood, MA, USA, 2000.

[WA07]   W. Wiesbeck and G. Adamiuk. Antennas for UWB-Systems. In *2nd International ITG Conference on Antennas, INICA*, pages 67 –71, München, März 2007.

[WAS09]   W. Wiesbeck, G. Adamiuk, and C. Sturm. Basic Properties and Design Principles of UWB Antennas. *Proceedings of the IEEE*, 97(2):372–385, Februar 2009.

[WG97]   K. Woelder and J. Granholm. Cross-Polarization and Sidelobe Suppression in Dual Linear Polarization Antenna Arrays. *IEEE Transactions on Antennas and Propagation*, 45(12):1727 –1740, Dezember 1997.

[Wie10]   W. Wiesbeck. *Radar Systems Engineering*. Skriptum zur Vorlesung, Karlsruher Institut für Technologie (KIT), 2009/2010.

[YF09]   C. Yunlong and Z. Feng. A Dual-Polarized Printed UWB Antenna. *Microwave and Optical Technology Letters*, 51(5):1177–1180, März 2009.

[YK72]   A. Yaghjian and E. Kornhauser. A Modal Analysis of the Dielectric Rod Antenna Excited by the HE11 Mode. *IEEE Transactions on Antennas and Propagation*, 20(2):122 – 128, März 1972.

[You04]   M. Younis. *Digital Beam-Forming for High Resolution Wide Swath Real and Synthetic Aperture Radar*. Dissertation, Forschungsberichte aus dem Institut für Höchstfrequenztechnik und Elektronik der Universiät Karlsruhe (TH), Band 42, 2004.

[YPYL08]   Hyung K. Y., J.A. Park, Young Joong Yoon, and Cheon-Hee Lee. A CPW-Fed Polarization Diversity Antenna for UWB Systems. In *IEEE Antennas and Propagation Society International Symposium*, pages 1 –4, San Diego, USA, Juli 2008.

[ZJA$^+$10]   L. Zwirello, M. Janson, Ch. Ascher, U. Schwesinger, G. Trommer, and T. Zwick. Localization in Industrial Halls via Ultra-Wideband Signal. In *7th Workshop on Positioning, Navigation and Communication, WPNC*, Dresden, März 2010.

[ZST04]   R. Zetik, J. Sachs, and R. Thoma. UWB Localization - Active and Passive Approach [Ultra Wideband Radar]. In *Proceedings of the 21st IEEE Instrumentation and Measurement Technology Conference, IMTC*, volume 2, pages 1005 – 1009, Como, Italien, Mai 2004.

[ZST07]   R. Zetik, J. Sachs, and R.S. Thoma. UWB Short-Range Radar Sensing - The Architecture of a Baseband, Pseudo-Noise UWB Radar Sensor. *IEEE Instrumentation Measurement Magazine*, 10(2):39 –45, April 2007.

[Zwi10]   T. Zwick. *Antennen und Antennensysteme*. Skriptum zu Vorlesung, Karlsruher Institut für Technologie (KIT), 2010.